软件产品质量要求和测试细则

——GB/T 25000.51—2016 标准实施指南

张旸旸　主　编

周　平　主　审

U0197765

电子工业出版社·

Publishing House of Electronics Industry

北京·BEIJING

内 容 简 介

计算机软件是计算机应用的核心，其质量的好坏关系到计算机应用系统的成败，软件测评是提高软件质量的重要手段之一。之前，我国软件检测、测评实验室主要依据GB/T 25000.51—2010《软件工程 软件产品质量要求与评价（SQuaRE）商业现货（COTS）软件产品的质量要求和测试细则》以及 GB/T 16260—2006《软件工程 产品质量》系列标准对软件产品进行测评。

2016年，国家标准化委员会发布了国家标准GB/T 25000.51—2016《系统与软件工程 系统与软件质量要求和评价（SQuaRE）第51部分：就绪可用软件产品（RUSP）的质量要求和测试细则》及 GB/T 25000.10—2016《系统与软件工程 系统与软件质量要求和评价（SQuaRE）第10部分：系统与软件质量模型》。这两个标准是对标准GB/T 25000.51—2010及GB/T 16260.1—2006的修订。其中，国家标准GB/T 25000.51—2016的修改采用了国际ISO/IEC 25051：2014，确立了就绪可用软件产品（RUSP）的质量要求，以及测试RUSP的测试计划、测试说明等文档要求和RUSP的符合性评价细则。

为帮助相关软件测评人员更好地了解最新标准，本书对 GB/T25000《系统与软件工程 系统与软件质量要求和评价（SQuaRE）》系列标准的历史背景、组成结构进行概述说明。特别对新标准GB/T 25000.51—2016 进行解读，系统地介绍软件质量模型，深入解读标准条款的内容，阐述该标准各部分之间的关系，并给出应用指导和具体的实施案例，以供参考。

本书适用于软件产品的供方、需方、最终用户和第三方测评认证机构等参考使用，也可作为相关机构的培训教材。

图书在版编目（CIP）数据

软件产品质量要求和测试细则：GB/T 25000.51—2016标准实施指南 / 张旸旸主编. —北京：电子工业出版社，2019.5

ISBN 978-7-121-36130-2

Ⅰ. ①软… Ⅱ. ①张… Ⅲ. ①软件工程—质量管理—国家标准—中国 Ⅳ. ①TP311.5-65

中国版本图书馆 CIP 数据核字（2019）第 046295 号

责任编辑：郭穗娟
印　　刷：河北虎彩印刷有限公司
装　　订：河北虎彩印刷有限公司
出版发行：电子工业出版社
　　　　　北京市海淀区万寿路 173 信箱　邮编　100036
开　　本：787×1 092　1/16　印张：17.5　字数：442 千字
版　　次：2019 年 5 月第 1 版
印　　次：2025 年 3 月第 6 次印刷
定　　价：98.00 元

凡所购买电子工业出版社图书有缺损问题，请向购买书店调换。若书店售缺，请与本社发行部联系，联系及邮购电话：（010）88254888，88258888。

质量投诉请发邮件至 zlts@phei.com.cn，盗版侵权举报请发邮件至 dbqq@phei.com.cn。

本书咨询联系方式：（010）88254502，guosj@phei.com.cn。

编 委 会

主　　　编：张旸旸

主　　　审：周　平

副 主 编：李　洪　　冯　惠　　许聚常　　蔡立志

　　　　　　丁晓明　　刘增志

参编人员：李彦军　　王　威　　杨桂枝　　韩庆良

　　　　　　刘潇健　　葛建新　　刘　伟　　杨亚萍

　　　　　　龚家瑜　　张立芬　　孙继欣　　韩明军

　　　　　　李　璐　　陈　朋　　尹　平　　杨　昕

主编单位：中国电子技术标准化研究院

副主编单位：中国合格评定国家认可中心

参编单位：重庆市软件评测中心有限公司

　　　　　　国家应用软件产品质量监督检验中心

　　　　　　上海计算机软件技术开发中心

　　　　　　中国航天系统科学与工程研究院

　　　　　　中国航天科工集团第三研究院第三〇四研究所

　　　　　　河北省软件评测中心

　　　　　　山东道普测评技术有限公司

　　　　　　北京跟踪与通信技术研究所

前　言

　　我们正处在一个"软件定义"的时代，软件无处不在，它已经渗透到社会的每一个"细胞"，从衣食住行到社会政治、经济，对国计民生产生了深远的影响。就绪可用软件产品（RUSP）是软件的一个重要种类，是一种打包出售给对其特征和质量没有任何影响的需方的软件产品，在满足客户绝大部分通用需求的基础上，能够方便客户快速地实施和部署 RUSP。随着社会高速发展，RUSP 在越来越多的应用领域发挥重要的作用。

　　"我国经济已由高速增长阶段转向高质量发展阶段"，坚持"质量第一"，建设"质量强国"，是我国重要的发展方向。然而，无论是推动质量提升、集聚质量要素，还是实现质量价值，前提条件就是标准的充分供给、理解和运用。

　　在软件产品质量标准化方面，我国正在开展 GB/T 25000《软件与系统工程　软件产品质量要求和评价（SQuaRE）》的制定/修订工作，将对软件产品的质量需求与管理、质量模型、质量测量、质量要求、质量评价等内容进行规定和规范。目前，GB/T 25000 规划了 21 部分（注：为了与国际标准相对应，这 21 部分不是连续编号），现已发布了第 10 部分《系统与软件产品质量模型》、第 12 部分《数据质量模型》、第 24 部分《数据质量测量》和第 51 部分《就绪可用软件产品（RUSP）的质量要求和测试细则》。其中，GB/T 25000.51 的发布为各方在 RUSP 质量测评过程中提供了重要参考，也是开展中国合格评定国家认可委员会（CNAS）实验室认可软件测评实验室过程中需要参照的重要标准。然而，GB/T 25000.51 在推广和实施中遇到了一些问题。例如，从 GB/T 17544—1998 规定的"软件包"到 GB/T 25000.51—2010 的"商业现货软件产品（COTS）"，再到如今的 GB/T 25000.51—2016 的"就绪可用软件产品（RUSP）"，标准内容经历了 3 次修订，很多标准使用者对新旧标准的差异还存在困惑；标准引用了 GB/T 25000.10 规定的质量特性，也给不了解 GB/T 25000.10 的标准使用者造成一些困难；还有一些标准使用者对不同角色的用户在不同场景下如何实施标准也存在理解上的不一致，等等。

　　为了解决这些问题，《软件产品质量要求和测试细则——GB/T 25000.51—2016 标准实施指南》（以下简称本指南）详细介绍标准的历史背景，系统地介绍软件质量模型，深入解读标准条款的内容，阐述标准各部分之间的关系，并给出应用指导和具体的实施案例，以供参考。

　　本书主要内容如下：

　　第 1 章介绍了 GB/T 25000.51—2016 的背景，包括标准的历史演变轨迹，新旧版本之间、该标准与对应国际标准之间的差异，以及系统和软件质量要求和评价（SQuaRE）系列标准体系国内外的现状，帮助读者了解标准的来龙去脉。

　　第 2 章介绍了 GB/T 25000.10—2016 规定的质量特性的内容，在整体介绍了产品质量模型和使用质量模型后，全面地阐述了质量模型各个子特性的具体含义，帮助读者深入理解 GB/T 25000.10—2016 中质量特性的相关内容。

第3章对标准条款进行了释义，按照标准结构对条款进行了逐条解释，帮助读者统一对标准条款的理解。

第4章介绍本标准各章节在场景中的使用，着重描述了产品说明、用户文档集和软件质量要求的具体测试内容和判定准则，以及评价过程，帮助读者了解标准的使用过程。

第5章从需方、供方和独立评价方三者的不同角度，描述了各角色应用本标准的场景以及具体应用过程，帮助读者明晰不同角色对标准的不同应用方式。

第6章提供了多个实际应用案例，让读者在具体实施应用标准时，有可参照的指引。

本指南面向 GB/T 25000.51 的标准使用者，包括但不限于：

（1）有以下需求的供方。

① 规定 RUSP 的需求时。

② 对照所声称的特性评估其软件产品时。

③ 发布符合性声明[ISO/IEC 17050] 时。

④ 申请符合性证书或标志[ISO/IEC 导则 23]时。

（2）希望建立某种认证模式（国际级、地区级或国家级）[ISO/IEC 导则 28]的认证机构。

（3）遵循本测试细则提供符合性证书或标志而进行测试的测试实验室[ISO/IEC 17025]。

（4）认可注册机构或认证机构以及测试实验室的认可机构。

（5）潜在的需方：

① 把预期的工作任务要求与现有软件产品的产品说明信息进行比较。

② 寻求已获认证的 RUSP。

③ 检验要求是否被满足。

（6）可更好地从软件产品获益的最终用户。

（7）正在进行以下活动的组织。

① 根据本部分的质量要求和方法建立管理和工程环境。

② 管理和改进其质量过程及人力资源配置。

（8）可能在安全或业务相关的具体应用中，对所使用的 RUSP 提出要求或推荐使用本部分要求的监管机构。

编　者

2019 年 2 月

目 录

第 1 章　GB/T 25000.51 标准背景

随着计算机技术及应用的日益普及，软件的影响力已经覆盖人类生活的方方面面，因软件出现质量问题导致的不良后果也越来越严重。因此，软件质量的重要性日益突出。如何对软件产品进行质量度量和评价，维护相关各方的利益成为一项重要的研究内容。

软件的质量是一个难以量化的概念，不同人对软件质量的理解不同，不同的应用系统也有不同的质量特性。因此，早期出现了许多不同的软件质量模型，它们在一定程度上指导了软件全生命周期过程的活动，但也引起了行业混乱。为了尽可能统一软件质量评判标准，国际标准化组织 ISO/IEC JTC1/SC7/WG6 开展了软件质量度量和评价的标准化工作，中国专家与世界各国专家一起，制定了 ISO/IEC 25000 "SQuaRE 系列"国际标准，包含软件质量模型、软件质量度量和评价等标准。编制 SQuaRE 系列国际标准的总目标是为了形成一套组织上有逻辑性、强化性和统一性，内容上覆盖两个主要过程：软件质量要求规范和由软件质量测量所支撑的软件质量评价，帮助那些利用质量需求的规格说明和评价来开发和获取软件产品的用户。相应地，我国也陆续开展了 GB/T 25000 系列国家标准的制定/修订工作，在不同阶段，不同程度地采用了国际标准。其中，GB/T 25000.51[1]便属于 GB/T 25000 系列标准组中的拓展部分。

1.1　GB/T 25000.51 的历史演变

GB/T 25000.51 的历史演变如图 1-1 所示。

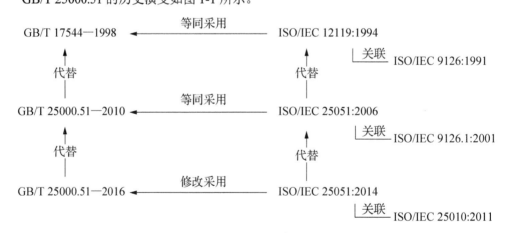

图 1-1　GB/T 25000.51 的历史演变

1994 年，为了满足测评机构对软件检测的诉求，ISO 针对包括文本处理程序、电子表格、数据库程序图形软件包、技术或科学函数计算程序及实用程序在内的软件包，制定并发布了 ISO/IEC 12119:1994《信息技术　软件包　质量要求和测试》。该标准规定了软件包的质量要求和测试要求[2]，其中，产品描述要求和软件质量要求的内容与 ISO/IEC 9126:1991 标准中的质量模型存关联[3]。随着软件质量的模型不断完善和细化，ISO/IEC 12119:1994 被 ISO/IEC 25051:2006

代替。该标准将使用范围明确为商业现货软件（COTS），增加了商业现货产品要求和基于质量模型的质量要求[4]。

与此同时，软件技术的发展使软件产品的种类和功能层出不穷。用户意识到软件质量的要求应考虑管理、测量和评价等不同层面，而不仅仅是这几个标准的内容，应建立一个成体系的多个标准来规定软件质量的方方面面。因此，JTC1/SC7 在 ISO/IEC 9126 系列标准[5][6][7][8]、ISO/IEC 14598 系列标准[9][10][11][12][13][14]、ISO/IEC 14756:1999[15]、ISO/IEC 12119 的基础上，研究制定了范围更广、内容更全面的 ISO/IEC 25000 系列标准《软件与系统工程　软件产品质量要求和评价（SQuaRE）》。为此，ISO/IEC 9126-1:2001 升级为 SQuaRE 系列标准族中的 ISO/IEC 25010:2011[16]，其中的质量属性发生了较大变化。相应地，2014 年 2 月，ISO/IEC 25051:2006 也修订为 ISO/IEC 25051:2014《软件工程　系统和软件质量要求与评价（SQuaRE）就绪可用软件产品（RUSP）的质量要求和测试细则》[17]。该标准将适用范围由商业现货软件产品（COTS）调整为就绪可用软件产品（RUSP），并将软件质量的 6 大特性调整为 8 大特性，与 ISO/IEC 25010 保持了一致性。

1.2　SQuaRE 系列国际标准结构

SQuaRE 系列国际标准由 ISO/IEC 9126 系列标准和 ISO/IEC 1459 系列标准等整合演化而成，它们的对应关系如图 1-2 所示。

目前，SQuaRE 系列国际标准由质量管理、质量模型、质量测量、质量要求、质量评价 5 个主要分部和 SQuaRE 扩展分部组成，如图 1-3 所示。

ISO/IEC 2500n——质量管理分部：构成这个分部的标准定义了由 ISO/IEC 25000 系列标准中所有其他标准引用的全部公共模型、术语和定义。这个分部还提供了用于负责管理软件产品质量要求和评价的支持功能要求和指南。

ISO/IEC 2501n——质量模型分部：构成这个分部的标准给出了包括计算机系统和软件产品质量、使用质量和数据的详细质量模型。同时，还提供了使用这些质量模型的实用指南。

ISO/IEC 2502n——质量测量分部：构成这个分部的标准包括软件产品质量测量参考模型、质量测量的数学定义及其应用的实用指南，给出了软件内部质量、软件外部质量和使用质量测量的示例，定义并给出了构成后续测量基础的质量测度元素。

ISO/IEC 2503n——质量要求分部：构成这个分部的标准有助于在质量模型和质量测量的基础上规定质量要求。这些质量要求可用于要开发的软件产品的质量要求抽取过程中或用作评价过程的输入。

ISO/IEC 2504n——质量评价分部：构成这个分部的标准给出了无论由评价方、需方还是由开发方执行的软件产品评价的要求、建议和指南，还提供了作为评价模块的测量文档编制支持。

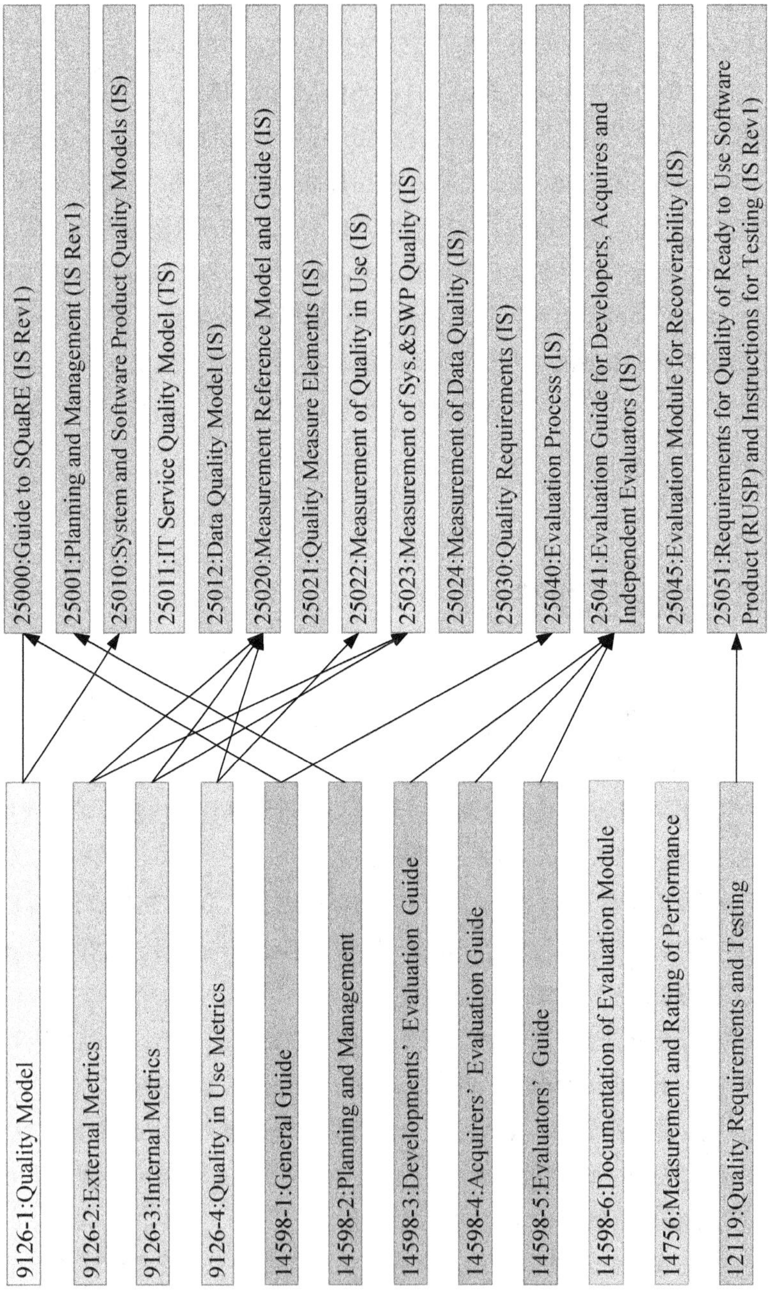

（a）英文名称

图 1-2　标准的对应关系

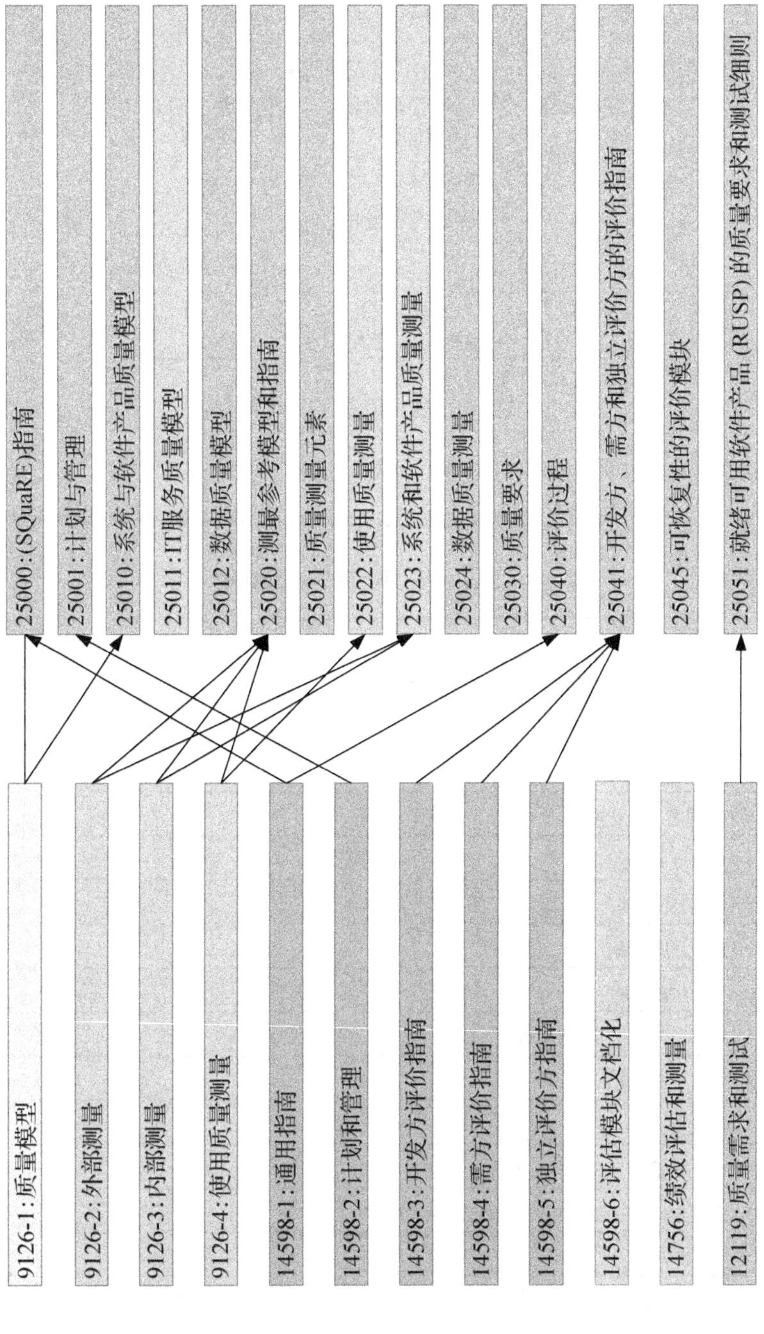

（b）中文名称

图 1-2　标准的对应关系（续）

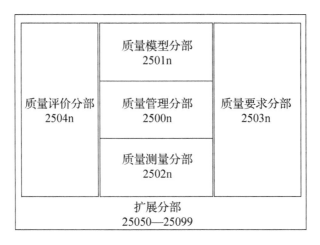

图 1-3 SQuaRE 系列国际标准体系结构

ISO/IEC 25050—25099 是 ISO/IEC 25000 系列标准的扩展分部，目前包括就绪可用软件的质量要求和易用性测试报告行业通用格式等。SQuaRE 系列国际标准目录详见表 1-1。

表 1-1 SQuaRE 系列国际标准目录

国际标准	对应的国家标准
ISO/IEC 25000:2014《软件质量要求与评价（SQuaRE）指南》	GB/T 25000.1—2010
ISO/IEC 25001:2014《计划与管理》	—
ISO/IEC 25010:2011《系统与软件质量模型》	GB/T 25000.10—2016
ISO/IEC TS 25011:2017《服务质量模型》	—
ISO/IEC 25012:2008《数据质量模型》	GB/T 25000.12—2017
ISO/IEC 25020:2007《测量参考模型》	—
ISO/IEC 25021:2012《质量测度元素》	—
ISO/IEC 25022:2016《使用质量测量》	—
ISO/IEC 25023:2016《系统和软件产品质量测量》	—
ISO/IEC 25024:2015《数据质量测量》	GB/T 25000.24—2017
ISO/IEC 25030:2007《质量要求》	—
ISO/IEC 25040:2011《评价过程》	—
ISO/IEC 25041:2012《开发方、需方和独立评价方的评价指南》	—
ISO/IEC 25042《评价模块》	—
ISO/IEC 25045:2010《可恢复性的评价模块》	—
ISO/IEC 25051: 2014《就绪可用软件产品（RUSP）的质量要求和测试细则》	GB/T 25000.51—2016
ISO/IEC TR 25060:2010《易用性测试报告行业通用格式（CIF）：易用性相关信息的通用框架》	—
ISO/IEC 25062:2006《易用性测试报告行业通用格式（CIF）》	GB/T 25000.62—2014
ISO/IEC 25063:2014《易用性的行业通用格式（CIF）：使用周境描述》	—

1.3　我国的 SQuaRE 标准结构

1996 年，我国发布了 GB/T 16260—1996《信息技术软件产品评价 质量特性及其使用指南》，等同采用 ISO/IEC 9126:1991[18]。2006 年，GB/T 16260 被 16260 系列标准代替，该系列标准包含 4 个部分[19][20][21][22]，分别是 GB/T 16260.1 "质量模型"、GB/T 16260.2 "外部度量"、GB/T 16260.3 "内部度量"、GB/T 16260.4 "使用质量度量"。2016 年，GB/T 16260.1—2006 被 GB/T 25000.10—2016《系统与软件工程 系统与软件质量要求和评价（SQuaRE）第 10 部分：系统与软件质量模型》代替[23]，余下的 3 个部分也将被 SQuaRE 系列的 GB/T 25000.22 "使用质量测量" 和 GB/T 25000.23 "系统和软件产品质量测量" 替代。

2002 年，GB/T 18905《软件工程 产品评价》系列标准发布，等同采用了 ISO/IEC 14598 相应部分。该系列标准分为 6 部分，分别是 GB/T 18905.1 "概述"、GB/T 18905.2 "策划和管理"、GB/T 18905.3 "开发者用的过程"、GB/T18905.4 "需方用的过程"、GB/T 18905.5 "评价者用的过程"、GB/T 18905.6 "评价模块的文档编制" [24][25][26][27][28][29]。从 2017 年开始，在该系列标准的基础上，正在按照 SQuaRE 国际标准，修订相关国家标准。

目前，我国的 SQuaRE 系列标准规划详见表 1-2。

表 1-2　我国的 SQuaRE 系列标准规划

GB/T 25000《系统与软件工程　系统与软件质量要求和评价（SQuaRE）》总标题	
GB/T 25000.1	（SQuaRE）指南
GB/T 25000.2	计划与管理
GB/T 25000.10	系统与软件质量模型
GB/T 25000.12	数据质量模型
GB/T 25000.20	测量参考模型
GB/T 25000.21	质量测度元素
GB/T 25000.22	使用质量测量
GB/T 25000.23	系统和软件产品质量测量
GB/T 25000.24	数据质量测量
GB/T 25000.30	质量要求
GB/T 25000.40	评价过程
GB/T 25000.41	开发方、需方和独立评价方的评价指南
GB/T 25000.42	评价模块
GB/T 25000.45	易恢复性的评价模块

GB/T 25000《系统与软件工程　系统与软件质量要求和评价（SQuaRE）》总标题	
GB/T 25000.51	就绪可用软件产品（RUSP）的质量要求和测试细则
GB/T 25000.60	易用性测试报告行业通用格式（CIF）：易用性相关信息的通用框架
GB/T 25000.62	易用性测试报告行业通用格式（CIF）
GB/T 25000.63	易用性的行业通用格式（CIF）：使用周境描述
GB/T 25000.64	易用性的行业通用格式（CIF）：用户要求报告
GB/T 25000.65	易用性的行业通用格式（CIF）：用户需求规格说明
GB/T 25000.66	易用性的行业通用格式（CIF）：评价报告

1.4　GB/T 25000.51 国家标准与国际标准的差异

修订 GB/T 25000.51—2016 时，采用了 ISO/IEC 25051:2014[30]，两者之间的主要差异如下：

（1）在质量特性方面。ISO/IEC 25010:2011 是对 ISO/IEC 9126-1:2001 的修订，将原来的产品质量模型由六大特性修改调整为八大特性，并且删去了每个特性的依从性。而 ISO/IEC 25051:2014 不但保留了全部产品质量特性的依从性，还扩大到了使用质量特性的依从性，这就造成了 ISO/IEC 25051:2014 与 ISO/IEC 25010:2011 协调性和一致性问题。现行的 GB/T 25000.10—2016（GB/T 16260.1—2006 的修订版）保留了产品质量模型各个质量特性的依从性，但不涉及使用质量。据此，GB/T 25000.51—2016 针对产品质量的 5.1.5.1、5.1.6.1、5.1.7.1、5.1.8.1、5.1.9.1、5.1.10.1、5.1.11.1 和 5.1.12.1 条增加了有关依从性的表述，而针对使用质量的 5.1.13.1、5.1.14.1、5.1.15.1、5.1.16.1 和 5.1.17.1 条删去了有关依从性的表述。

（2）引言作了调整。

（3）第 1 章的条文顺序作了调整，即依据 GB/T 1.1—2009 的规定，先表述本部分的标准内容，然后表述本部分的适用范围。

（4）在规范性引用文件中，作以下调整。

① 将原文中引用的 ISO/IEC 25000 删去，因为正文中未引出。

② 将 ISO/IEC 25010 替换为注日期引用的国家标准 GB/T 25000.10—2016，因为质量模型的引用必须是注日期引用的。

（5）关于国际标准中 5.1.4.1 条"产品说明中描述的全部功能，应依照软件质量特性的要求进行分类（5.3.2～5.3.9 条）"，纵观整个标准结构，此条存在错误。因此，在 GB/T 25000.51—2016 中将其改为"产品说明中所提及的全部功能，宜（原文是"应"）按照软件产品质量特性的说明进行归类（5.1.5～5.1.12 条）"。

（6）国际标准的附录 B 未在正文中引出，ISO/IEC 25051:2014 的附录 B 与 ISO/IEC

25051:2006 的附录 C 等效，ISO/IEC 25051:2006 的附录 C 在第 1 章引出。因此，GB/T 25000.51—2016 也将对应的附录 B 在第 1 章中引出。

（7）原文的参考文献的序号不连续，中间少了 2 项，实际为 23 项文件，GB/T 25000.51—2016 对此作了纠正。

（8）为了保持国内 SQuaRE 标准名称的一致性，将 ISO/IEC 25051：2014 的名称《软件工程　系统与软件质量要求和评价（SQuaRE）就绪可用软件产品（RUSP）的质量要求和测试细则》改为《系统与软件工程　系统与软件质量要求和评价（SQuaRE）第 51 部分：就绪可用软件产品（RUSP）的质量要求和测试细则》。

1.5　GB/T 25000.51 国家标准 2010 版与 2016 版的差异

GB/T 25000.51—2016 代替 GB/T 25000.51—2010，两者主要差异说明如下：

（1）标准名称修改："商业现货软件产品（COTS）"被修改为"就绪可用软件产品（RUSP）"。

（2）信息技术的快速发展推动了软件产品种类的拓展，许多软件如手机软件、云端软件不再符合 GB/T 25000.51—2010 的适用范围，无法按照标准对软件进行测试。因此，新标准引入了就绪可用软件产品（RUSP）的概念，替代原来的商业现货软件产品（COTS）。

（3）在 2016 版标准中，产品质量增加了"信息安全性"和"兼容性"两个特性，产品质量特性由六大特性调整为八大特性；使用质量特性由四大特性调整为"有效性""效率""满意度""抗风险"和"周境覆盖"五大特性；子特性也作了修改、调整和补充。

（4）2016 版标准术语部分作了调整、增删，删去了 2010 版标准的附录 A，将其中的术语调整到新版的第 4 章中。

（5）在 2016 版标准中的 5.1.2.1、5.1.4、5.1.6.2、5.1.6.3、5.1.8.4、5.1.10、5.1.15、5.1.16、5.1.17、5.2.1、5.2.2、5.2.3、5.2.7、5.2.8、5.2.9、5.2.10、5.2.11、5.2.12、5.2.13、5.2.14、5.2.15、5.2.16、5.2.17、5.2.18、5.2.19、5.3.3、5.3.4.1、5.3.5.5、5.3.6.1、5.3.7.1、5.3.9、5.3.10、5.3.11、5.3.12、5.3.13、6.2.4、6.2.5、6.2.6、6.2.7 等条款相对于 2010 版标准是新增加的内容。

（6）在 2016 版标准中的 5.2 节作了较大调整：由原来的 6 条质量要求调整为 4 条，但相对于大部分产品质量特性及与 5.1 节的呼应增加了 15 条新要求。

（7）2010 版标准的 6.2.1 节"方法"放在 6.2 节的测试计划中似乎不合适，2016 版标准将这部分内容调整到 6.1 节"一般要求"的 6.1.4 节中。

2016 版标准的第 2 章中明确规定"第 7 章和附录 A 是可选的"。

第 2 章　支持 GB/T 25000.51—2016 的质量特性

GB/T 25000.51—2016《系统与软件工程 系统和软件质量要求与评价（SQuaRE）第 51 部分：就绪可用软件产品（RUSP）的质量要求和测试细则》依据 GB/T 25000.10—2016《系统与软件工程 系统与软件质量要求和评价（SQuaRE）第 10 部分：系统与软件质量模型》国家标准，确定就绪可用软件产品（RUSP）的质量要求，并对其进行测试和评价。

本章主要描述 GB/T 25000.51—2016 和 GB/T 25000.10—2016 的关联，对产品质量模型和使用质量模型及相关特性的子特性进行解析。

2.1 概述

GB/T 25000.10—2016 替代了 GB/T 16260.1—2006，把有关产品质量模型的 6 大特性调整为 8 大特性，把使用质量模型的 4 大特性调整为 5 大特性。因此，在 GB/T 25000.51—2010 升级为 GB/T 25000.51—2016 时，为了与 GB/T 25000.10—2016 相协调，GB/T 25000.51—2016 中有关产品质量特性和使用质量特性的表达也作了较大的调整，其他技术内容也作了补充和调整。GB/T 25000.10—2016 和 GB/T 25000.51—2016 的关系如图 2-1 所示。

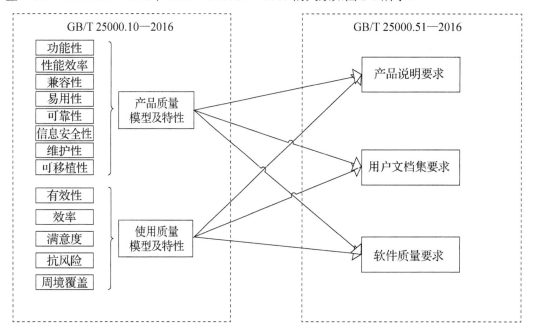

图 2-1　GB/T 25000.10—2016 和 GB/T 25000.51—2016 的关系

GB/T 25000.10—2016《系统与软件工程系统与软件质量要求和评价（SQuaRE）第 10 部分：系统与软件质量模型》主要包括产品质量模型（见图 2-2）和使用质量模型（见图 2-3）。

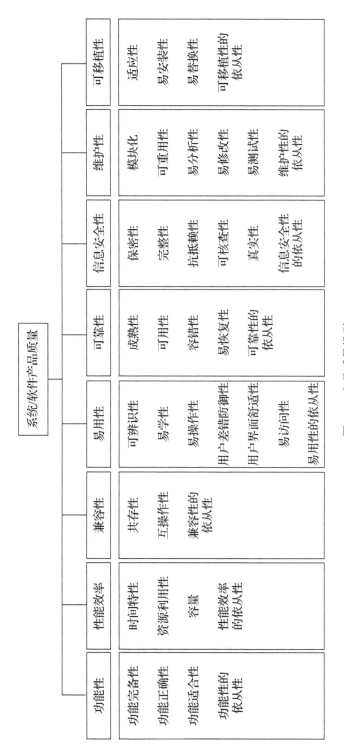

图 2-2　产品质量模型

在该标准的 4.3 节对产品质量模型及特性说明进行描述。产品质量模型将系统/软件产品质量属性划分为八大特性：功能性、性能效率、兼容性、易用性、可靠性、信息安全性、维护性和可移植性。每个特性由一组相关子特性组成。

GB/T 25000.10—2016《系统与软件工程系统与软件质量要求和评价（SQuaRE）第 10 部分：系统与软件质量模型》的 4.2 节对使用质量模型及特性说明进行描述。使用质量为指定用户使用产品或系统满足其要求的程度，以达到在指定的使用周境中的有效性、效率和满意度等指定目标。使用质量模型将使用质量属性划分为 5 个特性：有效性、效率、满意度、抗风险和周境覆盖。每个特性都可以用于利益相关方的不同活动中，如操作人员的交互或开发人员的维护。

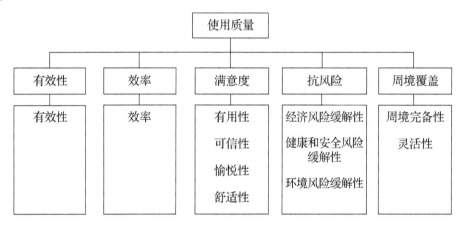

图 2-3　使用质量模型

系统的使用质量描述了产品（系统或软件产品）对利益相关方造成的影响，它是由软件、硬件和运行环境的质量，以及用户、任务和社会环境的特性所决定的，所有这些因素均有利于系统的使用质量。使用质量是根据使用软件的结果而不是软件自身的属性来测量的。

使用质量与其他软件产品质量特性之间的关系取决于用户的类型：

（1）对最终用户来说，使用质量主要是功能性、性能效率、易用性、可靠性和信息安全性结果。

（2）对维护软件的人员来说，使用质量是兼容性、维护性的结果。

（3）对移植软件的人员来说，使用质量是可移植性的结果。

2.2　产品质量

2.2.1　功能性

功能性包括功能完备性、功能正确性、功能适合性和功能性的依从性。

1. 功能完备性

功能完备性指功能集对指定的任务和用户目标的覆盖程度。

【解析】

功能完备性用于评价一组功能覆盖所有的具体任务或用户目标的程度，即需求规格说明书或其他技术说明书中有关软件功能需求在软件中被完整实现的情况,软件实际功能覆盖文档中所有功能的程度。用户文档集和产品说明中指定的功能点与软件中的功能点进行匹配，将软件应实现的功能（如功能清单）与实际测试中执行的测试用例进行对应，形成功能对照，见表 2-1。

表 2-1　功能对照

用户文档集或产品说明中的应用功能		实测的应用功能
子系统 1	模块 1	报告中对应的测试用例编号或章节号
	模块 2	报告中对应的测试用例编号或章节号
子系统 2	模块 3	报告中对应的测试用例编号或章节号

2. 功能正确性

功能正确性指产品或系统提供具有所需精度的正确结果的程度。

【解析】

功能正确性用于测量软件提供准确数据的能力，验证软件产品提供与所需精度相符的结果或效果的能力。开发者或维护者可以通过验证软件特定功能（该功能的实际输出结果是否符合需求规格说明书中定义的特定目标的预期结果），对用户文档集中陈述的软件功能性限制条件进行验证，如验证字符串长度限制、数字精度、邮箱格式等要求。

3. 功能适合性

功能适合性指软件功能促使指定的任务和目标实现的程度。

【解析】

功能适合性主要指满足用户适用要求的程度，也就是软件产品提供的功能是否是需方或用户需要的功能。这种适用要求可以在需求规格说明书、用户操作手册或用户的期望中标识。功能是否按照需求规格说明书、用户操作手册规定执行。对于功能目标实现的程度，可通过用户运行系统期间是否出现未满足的功能或不满意的操作情况进行识别，是否提供合理的和可接受的结果以实现用户任务所期望的特定目标。

4. 功能性的依从性

功能性的依从性指产品或系统遵循与功能性相关的标准、约定或法规以及类似规定的程度。

【解析】

产品说明中是否提及产品功能性的相关标准、约定或法规及类似规定要求，若提及，并提供证明材料，则认可；否则，验证软件与提及的文件（需求文档）要求是否相符。

例如，《××××软件——需求文档》中写明软件的导航电子地图模块符合标准《GB/T 20267—2006 车载导航电子地图产品规范》第 5 章的要求，见表 2-2。

表 2-2　导航电子地图模块依从性

系统声明遵循《GB/T 20267—2006 车载导航电子地图产品规范》				
序　号	测试项	测试说明	测试结果	结论
1	文字编码	查看地图上的注记文本是否采用 UCS-2 编码	采用 USC-2 编码，与标准《GB/T 20267—2006 车载导航电子地图产品规范》第五章要求相符合	通过

2.2.2　性能效率

性能效率主要从时间特性、资源利用性、容量、性能效率的依从性进行测试。性能效率指标的度量可反映系统和软件目前所达到的效率水平，性能与在指定条件下所使用的资源量有关。

注：资源可包括其他软件产品、系统的软件和硬件配置以及原材料（如打印纸和存储介质）。

1. 时间特性

时间特性指产品或系统执行其功能时，其响应时间、处理时间及吞吐率满足需求的程度。

【解析】

时间效率反映与运行速度相关的性能。响应时间是指从用户发起一个请求开始到服务器完成对请求的处理并返回处理结果所经历的时间。用户请求可以是一个单步骤的操作，也可以是完成某项事务过程的一个步骤，如数据库查询所花费的时间、将字符回显到终端上所花费的时间、访问 Web 页面所花费的时间。从客户端发出请求到得到响应的整个过程所花费的时间 $T_1=N_1+N_2+N_3+N_4$，处理时间 $T_2=N_2+N_3$（见图 2-4）。

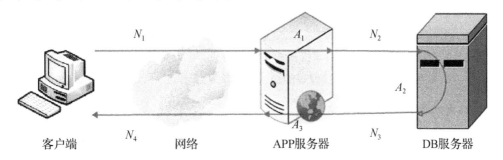

图 2-4　从客户端发出请求到得到响应的整个过程所花费的时间

吞吐率是指单位时间内系统所处理的客户请求的数量，直接体现软件系统的性能承载能力。一般来说，吞吐率用请求数/秒或页面数/秒来衡量。从业务的角度来说，吞吐量也可以用访问人数/天或处理的业务数/小时等单位来衡量。从网络的角度来说，也可以用字节数/天等单位来考察网络流量。

2. 资源利用性

资源利用性指产品或系统执行其功能时，所使用资源数量和类型满足需求的程度。

【解析】

资源利用性主要考察系统所采用的各种资源的利用程度。资源并不仅仅指运行系统的硬件，而是指支持整个系统运行程序的一切软/硬件平台。一般考察服务器、数据库以及中间件的资源利用情况，服务器监控资源主要包括 CPU 利用率（%）、可用内存（MB、GB）、磁盘 I/O（MB/s）、带宽（Mb/s）等指标。数据库监控资源包括数据缓冲区、命中率等。例如，SQL Server 资源监控可通过性能监视器监控 CPU、内存和页面文件的使用、内存和缓冲区的使用、磁盘 I/O 等信息。MySQL 资源监控可包括 MySQL 的进程数、客户端连接进程数、QPS 每秒 Query（查询）量、TPS（每秒处理的事务量）、Query Cache（查询缓存）命中率、Thread Cache（线程缓存）命中率、锁定状态等信息。资源利用率指标并不是越高越好，应保持一定的余量，当达到一定的数值后，该资源可能进入系统性能瓶颈。资源利用率也不是越低越好，越低会造成资源浪费。

3. 容量

容量指产品或系统参数的最大限量满足需求的程度。

注：参数可包括存储数据项数量、并发用户数、通信带宽、交易吞吐量和数据库模式。

【解析】

容量主要反映系统能够承受的最大并发用户数、最大的请求极限，以及系统可能存在的最大事务吞吐量、最大数据容量和数据处理容量，以及在何种极端的情况下，系统出现缓冲区溢出、访问超时等问题。通常情况下，最大用户并发数指在实际运行环境下系统能够接受的最大并发用户，如网上订票系统能够承受多少用户同时订票。典型的数据库处理容量如系统能够处理的最大文件长度、数据库能够处理的最大数据库记录数。

4. 性能效率的依从性

性能效率的依从性指产品或系统遵循与性能效率相关的标准、约定或法规以及类似规定的程度。

【解析】

产品说明书中是否提及产品性能效率相关的标准、约定或法规要求，若提及并提供证明材料，则认可；否则，须要验证软件与产品说明书提及的文件（需求文档）要求是否相符。

2.2.3 兼容性

兼容性主要包括共存性、互操作性、兼容性的依从性。验证在共享相同的硬件或软件环境的条件下，产品、系统或组件能够与其他产品、系统或组件交换信息，以及执行其所需功能的程度。

1. 共存性

共存性指在与其他产品共享通用的环境和资源的条件下，产品能够有效执行其所需的功能并且不会对其他产品造成负面影响的程度。

【解析】

软件在运行和安装过程中须要与其他软件进行交互，共存性主要考察软件产品安装和运行时与正在运行的软件之间的共存性约束。两个软件同时运行时，系统的 CPU、进程等系统资源是否异常，或者造成其他软件运行错误或本身不能正确地实现功能，或者系统出错、软件用户界面显示不友好等。

2. 互操作性

互操作性指两个或多个系统、产品或组件能够交换信息并使用已交换信息的程度。

【解析】

数据格式的可交换性：软件互操作性表现为软件之间共享并交换信息，以便能够互相协作共同完成一项功能的能力，如软件是否支持.xls、.doc 文件的导入/导出等。

数据传输的交换接口：在与其他软件进行通信时，对于规定的数据传输，交换接口的功能是否能正确实现。须要注意的是，不同型号的打印机与 Word 之间的协议可能不一致，导致消息传递过程中发生错误（见图 2-5）。

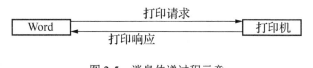

图 2-5　消息传递过程示意

3. 兼容性的依从性

兼容性的依从性指产品或系统遵循与兼容性相关的标准、约定或法规以及类似规定的程度。

【解析】

产品说明书中是否提及产品兼容性的相关标准、约定或法规以及类似规定要求，若提及并提供证明材料，则认可；否则，验证软件与提及的文件（需求文档）要求是否相符。

2.2.4　易用性

易用性主要包括可辨识性、易学性、易操作性、用户差错防御性、用户界面舒适性、易访问性和易用性的依从性。

1. 可辨识性

可辨识性指用户能够辨识产品或系统是否适合他们要求的程度。

注 1：可辨识性取决于通过对产品或系统的初步印象或任何相关文档来辨识产品或系统功能的能力。

注 2：产品或系统提供的信息可包括演示、教程、文档或网站的主页信息。

【解析】

用户通过查阅需求文档、设计文档、操作手册等用户文档集和产品说明，辨识产品或系统功能的程度。用户在首次使用产品或系统时，要考察能够了解到的功能项。产品或系统提供的演示、教程、文档或网站的主页信息能够帮助用户辨识产品或系统是否符合他们的要求。

2. 易学性

易学性指在指定的使用周境中，产品或系统在有效性、效率、抗风险和满意度特性方面，为了学习使用该产品或系统，这一指定的目标可为指定用户使用的程度。

注：易学性既可以被当作在指定使用周境中产品或系统在有效性、效率、抗风险和满意度特性方面为了学习使用该产品或系统这一指定的目标被指定用户使用的程度，也可以通过相当于 ISO 9241-110[45]中定义的学习的适宜性的产品属性来进行指定或测量。

【解析】

用户依据用户文档和有关帮助机制应能正确地完成任务，即当借助用户接口、帮助功能或用户文档集提供的手段，最终用户应能够容易学习如何使用某一功能。系统可以通过提供在线帮助、可操作指导的视频、可操作课程系统等措施，使用户容易学会使用该产品或系统。

3. 易操作性

易操作性指产品或系统具有易于操作和控制的属性的程度。

注：易操作性相当于 ISO 9241-110 中定义的可控性、（操作）容错性与用户期望的符合性。

【解析】

最终用户能够根据用户文档集对产品或系统进行操作，并且实际结果应与用户文档集相一致。产品或系统的提示信息应易于理解，便于用户纠正使用中的错误。例如，在发生操作错误时，产品或系统应能够撤销原来的操作或重新执行任务。当产品或系统提供定制功能时，用户能够根据用户文档集实现功能定制操作。

4. 用户差错防御性

用户差错防御性指系统预防用户犯错的程度。

【解析】

用户在执行具有严重后果的删除、盖写（覆盖写入）以及中止一个过长的处理操作时，该操作应是可逆的，或者有明显的警告和提示"确认"信息。例如，数据的删除操作应该是可逆的或有提示信息的；在导入新数据覆盖原有的数据时，应有相关的提示信息；用户进行错误操作或输入错误信息，应能被系统纠正或恢复。

5. 用户界面舒适性

用户界面舒适性指用户界面提供令人愉悦和满意的交互程度。

注：这涉及产品或系统旨在提高用户愉悦性和满意度的各种属性，如颜色的使用和图形化设计的自然性。

【解析】

内部或外部用户界面舒适性测度是用来评价用户界面的外观好坏和受到如屏幕设计和颜色等因素影响的程度。好的颜色组合能够帮助用户快速阅读文本或识别图像，有利于辨识产品或系统的菜单项。用户界面不应出现乱码、不清晰的文字或图片等影响界面美观与用户操作的情形。

6. 易访问性

易访问性指在指定的使用周境中，为了达到指定的目标，产品或系统被具有最广泛的特征和能力的个体所使用的程度。

注 1：能力的范围包括与年龄有关的能力障碍。

注 2：对具有能力障碍的人而言，易访问性既可以被当作在指定的使用周境中，产品或系统在有效性、效率、抗风险和满意度等特性方面为了指定的目标，被具有指定能力障碍的用户使用的程度，也可以通过支持易访问性的产品属性来进行指定或测量。

【解析】

易用性以实现指定目标用户（如特殊群体）可以访问的程度来度量，特殊群体包括认知障碍、生理缺陷、听觉/语音障碍和视觉障碍的用户。当产品或系统支持多种不同的语言时，易用性指用户试图运用与他们母语不同的语言使用产品或系统来验证完成指定任务的程度。

7. 易用性的依从性

易用性的依从性指产品或系统遵循与易用性相关的标准、约定或法规规定的程度。

【解析】

若产品说明或用户文档集中明确提及易用性须遵循与易用性相关的标准、约定或法规以及类似规定时，并且提供证明材料，则认可；否则，验证软件与提及的文件（需求文档）要求是否相符。

2.2.5　可靠性

可靠性主要包括成熟性、可用性、容错性、易恢复性、可靠性的依从性，用于验证系统、产品或组件在指定条件下、指定时间内执行指定功能的程度。

1. 成熟性

成熟性指系统、产品或组件在指定条件下、指定时间内执行指定功能的程度。

注：成熟性这个概念可以被用于其他质量特性中，以表明它们在正常运行时满足需求的程度。

【解析】

成熟性一般是指软件产品在满足其要求的软/硬件环境或其他特殊条件（如一定的负载压力）下使用时，为用户提供相应服务的能力。可把软件故障数、平均失效间隔时间、发生失效的比例、系统的完整性级别等作为评价指标。根据需求规格说明书和产品说明中描述的产品或系统的运行环境，在一定测试时间内，对用户文档集和产品说明中的功能列表里的每个功能编写对应的测试用例，执行所有测试用例，收集和分析测试结果。依据测试结果，确定检测到的故障数、所发现的缺陷的严重程度、判断系统的完整性级别等。

2. 可用性

可用性指系统、产品或组件在须要使用时能够进行操作和访问的程度。

注：可用性可以通过系统、产品或组件在总时间中处于可用状态的百分比进行外部测量。

【解析】

可用性是对产品可使用程度的一个评价，如对于预定的系统操作时间中实际可用时间的比例、平均无故障时间。根据需求规格说明书或产品说明中描述的产品或系统指定的系统操作时间编写测试用例，记录系统实际提供的系统操作时间，例如，在文档中写明系统支持 72 小时服务，据此编写测试用例，执行测试用例，记录系统实际提供的操作时间。在测试期间，当产品或系统出现失效时，记录下从宕机到软件可正常使用所花费的时间，以及总的宕机次数，计算出平均宕机时间。

3. 容错性

容错性指尽管存在硬件或软件故障，但系统、产品或组件的运行符合预期的程度。

【解析】

容错性与发生运行故障或违反规定接口时产品或系统维持规定性能等级的能力有关。用户操作某一功能导致产品或系统出现错误或异常时，与差错处置相关的功能应与需求文档、设计文档、操作手册等用户文档集或产品说明中的陈述一致。在用户文档集陈述的限制范围内对产品或系统进行操作时，不应丢失数据。输入违反句法条件的信息时，产品或系统给出提示信息，并且不能作为许可的输入加以处理。

4. 易恢复性

易恢复性指在发生中断或失效时，产品或系统能够恢复直接受影响的数据并重建所期望的系统状态的程度。

注：在失效发生后，计算机系统有时会宕机一段时间，这段时间的长短由其易恢复性决定。

【解析】

在产品或系统发生中断或失效时，恢复系统所需时间的长短、业务系统恢复程度体现了系统的恢复能力。可通过数据备份恢复，最大限度降低损失。通过需求规格说明和产品说明中描述的数据备份和恢复方法，了解数据备份和恢复机制、具体备份的数据信息。

软件失效可以表现为以下几种情况。

（1）死机：软件停止输出。

（2）运行速度不匹配：数据输入或输出的速度与系统的需求不符。

（3）计算精度不够：因数据采集量不够或算法问题导致某一或某些输出参数值的计算精度不符合要求。

（4）输出项缺损：缺少某些必要的输出值。

（5）输出项多余：软件输出了系统不期望的数据/指令。

当失效发生时，采取何种措施重建为用户提供相应服务和恢复直接受影响数据，避免软件失效的措施可以为以下几种：

（1）重启软件。

（2）恢复备份的数据。

（3）一键还原数据。

（4）错误操作提示。

（5）联系服务商。

5. 可靠性的依从性

可靠性的依从性指产品或系统遵循与可靠性相关的标准、约定或法规以及类似规定的程度。

【解析】

产品说明中是否提及与产品可靠性相关的标准、约定或法规以及类似规定要求，若提及并提供证明材料，则认可；否则，验证软件与提及的文件（需求文档）要求是否相符。

2.2.6　信息安全性

信息安全性主要针对保密性、完整性、抗抵赖性、可核查性、真实性、信息安全性的依从性进行测试，验证产品或系统保护信息和数据的程度，使用户、系统产品或系统具有与其授权类型和授权基本一致的数据访问度。

1. 保密性

保密性指产品或系统确保数据只有在被授权时才能被访问的程度。

【解析】

确保数据只有在被授权时才能被访问，须防止未得到授权的人或系统访问相关的信息或数据，还要保证得到授权的人或系统能正常访问相关的信息或数据。为了保证数据在传输过程中不被窃听，须对通信过程中的整个报文或会话过程进行加密。例如，在交易系统中，涉及银行账号、交易明细、身份证号、手机号码等敏感信息，须保证这些信息在传输过程中的安全性，可采用 3DES（三重数据加密算法）、AES（高级加密标准）和 IDEA（国际数据加密算法）等进行加密处理。同时，须保证敏感信息在存储过程的保密性。

启用访问控制功能，依据安全策略和用户角色设置访问控制矩阵，控制用户对信息或数据的访问。用户权限应遵循"最小权限原则"，授予账户承担任务所需的最小权限，例如，管理员只须拥有系统管理权限，不应具备业务操作权限；同时，要求不同账号之间形成相互制约关系，系统的审计人员不应具有系统管理权限，系统管理人员也不应具有审计权限。这样，审计员和管理员之间就形成了相互制约关系。

2. 完整性

完整性指系统、产品或组件防止未授权访问、篡改计算机程序或数据的程度。

【解析】

为了防止数据在传输和存储过程中被破坏或被篡改，一般会采用增加校验位、循环冗余校验（Cyclic Redundancy Check，CRC）的方式，检查数据完整性是否被破坏，或者采用各种散列运算和数字签名等方式实现通信过程中的数据完整性。采用关系型数据库保存数据，例如，采用 Oracle 数据库，增加数据完整性约束，如唯一键、可选值、外键等；实现事务的原子性，避免因为操作中断或回滚造成数据不一致，完整性被破坏。

3. 抗抵赖性

抗抵赖性指活动或事件发生后可以被证实且不可被否认的程度。

【解析】

启用安全审计功能，对活动或事件进行追踪。对审计日志进行管理，日志不能被任何人修改或删除，形成完整的证据链。采用使用数字签名处理事务，在收到请求的情况下为数据原发者或接收者提供数据原发和接收证据。

4. 可核查性

可核查性指实体的活动可以被唯一地追溯到该实体的程度。

【解析】

可核查性和抗抵赖性不同，重点在追溯实体的程度。主要考察启用安全审计功能之后，覆盖用户的多少和安全事件的程度等。覆盖到每个用户活动，用户活动的日志记录内容至少应包括事件日期、时间、发起者信息、类型、描述和结果等；审计跟踪设置是否定义了审计跟踪极限的阈值，当存储空间被耗尽时，能否采取必要的保护措施。例如，报警并导出、丢弃未记录的审计信息、暂停审计或覆盖以前的审计记录等。

5. 真实性

真实性指对象或资源的身份标识能够被证实符合其声明的程度。

【解析】

系统提供专用的登录控制模块对登录用户进行身份标识和鉴别，验证其身份的真实性，同时需证实符合其声明的程度；用户的身份鉴别信息不易被冒用，同时不存在重复的用户身份标识。系统中用户名唯一且与用户一一对应，采用用户名和口令的方式对用户进行身份鉴别，提高用户的口令开启复杂度，例如，口令长度在 8 位以上时，应至少包含数字、大小写字母、特殊字符中的三种，强制定期更换口令；系统不存在共享账户。提供登录失败处理功能，采取如结束会话、限制非法登录次数和自动退出等措施，这些都可以在用户文档集中进行要求。

6. 信息安全性的依从性

信息安全性的依从性指产品或系统遵循与信息安全性相关的标准、约定或法规以及类似规定的程度。

【解析】

产品说明中是否提及产品信息安全性的相关标准、约定或法规以及类似规定要求，若提及并提供证明材料，则认可；否则，应验证软件与提及的文件（需求文档）要求是否相符。

2.2.7　维护性

维护性主要包括模块化、可重用性、易分析性、易修改性、易测试性、维护性的依从性。

1. 模块化

模块化用于衡量由多个独立组件组成的系统或计算机程序中一个组件的变更对其他组件的影响最小的程度。

【解析】

所谓模块化就是把程序划分成若干模块，每个模块完成一个子功能，这些模块被集中起来就组成一个整体。模块化是好的软件设计的一个基本准则，耦合性是对程序结构各个模块之间相互关联的一种度量，取决于各个模块之间接口的复杂程度、调用模块的方式等。模块间耦合性越低，模块独立性越强，相互间的影响也越小，如 ESB（企业服务总线）、WebService 架构、微服务架构、SOA（面向服务的架构）、消息传递等。ESB 是一种在松散耦合的服务和应用之间标准的集成方式。微服务架构强调的是业务系统需要彻底的组件化和服务化，原有的单个业务系统拆分成多个可以独立开发、设计、运行和运维的小组件。这些小组件之间通过服务完成交互和集成，一个组件的变更对其他组件的影响较小。

2. 可重用性

可重用性指资产能够被用于多个系统或其他资产建设的程度。

【解析】

在软件工程中，重用是指使用一个产品中的组件来简化另一个不同产品的开发。重用可以减少维护的时间和降低维护成本。软件开发的全生命周期都有可重用的价值，包括项目计划、体系结构、需求规格说明、用户文档和技术文档、用户界面和测试用例等都是可以被重复利用或借鉴的。

3. 易分析性

易分析性用于评估预期变更（变更产品或系统的一个或多个部分）对产品或系统的影响、诊断产品的缺陷或失效原因、识别待修改部分的有效性和效率的程度。

注：包括为产品或系统提供机制，以分析自身故障以及在失效或其他事件发生前提供报告。

【解析】

易用性评估中的效率程度是指维护者或用户诊断产品的缺陷或失效的原因，或者标识须要修改的部分所要耗费的工作量。在操作产品或系统的过程中，出现异常或失效时，有明确的提示信息，根据提供的机制能有效地解决问题。需求文档、设计文档、操作手册等用户文档集中描述了产品或系统常出现的问题或现象，以及故障排除方法等。

4. 易修改性

易修改性指产品或系统可以被有效地、有效率地修改，并且不会引入缺陷或降低现有产品质量的程度。

注 1：实现包括编码、设计、文档和验证的变更。

注 2：模块化和易分析性会影响到易修改性。

注 3：易修改性是易改变性和稳定性的组合。

【解析】

当产品或系统支持对编码、设计、文档和验证进行变更时，用户作出相应修改后，产品或系统能够正确运行。修改的实际结果与预期结果相一致，修改形式可以是对应用系统参数进行配置，也可以是对用户权限和业务流程等进行定制化。

5. 易测试性

易测试性指能够为系统、产品或组件建立测试准则，并且通过执行测试来确定测试准则是否被满足的有效性和效率的程度。

【解析】

测试准则是指能够根据需求文档或操作手册编写测试用例和执行测试用例。查看需求文档、设计文档、操作手册等用户文档集，是否容易选择检测点进行测试用例的编制；软件的功能或配置被修改后，应验证是否可对修改之处进行测试。通过编写测试用例，执行测试用例，验证实际效果与预期效果是否一致。

6. 维护性的依从性

维护性的依从性指产品或系统遵循与维护性相关的标准、约定或法规以及类似规定的程度。

【解析】

若产品说明书或用户文档集中明确提及维护时须遵循与维护性相关的标准、约定或法规以及类似规定，并且提供证明材料，则认可；否则，应验证软件与提及的文件（需求文档）要求是否相符。

2.2.8　可移植性

可移植性主要针对适合性、易安装性、易替换性、可移植性的依从性进行测试。系统、产品或组件能够从一种硬件、软件或其他运行（或使用）环境迁移到另一种环境的有效性和效率的程度。

1. 适应性

适应性指产品或系统能够有效地、有效率地适应不同的或演变的硬件、软件或其他运行（或使用）环境的程度。

注 1：适应性包括内部能力（如屏幕域、表、事务量、报告格式等）的可伸缩性。

注 2：适应性包括那些由专业支持人员实施的，以及那些由业务员、操作人员或最终用户实施的。

注 3：如果系统被最终用户所适应，那么适应性就相当于 ISO 9241-110 中所定义的个性化的适应性。

【解析】

产品或系统适应软件、硬件变化的能力，包括硬件环境、操作系统、数据库管理系统、浏览器、支撑软件的适应性。

主要硬件部件：CPU、存储设备、辅助设备（如打印机、扫描仪等）、网络设备（如路由器、交换机等）及配件等。

操作系统的适应性：主要考察操作系统类型和版本的适应程度。主流的操作系统有 PC 端（Microsoft Windows 95/98/2000/XP/7）、服务器端（Microsoft Windows Server 2008 R2）、移动客户端（Google Android 4.4.4）等，包括 32 位和 64 位系统。

数据库的适应性：目前，很多软件尤其是 ERP（企业资源计划）、CRM（客户关系管理）等软件都需要数据库系统的支持。对此类软件，须考虑它们对不同数据库平台的支持能力、新旧数据转换过程的完整性与正确性。

浏览器的适应性：来自不同厂商的浏览器对 Java、JavaScript、ActiveX、plug-ins 或 HTML 规格都有不同的支持，即使是同一厂家的浏览器也存在不同的版本问题，例如，ActiveX 是 Microsoft 的产品、JavaScript 是 Netscape 的产品。因此，须考虑不同浏览器的不同版本、同一浏览器的不同版本的适应性，例如，采用 Microsoft Internet Explorer 10.0、Firefox 52.0.0.6270、Google Chrome 57.0.2987.98 三种主流浏览器（含版本）是否对应用系统均能适应。

支撑软件的适应性：针对 Weblogic、Tomcat、JDK、IIS、.NET Framework 等均能成功安装和正确运行。

2. 易安装性

易安装性指在指定环境中，产品或系统能够成功地安装和卸载的有效性和效率的程度。

注：如果系统或产品能被最终用户安装，那么易安装性会影响功能合适性和易操作性。

【解析】

考察安装文档中是否明确产品或系统的安装方法，同时考察产品安装和卸载过程的有效性和效率，如安装文档的有效性、软件安装和卸载过程的自动化程度。安装文档中指定的每一种安装选项要素均被覆盖，包括软件的安装方式（自定义安装、快速安装等）、路径、用户名、数据库等，每种情况均能成功安装软件；提供产品或系统卸载的方法，例如，采用卸载向导进行自动卸载、从控制面板中的添加/删除中进行卸载或直接删除对应的文件夹等。

3. 易替换性

易替换性指在相同的环境中，产品能够替换另一个相同用途的指定软件产品的程度。

注 1：软件产品新版本的易替换性在升级时对于用户来说是重要的。

注 2：易替换性可包括易安装性和适应性的属性。鉴于其重要性，易替换性作为一个独立的子特性被引入。

注 3：易替换性将降低锁定风险，因此其他软件产品可以代替当前产品。例如，按标准文档格式使用。

【解析】

产品替换方式包括产品的覆盖、升级等，安装文档中规定重新安装或升级的规程，并按照安装规程能够成功重新安装或升级软件。

4. 可移植性的依从性

可移植性的依从性指产品或系统遵循与可移植性相关的标准、约定或法规以及类似规定的程度。

【解析】

检查产品说明中是否提及产品可移植性的相关标准、约定或法规及类似规定要求，若提及并提供证明材料，则认可；否则，验证软件与提及的文件（需求文档）要求是否相符。

2.3　使用质量

2.3.1　有效性

有效性指用户实现指定目标的准确性和完备性。

【解析】

软件产品在特定的使用周境中，使用户获得满足准确性和完整性要求所规定目标的能力。检查产品说明是否对用户使用软件产品的出错频率、任务完备性进行要求。准确性一般由软件产品的出错率进行评价，即出错率=用户导致的错误数/任务总数。例如，如果产品说明中期望的目标是依据规定的格式准确地重新生成 2 页文档，那么准确性就可以通过拼写错误数、与规定格式相偏离数来规定或测量；完备性可用转录文档中的字数除以源文档中的字数来规定或测量。

2.3.2　效率

效率指用户实现目标的准确性和完备性时相关的资源消耗。

注：相关的资源包括完成任务的时间（人力资源）、原材料或使用的财务成本。

【解析】

软件产品在特定的使用周境中，用户使用与获得的效率有关资源的能力，相关的资源包括智力、体力、时间、材料和财力。验证产品说明书中软件的计算机系统的时间消耗及资源利用以及容量的要求，例如，如果产品说明书中期望目标完成一项规定任务实际所花费的时间在 5s 以内，那么准确性就可以通过比对或验证时间特性进行测量。

2.3.3　满意度

满意度指产品或系统在指定的使用周境中，用户的要求被满足的程度。满意度是一种心理状态，需求被满足后的愉悦感，是客户对产品或服务的事前期望与实际使用产品或服务后所得到实际感受的相对关系。

1. 有用性

有用性指用户对实用目标的实现感到满意的程度，包括使用的结果和使用后产生的后果。

【解析】

在特定的使用周境中使用软件产品时用户使用的满意程度，即在应用程序展示丰富的产品和特色服务的同时带给用户不同的体验效果。例如，当用户访问 App 首页时，页面突然崩溃而无法加载使用；使用软件时耗电、流量消耗太高；软件产品中嵌入恶意代码或硬性植入广告等，这些都会直接影响用户的满意度。

2. 可信性

可信性指用户或其他利益相关方对产品或系统如预期的那样运行有信心的程度。

【解析】

可信性主要是考察用户对产品的信任程度，即用户信心。一般采用调查问卷评估用户的信心。

3. 愉悦性

愉悦性指用户因个人要求被满足而获得愉悦感的程度。

注：个人要求包括获得新的知识和技能、进行个性化交流和引发愉快的回忆。

【解析】

用户使用软件产品的愉悦度。例如，App 软件运营商是如何根据用户个人要求满足用户的愉悦感，从而吸引和留住用户。

4. 舒适性

舒适性指用户生理上感到舒适的程度。

【解析】

用户使用软件产品的舒适度，主要指符合用户的操作习惯，例如，界面布局的舒适性、界面元素的可定制性、分辨率和字体大小是否在人眼舒适范围内；还指软件产品是否具备一定人性化的设计，例如，根据不同人群设定多语言支持、特殊辅助界面格式等。

2.3.4　抗风险

风险源于很多不确定的因素，一旦发生，会造成正面或负面的影响，须采取一定的措施预防风险的发生。抗风险指产品或系统在经济现状、人的生命、健康或环境方面缓解潜在风险的程度。

1. 经济风险缓解性

经济风险缓解性指在预期的使用周境中，产品或系统在经济现状、高效运行、商业财产、信誉或其他资源方面缓解潜在风险的程度。

【解析】

这一特性指在使用周境中，软件产品的抗经济风险的能力。成本包括用户花费的时间、其他人提供帮助的时间，以及计算资源、电话、材料的开销。

2. 健康和安全风险缓解性

健康和安全风险缓解性指在预期的使用周境中，产品或系统缓解人员潜在风险的程度。

【解析】

这一特性主要针对存在安全泄露的风险，具有审计追踪功能。人员的安全意识较为薄弱或随着技术人员的流失、变更，产品的核心开发技术存在泄密风险。采用系统监控或其他技术手段对人员的重要操作进行安全审计。配置权限管理清单，遵循最小权限分配原则。

3. 环境风险缓解性

环境风险缓解性指在预期的使用周境中，产品或系统在财产或环境方面缓解潜在风险的程度。

> 【解析】

环境风险缓解性特征要求一般在产品说明书中进行陈述，指出可能导致项目风险的某些方面，如不良的项目管理或依赖不可控制的外部参与方。

2.3.5　周境覆盖

周境覆盖指在指定的使用周境和超出最初设定需求的周境中，产品或系统在有效性、效率、抗风险和满意度等特性方面能够被使用的程度。

1. 周境完备性

周境完备性指在所有指定的使用周境中，产品或系统在有效性、效率、抗风险和满意度等特性方面能够被使用的程度。

> 【解析】

周境完备性主要考察使用质量中其他特性的覆盖程度，如有效性、效率、抗风险和满意度特性的要求是否达到，软件使用质量是否达到指定特性的要求。用户对软件产品的喜欢程度、对使用软件产品的满意度，以及在完成不同任务时可接受的工作负荷或特定使用质量目标的（如生产率、易学性）满足程度。

2. 灵活性

灵活性指在超出最初设定需求的周境中，产品或系统在有效性、效率、抗风险和满意度等特性方面能够被使用的程度。

注1：灵活性可通过使产品适应额外的用户组、任务和文化来获得（见4.3.2.8.1条）。

注2：灵活性使产品考虑现状、机会和个人喜好等非预期因素。

注3：如果产品设计时未考虑灵活性，那么在预期之外的周镜下使用该产品可能是不安全的。

注4：灵活性既可以当作在附加类型的使用周境中，产品在有效性、效率、抗风险和满意度等特性方面，为达到附加类型的模板被附加类型的用户使用的程度，也可以通过修改以适应新型用户、任务和环境的能力，以及 ISO 9241-110 中定义的个性化适宜性来进行测量。

> 【解析】

软件产品在使用过程中，满足产品说明书中指定的特性，预期效果超出最初的设定。在软件设计前期考虑软件产品的灵活性，包括硬件和软件的灵活性。

第3章 标准解读

3.1　GB/T 25000.51 标准结构

GB/T 25000.51—2016（以下简称"标准"）确立了就绪可用软件产品（RUSP）的质量要求、文档集要求和 RUSP 的符合性评价细则，旨在帮助各方进行 RUSP 需求制定、测试、标准符合性评价以及认证等活动。

GB/T 25000.51—2016 共 7 章和两个附录（附录 A 和附录 B）。前 4 章为标准的一些要素。第 1 章为标准的范围，第 2 章为 RUSP 的符合性，第 3 章为规范性引用文件，第 4 章为标准用到的术语、定义和缩略语。

第 5~7 章为标准的主体内容。其中，第 5 章为 RUSP 的要求，包括产品说明要求、用户文档集要求和软件质量要求，第 6 章为开展 RUSP 测试所涉及的测试文档集的要求，第 7 章为 RUSP 的符合性评价细则。

附录 A 为与业务或安全攸关的应用系统中的 RUSP 的评价指南，附录 B 介绍标准的使用方式。

本章对标准第 1 章和附录 B 进行总括性介绍，并针对标准的主体内容和附录 A 进行解读。

3.2　标准范围和用途

就绪可用软件产品（RUSP）指无论是否付费任何用户都可以不经历开发活动就能获得的软件产品。例如，软件产品与其用户文档集一起预先包装好出售，从互联网下载；通过云模式使用的软件产品。标准明确给出"RUSP 的例子包括但不限于文本处理程序、电子表格、数据库控制软件、图形包，以及用于技术的、科学的或实时的嵌入式功能的软件（如实时操作系统）、人力资源管理软件、销售管理、智能手机应用、免费软件，以及诸如 Web 网站和主页生成器之类的 Web 软件"。同时，还规定了"开源软件不属于 RUSP 的范畴"。

RUSP 包装封面提供的信息或供方网站上的信息往往是制造商或营销组织能与需方或用户交流的主要手段。如何在产品说明中给出基本信息，使需方能够按自己的需要来评价 RUSP 的质量是很重要的。另外，由于 RUSP 可能要在各种环境中运行，并且用户没有机会就所选择的产品与类似产品进行性能比较，因此选用高质量的 RUSP 是极其重要的。供方需要一种方式来确保用户信任 RUSP 所提供的服务，而需方也需要一种方式来评价和选择满足自己要求的RUSP。

鉴于此，GB/T 25000.51—2016 规定了 RUSP 的质量要求，提出了开展 RUSP 测试时所涉及的测试计划、测试说明等文档要求，以及 RUSP 的符合性评价细则，还包括关于安全或业务攸关的 RUSP 的建议。该标准为软件产品的供方、需方和独立的评价方提供了一种规范化描述和评价软件产品质量的方式。

对于供方，在制定 RUSP 的需求时，可依据标准第五章的"质量要求"进行 RUSP 规格说明的细化或高级要求的规定；在进行 RUSP 测试时，可依据第六章"测试文档集要求"中定义的要求细化测试文档；在发布符合性声明或申请符合性证书或标志时，可依据标准第 7 章做出符合性评价报告或声明，也可以据此进行过程或能力改进。

对于需方，在把预期工作任务要求与现有软件产品说明信息进行比较时，可依据标准第五章进行适合性分析；也可依据第六章检验规定要求的符合性或依据第 7 章检验 RUSP 的标准符合性。

对于独立评价方，认证机构可依据标准建立某种认证模式；测试实验室可依据标准的测试细则进行符合性测试，并提供符合性证书或标志；认可机构可依据标准对注册机构、认证机构或测试实验室进行认可。

RUSP 质量与软件过程质量密切相关，从需求分析、软件设计、软件编码到软件测试等软件全生命周期的各个阶段，都应对软件产品质量给予关注。但应注意，本标准不涉及生产实现（包含各种活动和中间产品，如规格说明）。

3.3 RUSP 的要求

本节针对 RUSP 的质量要求和标准中产品说明、用户文档集和软件质量 3 部分的要求，进行逐条解读并给出示例，以便读者能深入地理解和掌握这部分内容。

RUSP 由以下 3 部分组成：

（1）产品说明（包括全部封面信息、数据表、网页信息等）。

（2）用户文档集（安装和使用软件所必需的文档），包括为运行该软件产品所需要的操作系统或目标计算机的任何配置。

（3）计算机媒体（磁盘、CD-ROM、网络可下载的媒体等）上的软件。

3.3.1 产品说明要求

产品说明是指陈述软件各种性质的文档，一般分为纸介质文档和电子版文档两种形式，可以是专门介绍 RUSP 的宣传册、包装、说明书等。

5.1 节针对产品说明从可用性、内容、标识和标示、映射、八大产品质量特性以及五大使用质量特性作了规定。供方应按照该章节的要求编制对应的产品说明文档，独立评价方应按照该章节的要求对产品说明进行评价。本节针对标准中产品说明的要求进行逐条解读，以便读者深入地理解和掌握该部分内容。

1. 可用性

【标准原文】

> 5.1.1 可用性
> 产品说明对于该产品的潜在需方和用户应是可用的。

【标准解读】

5.1.1 小节规定了产品说明对于潜在需方和用户应是可用的。需方是从供方获取或采购产品或服务的利益相关方，潜在需方是对 RUSP 有需求且具有购买力但尚未购买的需方，可用性是指产品说明的提供形式应是可获得、可查阅的，并且提供的信息是潜在需方和用户对 RUSP 进行评价所需的信息。潜在需方和用户应能通过适宜的渠道查阅软件的产品说明，其中，电子版可通过电子邮件、FTP（文件传输协议）、官方网站、邮寄光盘等途径查阅和获得。

2. 内容

【标准原文】

> 5.1.2 内容
> 5.1.2.1 产品说明中宜阐明所运行软件的质量特性。
> 5.1.2.2 产品说明应包含潜在需方所需的信息，以便评价该软件对其需要的适用性。
> 5.1.2.3 产品说明应避免内部的不一致。
> 5.1.2.4 产品说明中包括的特性陈述应是可测试的或可验证的。

【标准解读】

5.1.2 小节对产品说明的内容提出了如下要求。

5.1.2.1 条规定了产品说明须要结合 RUSP 的具体特点、质量需求和技术要求等，对功能性、性能效率、兼容性、易用性、可靠性、信息安全性、维护性和可移植性八大产品质量特性，以及有效性、效率、满意度、抗风险和周境覆盖五大使用质量特性特进行裁剪，并描述其质量特性的要求。

5.1.2.2 条规定了产品说明中应该对 RUSP 的标识和标示、产品质量、使用质量、环境要求、供方信息、提供的维护、预期的目标用户和用途等给予描述，产品说明的一个作用是帮助潜在需方和用户评价软件产品，判断该 RUSP 是否符合其需求，以决定是否购买该产品；另一个作用是，若需方对软件产品组织测试，可以把产品说明作为测试的依据和基础。

5.1.2.3 条规定了产品说明中涉及但不限于以下信息时，应该保持信息的一致性：

● 质量特征表述的一致性。

● 关键术语和术语表的一致性。

● 量化数据的一致性。

● 产品名称、标识和标示的一致性。

● 版本的一致性。

● 若涉及开发方、供方、销售方和维护方的信息，应保持一致。

● 若产品说明包含多个文档，应保持文档之间的一致性。

5.1.2.4 条规定了产品说明应是可测试的或可验证的，不应出现非量化的或现有技术不能测试或验证的表述。如"该软件采用了世界先进技术""该软件功能极其强大、处理速度非常快"等陈述。若出现不能测试或验证的表述，则应该提供相关证明。例如，提供科技成果证书等证实所表述内容的真实性。

3. 标识和标示

【标准原文】

> *5.1.3 标识和标示*
>
> *5.1.3.1 产品说明应显示唯一的标识。*
>
> *5.1.3.2 RUSP 应以其产品标识指称。*
>
> *5.1.3.3 产品说明应包含供方和（当适用时）供货商、电子商务供货商或零售商的名称和邮政或网络地址。*
>
> *5.1.3.4 产品说明应标识该软件能完成的预期的工作任务和服务。*
>
> *5.1.3.5 当供方想要声称符合有影响到该 RUSP 的法律或行政机构规定的文件时，则产品说明应标识出这些需求文档。*
>
> *5.1.3.6 产品说明应陈述是否对运行 RUSP 提供支持。*
>
> *5.1.3.7 产品说明应陈述是否提供维护。如果提供维护，则产品说明应陈述所提供的维护服务。*

【标准解读】

5.1.3 小节对产品说明中标识和标示的陈述提出了如下要求。

5.1.3.1 条规定了在产品说明应显示其唯一的标识，可单独显示在产品说明的封面、页眉/页脚或其他地方，并且该标识是单独的，没有包含在其他内容中。标识可由文字、符号、图案以及其他说明物等表示。

5.1.3.2 条规定了产品说明中应该有 RUSP 的指称，该指称对应产品标识。指称是指被用来解释的名词或代词与用它们来命名的具体目标对象之间的关系，一般情况 RUSP 的指称应包含名称、版本和发布日期 3 部分。

5.1.3.3 条规定了产品说明中应当包含供方的名称和地址信息。当存在供货商或零售商时，还应包含供货商、电子商务供货商或零售商的名称和邮政地址或者网络地址。当软件的供方和供货商相同时，产品说明中应有相关的声明，并给出其名称和地址信息；不同时，则分别写出其名称和地址。

5.1.3.4 条规定了产品说明中应该说明软件能够实现的功能和提供的服务。例如，财务管理系统实现了凭证管理、账簿管理、报表管理和系统管理等功能，可提供软件初始化、版本升级、特殊报表制作等服务。

5.1.3.5 条规定了当供方想要声称符合有影响到该 RUSP 的法律或行政机构规定的文件时，产品说明中应当有关于所要声明的符合性文档的信息，这些信息至少包括文档的名称、版本或日期。所要声明的符合性文档指法律或行政机构要求软件产品适用的文档和供方想要声明的符合性文档，如合同书、投标书、责任书或相关法律法规等。

5.1.3.6 条规定了产品说明中应当陈述是否对软件运行提供支持服务，若提供，则应说明服务的内容和服务商的联系方式（地址或电话），服务内容可以是 RUSP 的安装部署、初始化以及初始运行中所需的支持信息。如果 RUSP 安装过程无须支持信息时，那么产品说明中应有对相关情况的声明。

5.1.3.7 条规定了产品说明应陈述是否提供维护服务，若 RUSP 提供维护，则应说明维护的内容，如升级服务、补丁服务、文档服务、电话服务和网络服务等；如果 RUSP 不提供维护，那么建议在产品说明中进行说明。

4. 映射

【标准原文】

> *5.1.4 映射*
> *产品说明中所提及的全部功能，宜按照软件产品质量特性的说明进行归类（5.1.5～5.1.12 条）。*

【标准解读】

5.1.4 小节规定了产品说明中涉及的 RUSP 的所有功能按照功能性、性能效率、兼容性、易用性、可靠性、信息安全性、维护性和可移植性 8 个产品质量特性归类说明。这 8 个质量特性可根据 RUSP 的具体特点、质量需求和技术要求等进行裁剪。

5. 产品质量——功能性

【标准原文】

> *5.1.5 产品质量——功能性*
> *5.1.5.1 适用时，产品说明应根据 GB/T 25000.10—2016 包含有关功能性的陈述，要考虑*

功能完备性、功能正确性、功能适合性以及功能性的依从性，并以书面形式展示可验证的依从性证据。

5.1.5.2 产品说明应提供该产品中最终用户可调用的功能的概述。

5.1.5.3 产品说明应描述用户可能遭遇关键缺陷的所有功能。

注1：关键缺陷可能是

－数据丢失；

－死锁。

注2：更多的信息参见 ISO/IEC 15026。

5.1.5.4 产品说明应给出用户可能碰到的所有已知的限制。

注：这些限制可能是

— 最小或最大值；

— 密钥长度；

— 一个文件中记录的最大数目；

— 搜索准则的最大数目；

— 最小样本规模。

5.1.5.5 当有软件组件的选项和版本时，应无歧义地予以指明。

5.1.5.6 当提供对软件的未授权访问（不管是无意的还是故意的）的预防措施时，则产品说明应包含这种信息。

【标准解读】

5.1.5 小节对产品说明中产品质量——功能性的陈述提出了如下要求。

5.1.5.1 条规定了产品说明中应当根据 GB/T 25000.10—2016 规定的系统与软件质量模型中关于功能性的陈述，包含功能完备性、功能正确性、功能适合性以及功能性的依从性 4 个子特性的相关说明。

书面依从性证据是指产品说明中对 RUSP 遵循的与功能相关的标准、约定或法规以及类似规定等的相关证明，可以由有资质的独立评价方提供。

5.1.5.2 条规定了产品说明应对最终用户可调用的功能进行描述，包括 RUSP 所实现的所有功能模块和业务流程。

5.1.5.3 条规定了产品说明应描述用户可能遭遇关键缺陷的所有功能。关键缺陷是指可能导致数据丢失、死锁、软件运行崩溃、破坏软件敏感数据等的缺陷，关键缺陷导致的功能失效可能会对生产产生影响、造成人员死亡、系统报废、环境严重破坏或者重大财产损失和社会损失，关键缺陷包括但不限于用户数据丢失或破坏、数据库死锁、内存信息泄露、系统崩溃或异常退出、关键数据计算错误、主业务流程出现断点等。

5.1.5.4 条规定了产品说明中应该对用户功能性的所有已知限制进行说明，这些限制包括最大值或最小值、密钥长度、一个文件中记录的最大数目、搜索准则的最大数目和最小样本规模等，还可以包括模糊匹配的最少字符、可并行处理的最大数据量等。如果 RUSP 没有功能性限制，也应给出相关说明。

5.1.5.5 条规定了如果 RUSP 中包含的组件有选项和版本时，应在产品说明中予以指明。软件组件指自包含的、可编程的、可重用的、与语言无关的软件单元，软件组件应当可以很容易被组装用于应用程序中；组件的选项和版本应具有唯一标识。

5.1.5.6 条规定了如果 RUSP 对未授权访问设置了预防措施，那么产品说明中应当包含这些预防措施的相关信息，如访问权限控制、防火墙技术、物理隔离、网络加密技术及入侵检测系统等。

6. 产品质量——性能效率

【标准原文】

5.1.6 产品质量——性能效率

5.1.6.1 适用时，产品说明应根据 GB/T 25000.10—2016 包含有关性能效率的陈述，要考虑时间特性、资源利用性、容量以及性能效率的依从性，并以书面形式展示可验证的依从性证据。

5.1.6.2 所有已知的影响性能效率的条件都应说明。

注：所陈述的条件可能是

—— 系统配置；

—— RUSP 有效工作所需的资源，例如带宽、硬盘空间、随机存储器、视频卡、无线互联网卡、CPU 速度等。

5.1.6.3 产品说明中应描述系统的容量，尤其与计算机系统相关的容量。

【标准解读】

5.1.6 小节对产品说明中产品质量——性能效率的陈述提出了如下要求。

5.1.6.1 条规定了产品说明中应当根据 GB/T 25000.10—2016 中规定的系统与软件质量模型中关于性能效率的陈述，包含时间特性、资源利用性、容量以及性能效率的依从性 4 个子特性的相关说明。

书面依从性证据是指产品说明中应有对 RUSP 遵循的与性能效率相关的标准、约定或法规以及类似规定等的相关证明，可以由有资质的独立评价方提供。

5.1.6.2 条规定了产品说明中应当描述所有影响性能效率的条件，包含运行系统配置要素（通常包括软件和硬件配置信息、数据的负载情况等），以及 RUSP 有效工作所需要的资源，如带宽、硬盘空间、随机存储器、视频卡、无线互联网卡和 CPU（中央处理器）速度等。具体示例如下：系统 PC 服务器环境为 2 个 CPU、内存容量 4GB、硬盘容量 160GB、局域网网速

100MB/s，在 500 万条记录、支持 100 个用户并发时，查询操作的平均响应时间应小于 5s，CPU 利用率应低于 30%，业务吞吐量应达到 12 笔/秒。

5.1.6.3 条规定了产品说明应描述 RUSP 容量信息，尤其与计算机系统相关的容量，如最大并发用户数、最大吞吐量、数据处理容量等。

7. 产品质量——兼容性

【标准原文】

> *5.1.7 产品质量——兼容性*
>
> *5.1.7.1 适用时，产品说明应根据 GB/T 25000.10—2016 包含有关兼容性的陈述，要考虑共存性、互操作性以及兼容性的依从性，并以书面形式展示可验证的依从性证据。*
>
> *5.1.7.2 产品说明应以适当的引用文档指明 RUSP 在何处依赖于特定软件和（或）硬件。*
>
> *5.1.7.3 产品说明应标识用户调用的接口和相关的被调用软件。*

【标准解读】

5.1.7 小节对产品说明中产品质量——兼容性的陈述提出了如下要求。

5.1.7.1 条规定了产品说明中应当根据 GB/T 25000.10—2016 中规定的系统与软件质量模型中关于兼容性的陈述，包含共存性、互操作性以及兼容性的依从性 3 个子特性的相关说明。

书面依从性证据是指产品说明中对 RUSP 遵循的与兼容性相关的标准、约定或法规以及类似规定等的相关证明，可以由有资质的独立评价方提供。

5.1.7.2 条规定了产品说明中应描述运行 RUSP 所需要的环境，以及执行特定功能所需要调用的软件和硬件。这里的运行环境包括但不限于运行 RUSP 所需要的硬件平台、操作系统、数据库、浏览器等，如软件产品可运行的主流操作系统及其版本。执行特定功能所须要调用的软件和硬件同样应该在产品说明中给出，例如，打印功能须要调用打印机，导出功能须要调用 Word、Excel 等。

5.1.7.3 条规定了产品说明中应当标识用户可调用的接口和相关的被调用软件。例如，用于医疗的图像工作站须与符合 DICOM 3.0 通信要求的设备进行互连互通，可调用的软件和设备包括 PACS（影像归档和通信系统）、胶片打印机、图像采集设备等，应对此进行标识。

8. 产品质量——易用性

【标准原文】

> *5.1.8 产品质量——易用性*
>
> *5.1.8.1 适用时，产品说明应根据 GB/T 25000.10—2016 包含有关易用性的陈述，要考虑可辨识性、易学性、易操作性、用户差错防御性、用户界面舒适性、易访问性以及易用性的依从性，并以书面形式展示可验证的依从性证据。*

5.1.8.2 产品说明应指明用户接口的类型。

注: 这些接口可能是

— 命令行;

— 菜单;

— 视窗;

— 功能键。

5.1.8.3 产品说明应指明使用和操作该软件所要求的专门知识。

注: 这些专门知识可能是

— 所使用的数据库调用和协议的知识;

— 技术领域的知识;

— 操作系统的知识;

— 经专门培训可获得的知识;

— 产品说明中已写明的语言之外的其他语言的知识。

5.1.8.4 如适用,产品说明应描述防止用户误操作的功能。

5.1.8.5 当预防版权侵犯的技术保护妨碍易用性时,则应陈述这种保护。

注: 这些保护可以是

— 程序设置的使用截止日期;

— 拷贝付费的交互式提醒。

5.1.8.6 产品说明应包括可访问性的规定标示,特别是对有残疾的用户和存在语言差异的用户。

【标准解读】

5.1.8 小节对产品说明中产品质量——易用性的陈述提出了如下要求。

5.1.8.1条规定了产品说明中应当根据GB/T 25000.10—2016中规定的系统与软件质量模型中关于易用性的陈述,包含可辨识性、易学性、易操作性、用户差错防御性、用户界面舒适性、易访问性以及易用性的依从性7个子特性的相关说明。

书面依从性证据是指产品说明中对 RUSP 遵循的与易用性相关的标准、约定或法规以及类似规定等的相关证明,可以由有资质的独立评价方提供。

5.1.8.2条规定了产品说明应指明用户接口的类型,如命令行、菜单、视窗、功能键、Web类浏览器、帮助功能等。

5.1.8.3 条规定了产品说明应指明使用和操作该软件所要求的专门知识,如所使用的数据库调用和协议的知识、技术领域的知识、操作系统的知识、经专门培训可获得的知识、产品说明中已写明的语言之外的其他语言的知识等。

5.1.8.4 条规定了如果适用时,产品说明应描述防止用户误操作的功能,如能引起关键缺陷的误操作应重点描述：须描述用户进行删除操作时，会导致数据永久性删除；须描述系统提供自动纠正用户错误输入的功能。

5.1.8.5 条规定了当预防版权侵犯的技术保护妨碍易用性时，应对这种保护进行描述，这些防护可以是程序设置的使用截止日期、拷贝付费的交互式提醒、访问用户数超出所购买的许可证数等。

5.1.8.6 条规定了产品说明中应对可访问的用户群进行说明，特别是对有残疾的用户和存在语言差异的用户，如提供屏幕阅读功能的软件，应说明可供不同程度视力障碍的用户使用；提供中英文两个版本的软件，应说明可供中英文用户使用。

9. 产品质量——可靠性

【标准原文】

> *5.1.9 产品质量——可靠性*
>
> *5.1.9.1 适用时，产品说明应根据 GB/T 25000.10—2016 包含有关可靠性的陈述，要考虑成熟性、可用性、容错性、易恢复性以及可靠性的依从性，并以书面形式展示可验证的依从性证据。*
>
> *注：除非开发者能以服务数据或其他可验证的数据证实所做的声称，否则开发者不宜作出可靠性声称。*
>
> *5.1.9.2 产品说明应就软件在遇到由用户接口出错、应用程序自身的逻辑出错、系统或网络资源可用性引发差错的情况下的继续运行（即可用）能力作出说明。*
>
> *5.1.9.3 产品说明应包括关于数据保存和恢复规程的信息。*
>
> *注：指明数据备份由操作系统的功能来执行也是可接受的。*

【标准解读】

5.1.9 小节对产品说明中产品质量——可靠性的陈述提出了如下要求。

5.1.9.1 条规定了本标准适用时，产品说明中应根据 GB/T 25000.10—2016 中规定的系统与软件质量模型中关于可靠性的陈述，包含成熟性、可用性、容错性、易恢复性以及可靠性的依从性 5 个子特性的相关说明。当须要考虑 RUSP 的可靠性时，本条均适用。

书面依从性证据是指产品说明中对 RUSP 遵循的与可靠性相关的标准、约定或法规以及类似规定等的相关证明，可以由有资质的独立评价方提供。

5.1.9.1 条注释是指开发者作出可靠性声称的前提是能提供服务数据或者其他可以验证的数据，否则，不适宜作出可靠性声称。例如，产品说明中可以使用独立评价方可靠性测试报告中的数据作为声称的依据。

5.1.9.2 条规定了产品说明中应就软件在遇到用户接口出错、应用程序自身的逻辑出错、系统或网络资源可用性引发差错的情况下，继续运行的能力做出说明。软件在发生错误或差错的情况下，提供相应的错误提示说明。例如，某些软件在内存资源不足时，会关闭软件重新启动等。

5.1.9.3 条规定了产品说明中应当包括数据保存和恢复规程的信息。例如，Word 软件的自动保存信息功能、数据库管理系统的备份还原功能等。

10. 产品质量——信息安全性

【标准原文】

> *5.1.10 产品质量——信息安全性*
>
> *适用时，产品说明应根据 GB/T 25000.10—2016 包含有关信息安全性的陈述，要考虑保密性、完整性、抗抵赖性、可核查性、真实性以及信息安全性的依从性，并以书面形式展示可验证的依从性证据。*

【标准解读】

5.1.10 小节规定了产品说明应当根据 GB/T 25000.10—2016 中规定的系统与软件质量模型中关于信息安全性的陈述，包含保密性、完整性、抗抵赖性、可核查性、真实性以及信息安全性的依从性 6 个子特性的相关说明。当须要考虑 RUSP 的信息安全性时，本条均适用。

书面依从性证据是指产品说明中对 RUSP 遵循的与信息安全相关的标准、约定或法规以及类似规定等的相关证明，可以由有资质的独立评价方提供。

11. 产品质量——维护性

【标准原文】

> *5.1.11 产品质量——维护性*
>
> *5.1.11.1 适用时，产品说明应根据 GB/T 25000.10—2016 包含有关维护性的陈述，要考虑模块化、可重用性、易分析性、易修改性、易测试性以及维护性的依从性，并以书面形式展示可验证的依从性证据。*
>
> *5.1.11.2 产品说明应包括用户所需的维护信息。*
>
> *注：这些信息可能是*
>
> *— 监控应用程序的动态性能信息；*
>
> *— 监控意外失效和重要条件的信息；*
>
> *— 监控运行指示器（如日志、警告屏）的信息；*
>
> *— 监控由应用程序处理本地数据的信息。*
>
> *5.1.11.3 当该软件能由用户作修改时，则应标识用于修改的工具或规程及其使用条件。*
>
> *注：使用的条件可能是*
>
> *— 参数的变更；*

> — 计算算法的变更；
>
> — 接口定制；
>
> — 功能键指派。

【标准解读】

5.1.11 小节对产品说明中产品质量——维护性的陈述提出了如下要求。

5.1.11.1 条规定了产品说明中应当根据 GB/T 25000.10—2016 中规定的系统与软件质量模型中关于维护性的陈述，包含模块化、可重用性、易分析性、易修改性、易测试性以及维护性的依从性 6 个子特性的相关说明。当须要考虑 RUSP 的维护性时，本条均适用。

书面依从性证据是指产品说明中对 RUSP 遵循的与维护性相关的标准、约定或法规以及类似规定等的相关证明，可以由有资质的独立评价方提供。

5.1.11.2 条规定了产品说明中应当包括用户所需的维护信息，包括但不限于监控应用程序的动态性能信息、监控意外失效和重要条件的信息、监控运行指示器（如日志、警告屏幕）的信息、监控由应用程序处理本地数据的信息等。这些维护信息可以通过系统或软件本身的监控日志、诊断功能、状态监控等功能来进行反映。如果软件不具备监控信息或者监控功能的，产品说明中应当有相关的说明。

产品说明中应当对 RUSP 在符合规定或者特定条件下的用户修改作出说明，如软件安装过程中的参数配置等。

5.1.11.3 条规定了当该软件能由用户作修改时，应标识用于修改的工具或规程及其使用条件。用于修改的工具包括软件的开发平台或其他工具，使用的条件可能是参数的变更、计算算法的变更、接口定制、功能键指派等。

12. 产品质量——可移植性

【标准原文】

> *5.1.12 产品质量——可移植性*
>
> *5.1.12.1 适用时，产品说明应根据 GB/T 25000.10—2016 包含有关可移植性的陈述，要考虑适应性、易安装性、易替换性以及可移植性的依从性，并以书面形式展示可验证的依从性证据。*
>
> *5.1.12.2 产品说明应指明将该软件投入使用的不同配置或所支持的配置（硬件，软件）。*
>
> *注 1：针对不同工作任务、不同的边界值或不同的效率要求，可以规定不同配置。*
>
> *注 2：这些系统可能是*
>
> *— 操作系统；*
>
> *— 包括协处理器的处理器；*
>
> *— 主内存规模；*

> — 外存的类型和规模;
>
> — 扩展卡;
>
> — 输入和输出设备;
>
> — 网络环境;
>
> — 系统软件和其他软件。
>
> *5.1.12.3 产品说明应提供安装规程信息。*

【标准解读】

5.1.12 小节对产品说明中可移植性的陈述提出了如下要求。

5.1.12.1 条规定了如果适用时,产品说明中应当根据 GB/T 25000.10—2016 中规定的系统与软件质量模型中关于可移植性的陈述,包含适应性、易安装性、易替换性以及可移植性的依从性 4 个子特性的相关说明。当须要考虑 RUSP 的可移植性时,本条均适用。

书面依从性证据是指产品说明中对 RUSP 遵循的与可移植性相关的标准、约定或法规以及类似规定等的相关证明,可以由有资质的独立评价方提供。

5.1.12.2 条规定了产品说明中应当对 RUSP 正常使用所需要和支持的各种不同配置进行说明,包括但不限于操作系统、包括协处理器的处理器、主内存规模、外存的类型和规模、扩展卡、输入和输出设备、网络环境、系统软件和其他软件等。例如,软件运行的最低硬件配置要求,最低奔腾级计算机配置、内存至少为 32MB、操作系统为 Microsoft Windows 2000/XP 以上版本、数据库 Microsoft SQL Server 2005 企业版,IE 6.0 以上版本、Microsoft .NET Framework 4.0 等。

5.1.12.3 条规定了产品说明中对软件在符合规定的运行环境下的安装、卸载规程进行说明,包括软件的安装、数据库和参数的配置等,如果软件是可以通过向导进行快捷安装的,也须要说明其安装情况。

13. 使用质量——有效性

【标准原文】

> *5.1.13 使用质量——有效性*
>
> *5.1.13.1 适用时,产品说明应根据 GB/T 25000.10—2016 包含有关使用质量中有效性的陈述。*
>
> *5.1.13.2 产品说明应对用户指明为实现特定目标产品所遵循的任何依从性基准。*

【标准解读】

5.1.13 小节对产品说明中使用质量——有效性的陈述提出了如下要求。

5.1.13.1 条规定了如果适用时，产品说明中应当根据 GB/T 25000.10—2016 中规定的使用质量模型及特性说明中关于有效性的陈述，包含有效性及其子特性的相关说明。当须要考虑 RUSP 的使用质量的有效性时，本条均适用。

5.1.13.2 条规定了产品说明中应当向用户陈述为了实现特定的目标，产品所要遵循的依从性基准，对遵循与有效性相关的标准、约定或法规以及类似规定进行说明。

14. 使用质量——效率

🔖【标准原文】

> 5.1.14 使用质量——效率
>
> 5.1.14.1 适用时，产品说明应根据 GB/T 25000.10—2016 包含有关使用质量中效率的陈述。
>
> 5.1.14.2 产品说明应指明该 RUSP 预定是在单一系统上供多个并发最终用户使用，还是供一个最终用户使用，并且应说明在所要求的系统的所陈述的性能级别上可行的最大并发最终用户数。
>
> 5.1.14.3 产品说明应说明用户实现特定目标所需的资源信息。

🔖【标准解读】

5.1.14 小节对产品说明中使用质量——效率的陈述提出了如下要求。

5.1.14.1 条规定了当适用时，产品说明中应当根据 GB/T 25000.10—2016 中规定的使用质量模型及特性说明中关于效率的陈述，包含效率及其子特性的相关说明。当须要考虑 RUSP 的使用质量效率时，本条均适用。

5.1.14.2 条规定了产品说明应指明该 RUSP 预定是在单一系统上供多个并发最终用户使用还是供一个最终用户使用。如果是多用户使用时，应说明系统能够在正常运行的情况下所支持的最大并发用户数。

5.1.14.3 条规定了产品说明中应包含用户实现特定目标所需要的资源信息，RUSP 有效工作所需要的资源，如软件、带宽、硬盘空间、随机存储器、视频卡、无线互联网卡和 CPU 速度等。

15. 使用质量——满意度

🔖【标准原文】

> 5.1.15 使用质量——满意度
>
> 5.1.15.1 适用时，产品说明应根据 GB/T 25000.10—2016 包含有关使用质量中满意度的陈述，要考虑有用性、可信性、愉悦性和舒适性。
>
> 5.1.15.2 产品说明中应提供供方的联系方式，以便用户为了满意地使用该产品而联系他们。

【标准解读】

5.1.15 小节对产品说明中使用质量——满意度的陈述提出了如下要求。

5.1.15.1 条规定了当适用时,产品说明中应当根据 GB/T 25000.10—2016 中规定的使用质量模型及特性说明里面关于满意度的陈述,包含有用性、可信性、愉悦性和舒适性 4 个子特性的说明。当须要考虑 RUSP 使用质量的满意度时,本条均适用。

5.1.15.2 条规定了为让用户在使用 RUSP 时能方便联系到产品的供方,产品说明中应当提供供方的联系方式。例如,技术支持电话、电子邮箱、在线服务链接、邮政地址、官方网站地址等。

16. 使用质量——抗风险

【标准原文】

> 5.1.16 使用质量——抗风险
>
> 5.1.16.1 适用时,产品说明应根据 GB/T 25000.10—2016 包含有关使用质量中抗风险的陈述,要考虑经济风险缓解性、健康和安全风险缓解性和环境风险缓解性。
>
> 5.1.16.2 在软件的使用存在已知的风险或需要特殊培训的情况下,产品说明中应包括非公开信息。

【标准解读】

5.1.16 小节对产品说明中使用质量——抗风险的陈述提出了如下要求。

5.1.16.1 条规定了当适用时,产品说明中应当根据 GB/T 25000.10—2016 中规定的使用质量模型及特性说明里面关于抗风险的描述,包含经济风险缓解性、健康和安全风险缓解性和环境风险缓解性 3 个子特性的说明。当须要考虑 RUSP 的使用质量的抗风险性时,本条均适用。

5.1.16.2 条规定了产品说明中当 RUSP 使用存在已知的风险以及所需要的特殊培训时,应包含非公开的信息。例如,医疗器械软件因有使用环境限制,操作不当,可能导致人暴露在危害中,从而造成伤害。因此,须对操作者进行培训,在产品说明中应给出明确的警告和相应的使用说明。

17. 使用质量——周境覆盖

【标准原文】

> 5.1.17 使用质量——周境覆盖
>
> 5.1.17.1 适用时,产品说明应根据 GB/T 25000.10—2016 包含有关使用质量中周境覆盖的陈述,要考虑周境完备性和灵活性。
>
> 5.1.17.2 如果产品说明中包含依从性的信息,该依从性的覆盖范围应明确说明。

【标准解读】

5.1.17 小节对产品说明中使用质量——周境覆盖的陈述提出了如下要求。

5.1.17.1 条规定了当适用时，产品说明中应当根据 GB/T 25000.10—2016 中规定的使用质量模型及特性说明里面关于周境覆盖的描述，包含周境完备性和灵活性 2 个子特性的说明。当须要考虑 RUSP 的使用质量的周境覆盖时，本条均适用。

5.1.17.2 条规定了如果产品说明中包含依从性的信息，依从性的覆盖范围也应该在产品说明中进行描述。

3.3.2　用户文档集要求

用户文档集是指能够指导、帮助用户使用软件的所有文档的集合。它的作用是能够让用户有效地理解软件的目标、功能和特性，指导用户如何安装、卸载和使用软件等。

GB/T 25000.51 用户文档集要求针对用户文档集从可用性、内容、标识和标示、完备性、正确性、一致性、易理解性 7 个产品质量特性以及使用质量 5 个特性作了规定。供方应按照该章节的要求编制对应的用户文档集文档，独立评价方应按照该章节的要求对用户文档集进行评价。本节针对标准中用户文档集要求进行逐条解读，以便读者深入地理解和掌握该部分内容。

1. 可用性

【标准原文】

> *5.2.1　可用性*
> *用户文档集对于该产品的用户应是可用的。*

【标准解读】

5.2.1 小节规定了用户文档集不论是以纸质的还是电子介质形式提供给用户，用户文档集应是有效的，并且用户可以通过这些文档了解和掌握 RUSP 的情况。

2. 内容

【标准原文】

> *5.2.2　内容*
> *用户文档集包括的功能应是可测试的或可验证的。*

【标准解读】

5.2.2 小节规定了用户文档集中包括的功能应该是可测试或可验证的，能够通过编制测试用例或检查来验证其内容的正确性。用户文档集中不应出现非量化的或现有技术不能测试或验证的功能表述。

3. 标识和标示

【标准原文】

5.2.3 标识和标示

5.2.3.1 用户文档集应显示唯一的标识。

5.2.3.2 RUSP 应以其产品标识指称。

5.2.3.3 用户文档集应包含供方的名称和邮政或网络地址。

5.2.3.4 用户文档集应标识该软件能完成的预期工作任务和服务。

【标准解读】

5.2.3 小节对用户文档集中标识和标示的陈述提出了如下要求。

5.2.3.1 条规定了用户文档集应显示其唯一的标识，可单独显示在用户文档的封面、页眉/页脚或其他地方，并且该标识是单独的，没有包含在其他内容中。标识可由文字、符号、图案以及其他说明物等表示。

5.2.3.2 条规定了用户文档集中应该有 RUSP 的指称，该指称对应产品标识。指称是指被用来解释的名词或代词与用它们来命名的具体目标对象之间的关系，一般情况 RUSP 的指称应包含名称、版本和发布日期三部分。

5.2.3.3 条规定了用户文档集中应当包含供方的名称和地址信息。当存在供货商或零售商时，还应包含供货商、电子商务供货商或零售商的名称和邮政地址或者网络地址。当软件的供方和供货商相同时，用户文档集中应有相关的声明，并给出其名称和地址信息；不同时，则分别写出其名称和地址。

5.2.3.4 条规定了用户文档集中应该说明软件能够实现的功能和提供的服务。例如，财务管理系统实现了凭证管理、账簿管理、报表管理和系统管理等功能，可提供软件初始化、版本升级、特殊报表制作等服务。

4. 完备性

【标准原文】

5.2.4 完备性

5.2.4.1 用户文档集应包含使用该软件必需的信息。

5.2.4.2 用户文档集应说明在产品说明中陈述的所有功能以及最终用户能调用的所有功能。

5.2.4.3 用户文档集应列出已处理处置、会引起应用系统失效或终止的差错和缺陷，特别是列出那些最终导致数据丢失的应用系统终止的情况。

5.2.4.4 用户文档集应给出必要数据的备份和恢复指南。

5.2.4.5 对于所有关键的软件功能（即失效后会对安全产生影响或会造成重大财产损失或社会损失的软件），用户文档集应提供完备的指导信息和参考信息。

注：更多信息参见附录A。

5.2.4.6 用户文档集应陈述安装所要求的最小磁盘空间。

5.2.4.7 对用户要执行的应用管理职能，用户文档集应包括所有必要的信息。

注：信息示例——让用户能验证是否成功执行应用管理职能的信息。

5.2.4.8 如果用户文档集分若干部分提供，在该集合中至少有一处应标识出所有的部分。

【标准解读】

5.2.4 小节对用户文档集的完备性提出了如下要求。

5.2.4.1 条规定了用户文档集应包含使用软件必需的信息，包括软件安装环境、软件的功能信息（产品说明中陈述的功能、最终用户可以调用的功能和关键功能）、限制条件（如隐含的风险）、数据备份和恢复以及可靠性特性。

5.2.4.2 条规定了用户文档集中应当说明在产品说明中陈述的所有功能以及最终用户能调用的所有功能。用户文档集中应该说明 RUSP 最终用户可调用的功能完成的任务和操作步骤。最终用户可调用的功能指用户能够操作、控制的功能，如用户登录、信息查询等。

5.2.4.3 条规定了用户文档集中应当对软件运行过程中的差错或缺陷进行说明，特别是列出导致数据丢失的应用程序终止的情况。若软件在运行过程中出现差错或缺陷，则应该对差错或缺陷影响的功能、严重程度进行阐述，并给出正确的操作步骤。

5.2.4.4 条规定了如果软件有数据备份功能，用户文档集中应当对数据备份和恢复的具体的操作步骤进行阐述。

5.2.4.5 条规定了关键的软件功能，包括失效后对安全产生影响，或者会造成财产损失，或者社会损失的软件，可能是由于用户误操作或超出软件功能限定的操作等造成的影响。此时，用户文档集应给出关键功能完备的操作步骤、操作条件、注意事项等。

5.2.4.6 条规定了用户文档集中应当对 RUSP 安装所需要的最小磁盘空间进行说明。例如，安装该软件时，硬盘容量至少大于 500MB。

5.2.4.7 条规定了用户文档集应包括执行应用管理职能所有必要的信息，应用管理职能是指由用户履行的职能，包括安装、配置、备份、维护（修补及升级）和卸载。

- 用户文档集中应当对软件的安装步骤、配置过程进行说明，并有安装成功的提示信息。例如，如何更改数据库的参数实现数据库的连接、如何配置软件运行环境等。

- 如果能够提供备份、维护升级服务，应注明所提供的服务的内容和形式，以及成功与否的提示信息。

- 用户文档集中应该对软件的卸载方法及步骤进行说明，以及卸载成功后的提示信息。

5.2.4.8 条规定了用户文档集可以由多个文档或者多个部分组成，如果存在多个文档或者多个部分，那么其中应该有一处能标识出所有部分。

5. 正确性

【标准原文】

> 5.2.5 正确性
> 5.2.5.1 用户文档集中的所有信息对主要的目标用户应是恰当的。
> 注：用户文档集中的所有信息的正确性都宜追溯到权威来源。
> 5.2.5.2 用户文档集不应有歧义的信息。

【标准解读】

5.2.5 小节对用户文档集中信息的正确性提出了如下要求。

5.2.5.1 条规定了用户文档集中包含的所有信息应当都是恰当的，适合主要目标用户阅读使用。例如，医用软件的目标用户是医院用户，该软件功能操作的提示信息不应当出现与医学偏差较大的计算机专业名词等。

注释信息要求用户文档集中包含的所有信息应当都是正确的，并且与 RUSP 相符合。用户文档集中所有的信息都能通过合适的手段追溯其来源是否正确。

5.2.5.2 条规定了用户文档集中所有的信息都应是准确的，不能有歧义、错误的表达。

6. 一致性

【标准原文】

> 5.2.6 一致性
> 用户文档集中的各文档不应自相矛盾、互相矛盾以及与产品说明矛盾。

【标准解读】

5.2.6 小节规定了用户文档集中的各文档不应自相矛盾、互相矛盾以及与产品说明矛盾。在用户文档集的同一文档中，内容不能自相矛盾；各文档在说明同一内容时，不应相互矛盾；用户文档集不能与产品说明中的描述相矛盾，并且要求术语一致。

7. 易理解性

【标准原文】

> *5.2.7 易理解性*
>
> *5.2.7.1 用户文档集应采用该软件特定读者可理解的术语和文体，使其容易被 RUSP 主要针对的最终用户群理解。*
>
> *5.2.7.2 应通过经编排的文档清单为理解用户文档集提供便利。*

【标准解读】

5.2.7 小节对用户文档集的易理解性提出了如下要求。

5.2.7.1 条规定了用户文档集中的术语对于正常使用的用户应是可以理解的，如财务会计软件，其用户文档集中的术语应该能被财务会计从业人员所理解。

5.2.7.2 条规定了如果用户文档集是由多个文档组成的，应该有对应的文档清单及各组成文档的覆盖范围说明，文档清单包含标题、目录、索引等，方便用户理解和查看。

8. 产品质量——功能性

【标准原文】

> *5.2.8 产品质量——功能性*
>
> *用户文档集中应陈述产品说明中所列的所有限制。*

【标准解读】

5.2.8 小节规定了如果产品说明中有针对用户的功能性限制的说明，如最大值、最小值、密钥长度、文件中记录的最大数目、搜索准则的最大数目、最小样本数目、模糊匹配的最少字符、可并行处理的最大数据量等，那么在用户文档集中应该对这些限制进行陈述；如果产品说明中已经说明 RUSP 无功能性限制，那么在用户文档集中可以不体现。

9. 产品质量——兼容性

【标准原文】

> *5.2.9 产品质量——兼容性*
>
> *5.2.9.1 用户文档集中应提供必要的信息以标识使用该软件的兼容性要求。*
>
> *5.2.9.2 用户文档集应以适当的引用文档指明 RUSP 在何处依赖于特定软件和（或）硬件。*
>
> *注：这种引用可包括*

> — 软件和（或）硬件的名称;
>
> — 版本;
>
> — 特定操作系统。
>
> 5.2.9.3 当用户文档集引证已知的、用户可调用的与其他软件的接口时，则应标识出这些接口或软件。

【标准解读】

5.2.9 小节对用户文档集中对于产品质量——兼容性的陈述提出了如下要求。

5.2.9.1 条规定了用户文档集中应当提供使用该软件所涉及的兼容性要求信息，包括兼容性的共存性、互操作性以及兼容性的依从性 3 个子特性的要求。

5.2.9.2 条规定了运行 RUSP 所需要的环境，执行特定功能所需要的环境以及执行特定功能所需要调用的软件和硬件。这里的运行环境包括但不限于运行 RUSP 所需要的硬件平台、操作系统、数据库、浏览器等，如软件产品可运行的主流操作系统及其版本。执行特定功能所需要调用的软件、硬件同样应该在产品说明中给出。例如，使用打印功能须要调用打印机，使用导出功能须要调用 Word、Excel 等。

5.2.9.3 条规定了用户文档集中应当标识用户调用的接口类型和相关的被调用软件，如命令行、菜单、视窗、功能键等。

10. 产品质量——易用性/易学性

【标准原文】

> 5.2.10 产品质量——易用性/易学性
>
> 用户文档集应为用户学会如何使用该软件提供必要的信息。
>
> 注: 用户文档集可引用 RUSP 自身包含的或诸如培训之类辅助材料中包含的附加信息。

【标准解读】

5.2.10 小节规定了用户文档集中应为用户提供使用 RUSP 必要的信息，使用户能够容易学会使用该软件。这些信息可以是各功能的操作方法、常见问题的解决方法、帮助机制的使用方法等。

如果在 RUSP 自身或培训之类的辅助材料中，包含能使用户容易学会使用该软件的附加信息，那么用户文档集可以直接引用。

11. 产品质量——易用性/易操作性

【标准原文】

> 5.2.11 产品质量——易用性/易操作性

> *5.2.11.1 如果用户文档集不以印刷的形式提供，则文档集应指明是否可以被打印，如果可以打印，那么指出如何获得打印件。*
>
> *5.2.11.2 卡片和快速参考指南以外的用户文档集，应给出目次（或主题词列表）和索引。*
>
> *5.2.11.3 用户文档集应对所用到的术语和缩略语加以定义，以便用户可以理解文档中的用词。*

【标准解读】

5.2.11 对用户文档集中对于产品质量——易用性/易操作性的陈述提出了如下要求。

5.2.11.1 条规定了用户文档集可以通过打印、印刷的形式提供，也可以通过电子版的形式提供。但是，若不以印刷的形式提供，则须给出是否可以打印以及如何获取打印件等信息。

5.2.11.2 条规定了如果用户文档集是以用户使用手册、用户操作手册等非卡片和快速指南的形式提供的，须要给出目次（或主题词列表）和索引信息，以方便用户浏览和查阅。

5.2.11.3 条规定了用户文档集中专业术语和缩略语应该给出定义以及相应的解释，以便用户能通过理解文档，更好地了解软件产品所提供的功能。

12. 产品质量——可靠性

【标准原文】

> *5.2.12 产品质量——可靠性*
> *用户文档集应描述可靠性的特征及其操作。*

【标准解读】

5.2.12 小节规定了用户文档集应描述 RUSP 可靠性的特征及其操作，包括成熟性、可用性、容错性、易恢复性和可靠性的依从性的子特性，如用户文档集应列出所处置的和引起系统失效或终止的差错，特别是那些导致数据丢失或者系统终止的结束条件；用户文档集应给出必要的数据备份和恢复指南等相关操作说明。

13. 产品质量——信息安全性

【标准原文】

> *5.2.13 产品质量——信息安全性*
> *用户文档集应对用户管理的每一项数据所对应的软件信息安全级别给出必要的信息。*

【标准解读】

5.2.13 小节规定了用户文档集应对用户管理的每一项数据所对应的软件信息安全级别要求给出必要的提示、说明信息，以便采取相应的安全保护措施。

14. 产品质量——维护性

【标准原文】

> *5.2.14 产品质量——维护性*
>
> *用户文档集应陈述是否提供维护。如果提供维护，则用户文档应陈述和软件发布计划相应的维护服务。*

【标准解读】

5.2.14 小节规定了用户文档集应对供方是否提供维护操作说明。如果提供维护服务，除了提供供方的联系方式，还应说明与软件发布计划相应的维护服务的内容、期限及方式等信息。

15. 使用质量——有效性

【标准原文】

> *5.2.15 使用质量——有效性*
>
> *用户文档集应能帮助用户达到产品说明陈述的使用质量有效性的目标。*

【标准解读】

5.2.15 小节规定了用户文档集应指导用户达到产品说明中指定的使用质量有效性目标，告知用户在使用 RUSP 时，如何实现目标的准确性和完备性，包括用户无须协助能够正确地完成任务的情况，以及在任务过程中用户出错的情况等。在这里，用户错误指用户的使用错误，例如，用户没有执行预期的行为。

16. 使用质量——效率

【标准原文】

> *5.2.16 使用质量——效率*
>
> *用户文档集应能帮助用户达到产品说明陈述的使用质量效率的目标。*

【标准解读】

5.2.16 小节规定了用户文档集中应当包括达到产品说明所陈述的使用质量效率的目标所需的信息,如软件、硬件、网络、数据等资源信息,以及系统正常运行时最大的并发用户数等。

17. 使用质量——满意度

【标准原文】

> 5.2.17 使用质量——满意度
>
> 5.2.17.1 用户文档集应能帮助用户达到产品说明陈述的使用质量满意度的目标。
>
> 5.2.17.2 用户文档集应提供供方的联系方式,以便用户反馈满意度信息。

【标准解读】

5.2.17 小节对用户文档集中对于使用质量——满意度的陈述提出了如下要求。

5.2.17.1 条规定了用户文档集中应说明用户在使用 RUSP 时,根据产品说明中陈述的系统中指定的使用周境中,如何满足用户要求,实现使用质量满意度的目标,通常采用问卷调查等方式。

5.2.17.2 条规定了为了方便用户反馈满意度信息,用户文档集中应提供供方的联系方式,如邮政地址、官方网站、联系电话、官方电子邮箱等。

18. 使用质量——抗风险性

【标准原文】

> 5.2.18 使用质量——抗风险性
>
> 用户文档集应能帮助用户达到产品说明陈述的使用质量抗风险的目标。

【标准解读】

5.2.18 小节规定了用户文档集中应说明用户在使用 RUSP 时,根据产品说明中陈述的抗风险的目标,产品或系统中经济现状、人的生命、健康或者环境方面如何缓解潜在风险的程度。

19. 使用质量——周境覆盖

【标准原文】

> 5.2.19 使用质量——周境覆盖
>
> 用户文档集应能帮助用户达到产品说明中陈述的使用质量周境覆盖的目标。

【标准解读】

5.2.19 小节规定了用户文档集中应说明用户在使用 RUSP 时，根据产品说明中陈述的周境覆盖的目标，在指定的使用周境和超出最初设定需求的周境中，产品或系统用户如何使用，并能够满足有效性、效率、抗风险和满意度特性方面的要求。

3.3.3　软件质量要求

GB/T 25000.51 软件质量要求针对软件质量从产品质量的八大特性以及使用质量的五大特性作了规定。供方应按照该章节的要求开发对应的软件产品，独立评价方应按照该章节的要求对软件产品进行评价。本节针对标准中软件质量要求进行逐条解读，以便读者深入地理解和掌握该部分内容。

1. 产品质量——功能性

【标准原文】

> *5.3.1　产品质量——功能性*
>
> *5.3.1.1　安装之后，软件的功能是否能执行应是可识别的。*
>
> *注：对功能良好的验证可通过如下方式进行：利用所提供的测试用例，或按相应的消息自测试，或由用户进行的其他测试。*
>
> *5.3.1.2　在给定的限制范围内，使用相应的环境设施、器材和数据，用户文档集中所陈述的所有功能应是可执行的。*
>
> *5.3.1.3　软件应符合产品说明所引用的任何需求文档中的全部要求。*
>
> *5.3.1.4　软件不应自相矛盾，并且不与产品说明和用户文档集矛盾。*
>
> *注：两种完全相同的动作应产生同样的结果。*
>
> *5.3.1.5　由遵循用户文档集的最终用户对软件运行进行的控制与软件的行为应是一致的。*

【标准解读】

5.3.1 小节对产品质量——功能性提出了如下要求。

5.3.1.1 条规定了 RUSP 安装之后，软件所呈现的功能能否执行应当是可以识别的。例如，执行删除功能时有相应的确认信息，并且删除后，有相应的查询功能可以验证已经成功删除等。

5.3.1.2 条规定了在用户文档集中给定的限制范围内，使用其声明支持的软、硬件环境，以及满足辅助设备、数据等资源的要求时，用户可以成功执行 RUSP 用户文档集中所描述的所有功能。

5.3.1.3 条规定了如果产品说明中有引用的需求文档，应该对 RUSP 的符合性进行检查，验证 RUSP 是否满足需求文档的全部要求。

5.3.1.4 条规定了 RUSP 所提供的功能不应自相矛盾，这些矛盾包括 RUSP 各项功能、术语、数据的矛盾，与产品说明及用户文档的描述之间的矛盾。另外，还包括操作的矛盾、表述的矛盾（如文字和图形的表述矛盾）等。

- 操作矛盾：两种相同的操作返回结果不一致，即在输入和操作相同时，RUSP 的输出结果不同。
- 文字矛盾：在软件界面或帮助等具有文字描述的地方，对同一功能的描述不一致；或者功能实现与产品说明或用户文档不一致。
- 图形矛盾：不同的功能使用相同的图形表示；或者 RUSP 的业务流程与用户文档的流程图不一致。

凡是产品说明、用户文档集中提到的特性，软件都应与其保持一致。这些特性包括功能、操作、输入/输出的限制条件等。

- 功能和操作：RUSP 中应具有产品说明和用户文档集中声明的功能，并且其操作过程和实现结果应与声明一致。
- 输入/输出的限制条件：在产品说明和用户文档集中声明的输入/输出范围内，RUSP 应当能够完成规定的任务；输入/输出范围外，RUSP 应当拒绝执行相关操作。

5.3.1.5 条规定了最终用户依据用户文档集的指导对软件进行的控制与操作，与软件实际的运行行为是一致的。按照用户文档集给出的参数配置指导，用户进行相应的参数调整，调整后，软件应该能够成功地完成参数的调整。

2. 产品质量——性能效率

【标准原文】

> 5.3.2　产品质量——性能效率
> 软件应符合产品说明中有关性能效率的陈述。
> 注：当等待响应的时间不合理时，应向最终用户发送消息。

【标准解读】

5.3.2 规定了产品质量中性能效率的要求：RUSP 都应符合产品说明中关于 RUSP 性能效率的陈述，包括时间特性、资源利用性、容量以及性能效率的依从性等。

当最终用户等待响应的时间超出合理范围时，RUSP 应当向最终用户发送提示消息。例如，系统若长时间未响应，应提示"请选择继续等待还是结束操作"。

3. 产品质量——兼容性

【标准原文】

5.3.3 产品质量——兼容性

5.3.3.1 如果用户可以进行安装操作，则软件应提供一种方式来控制已安装组件的兼容性。

5.3.3.2 软件应按照用户文档集和产品说明中所定义的兼容性特征来执行。

5.3.3.3 如果软件需要提前配置环境和参数，以执行已定义的兼容性，应在用户文档集中明确说明。

5.3.3.4 在用户文档集中应明确指明兼容性、功能、数据或流的类型。

5.3.3.5 软件应能识别出哪个组件负责兼容性。

5.3.3.6 如果用户可以进行安装操作，且软件在安装时对组件有共存性的约束条件，则在安装前应予以明示。

【标准解读】

5.3.3 小节对产品质量——兼容性的内容提出了如下要求。

5.3.3.1 条规定了如果用户能够实施安装操作，那么应能够遵循安装文档中的信息，包括安装 RUSP 所兼容的平台或系统环境要求，成功地安装和运行产品或系统。

5.3.3.2 条规定了 RUSP 应当按照用户文档集和产品说明中所定义的兼容性特征来执行，包含共存性、互操作性和兼容性的依从性 3 个子特性的要求。

5.3.3.3 条规定了如果 RUSP 须要提前配置环境和参数，例如，安装所需的操作系统版本，或者数据库的配置信息和参数设置等，才能与其兼容，那么须要在用户文档集中对配置环境和参数进行明确的说明。

5.3.3.4 条规定了为了确保 RUSP 能够成功地安装并且正常运行，用户文档集中要明确指明其兼容性、功能、数据或流的类型。

5.3.3.5 条规定了 RUSP 能识别出负责兼容性的组件，如果 RUSP 具有负责兼容性的组件，那么应在用户文档集中进行描述，如 IIS6 兼容性组件。

5.3.3.6 条规定了如果用户能够实施安装操作，并且 RUSP 在安装时对组件有共存性的约束条件，那么应在安装前予以明示。例如，安装杀毒软件前，可能须要卸载其他杀毒软件，需要在安装前给予说明。

4. 产品质量——易用性

【标准原文】

5.3.4 产品质量——易用性

5.3.4.1 用户在看到产品说明或者第一次使用软件后,应能确认产品或系统是否符合其需要。

5.3.4.2 有关软件执行的各种问题、消息和结果都应是易理解的。

注1: 借助以下的手段可以达到易理解性:

— 恰当地选择术语;

— 图形表示;

— 提供背景信息;

— 由帮助功能解释;

— 提供易理解的文字或图形输出;

— 提供清晰的音频输出。

注2: 关于易用性问题,鼓励依据本部分达成协定的各方调查应用 ISO 9241 系列标准最新版本的可能性。特别是宜考虑 ISO/IEC 9241 系列标准的第1、2、10～17 部分及 GB/T 25000.62《软件工程软件产品质量要求和评价(SQuaRE)易用性测试报告行业通用格式(CIF)》。

5.3.4.3 每个软件出错消息应指明如何改正差错或向谁报告差错。

注: 这种信息可以是对用户文档集中某一项的引用。

5.3.4.4 出自软件的消息应设计成使最终用户易于理解的形式。

注: 这些消息可能是

— 确认;

— 软件发出的询问;

— 信息;

— 警告;

— 出错消息。

5.3.4.5 屏幕输入格式、报表和其他输出对用户来说应是清晰且易理解的。

5.3.4.6 对具有严重后果的功能执行应是可撤销的,或者软件应给出这种后果的明显警告,并且在这种命令执行前要求确认。

注: 数据的删除及其盖写(覆盖写入)中断一个很长的处理操作均具有严重后果。

5.3.4.7 借助用户接口、帮助功能或用户文档集提供的手段,最终用户应能够学习如何使用某一功能。

5.3.4.8 当执行某一功能时,若响应时间超出通常预期限度,应告知最终用户。

5.3.4.9 每一元素(数据媒体、文件等)均应带有产品标识,如果有两种以上的元素,则应附上标识号或标识文字。

5.3.4.10 用户界面应能使用户感觉愉悦和满意。

【标准解读】

5.3.4 小节对产品质量——易用性的内容提出了如下要求。

5.3.4.1 条规定了用户可以参照产品说明或用户文档集，或者第一次使用软件后，就能判断产品或系统是否达到他们的目的，是否满足其要求。

5.3.4.2 条规定了 RUSP 的出错消息、提示信息、确认信息、警告和执行结果的反馈信息都应是易于用户理解的，采用专业的术语，提供图形表示、背景信息以及帮助功能等，帮助用户理解和使用产品或系统。

5.3.4.3 条规定了 RUSP 的出错消息应明确说明出错的原因，如何改正差错，或者通过何种方式、向谁报告差错。

5.3.4.4 条规定了消息的格式和符号应是统一的，内容描述应是清晰的、无歧义的和易于理解的，这里的消息包括确认消息、询问、警告、出错信息等。

5.3.4.5 条规定了 RUSP 所有输入、输出的格式应是规范的，描述应是清晰的，并且易于用户理解。

5.3.4.6 条规定了当执行具有严重后果的功能，该操作应该是可撤销的，或者有明显的警告和提示确认信息。例如，删除、修改或者中止一个过长的处理操作，导入数据覆盖原有数据时，上述操作应是可以撤销的；或者在执行该操作前有提示信息，警告用户该操作可能造成的影响或者导致的后果，并请用户确认是否继续操作。

5.3.4.7 条规定了通过用户文档集、在线帮助、视频培训课程等方式，用户可以学习使用产品的功能。

5.3.4.8 条规定了执行某项功能时，当响应时间超出规定时间或者预期限度时，RUSP 应有提示信息告知用户。例如，B/S 结构的软件，由于网速问题使用户的请求无法得到响应时，会有一个连接超时的提示信息。

5.3.4.9 条规定了与软件相关的元素应该带有标识，两种以上元素还须要带有标识号或文字。这里的元素可以是软件的载体，如光盘、软件包等。

5.3.4.10 条规定了用户界面舒适性的要求。RUSP 的整体设计在外观上应科学合理、令人愉悦，感觉舒适；用户界面不应出现乱码、不清晰的文字或图片等影响界面美观与用户感受的情况。

5. 产品质量——可靠性

【标准原文】

> 5.3.5 产品质量——可靠性
>
> 5.3.5.1 软件应按照用户文档集中定义的可靠性特征来执行。
>
> 5.3.5.2 与差错处置相关的功能应与产品说明和用户文档集中的陈述一致。
>
> 注：软件不能承担源自操作系统或网络的各种失效的责任。

5.3.5.3 *在用户文档集陈述的限制范围内使用时，软件不应丢失数据。*

注: 这种要求即使在下面的情况下也要满足。

— *利用的容量达到规定的极限;*

— *试图利用超出规定极限的容量;*

— *由产品说明中列出的其他软件或由最终用户所造成的不正确输入;*

— *违背用户文档集中明示的细则。*

5.3.5.4 *软件应识别违反句法条件的输入，并且不应作为许可的输入加以处理。*

5.3.5.5 *软件应具有从致命性错误中恢复的能力，并对用户是明显易懂的。*

【标准解读】

5.3.5 小节对产品质量——可靠性的内容提出了如下要求。

5.3.5.1 条规定了软件应符合用户文档集中关于可靠性及其成熟性、可用性、容错性、易恢复性以及可靠性的依从性 5 个子特性陈述的要求。

5.3.5.2 条规定了 RUSP 对引起系统失效或终止的差错的处置，应与用户文档集和产品说明一致。例如，用户文档集规定了因系统长时间无响应进行中止操作时，应提供数据恢复，防止数据丢失，RUSP 应实现该功能。但是，RUSP 不应承担因操作系统、网络的原因导致失效的责任。

5.3.5.3 条规定了在用户文档集明示的限制范围内使用软件时，不应发生数据丢失，即使当容量达到规定的极限或者用户试图利用超出规定极限的容量时，以及当用户执行了产品说明和用户文档集明示的错误操作或不正确的输入时，也不能出现数据丢失的问题。

5.3.5.4 条规定了当输入违反句法条件的数据时，软件应有错误提示信息或警告信息，并且拒绝对错误数据进行处理。

5.3.5.5 条规定了当发生致命性错误，出现中断或者失效的情况下，RUSP 应提供完整、易于理解的提示信息，用户能够按照其指示的处理方法和操作步骤，重新恢复正常的运行，并恢复受影响的数据。

6. 产品质量——信息安全性

【标准原文】

5.3.6 *产品质量——信息安全性*

5.3.6.1 *软件应按照用户文档集中定义的信息安全性特征来运行。*

5.3.6.2 *软件应能防止对程序和数据的未授权访问（不管是无意的还是故意的）。*

5.3.6.3 *软件应能识别出对结构数据库或文件完整性产生损害的事件，且能阻止该事件，并通报给授权用户。*

5.3.6.4 *软件应能按照信息安全要求，对访问权限进行管理。*

5.3.6.5 *软件应能对保密数据进行保护，只允许授权用户访问。*

【标准解读】

5.3.6 小节对产品质量——信息安全性的内容提出了如下要求。

5.3.6.1 条规定了 RUSP 应当依据用户文档集中有关信息安全性，以及其保密性、完整性、抗抵赖性、可核查性、真实性和信息安全性的依从性 6 个子特性的要求，提供并实现信息安全性的相关功能。

5.3.6.2 条规定了对未经授权非法用户的访问控制，要求 RUSP 能够阻止其对程序和数据的访问。例如，某信息系统的统计分析人员须要经系统管理员对其授权统计分析的功能权限，才能登录系统操作该功能。不具备该权限的人员登录系统后，应无法显示和执行此项功能。

5.3.6.3 条规定了 RUSP 能够确保数据和文件从产生开始一直保持完整真实，未被有意或无意修改、更换或破坏，并在执行任何操作的过程中，包括转移、存储、传输的过程中，不发生改变，如果产生被损害的事件，应能够识别并通报给已授权的用户。

5.3.6.4 条规定了 RUSP 应当符合信息安全要求，提供权限管理功能。例如，系统提供把新增或者删除数据的权限授权给具备操作权限的人员，而对普通人员仅授权查询权限。

5.3.6.5 条规定了针对保密数据资源，RUSP 应保证在授权范围内使用，防止未经授权的用户使用、修改和破坏数据。

7. 产品质量——维护性

【标准原文】

> *5.3.7 产品质量——维护性*
>
> *5.3.7.1 软件应按照用户文档集中定义的维护性特征来执行。*
>
> *注：例如缺陷诊断的能力，使能修改的能力。*
>
> *5.3.7.2 软件应能识别出每一个基本组件的发布号、相关的质量特性、参数和数据模型。*
>
> *5.3.7.3 软件应能在任何时候都识别出每一个基本组件的发布号，包括安装的版本，以及对软件特征产生的影响。*
>
> *注：基本组件可能是*
>
> *— 数据屏幕；*
>
> *— 数据库模型；*
>
> *— 子程序；*
>
> *— 接口。*

【标准解读】

5.3.7 小节对产品质量——维护性的内容提出了如下要求。

5.3.7.1 条规定了 RUSP 应当符合用户文档集中有关维护性，以及其模块化、可重用性、易分析性、易修改性、易测试性和维护性的依从性 6 个子特性的要求，提供并实现维护性的相关功能。

5.3.7.2 条规定了软件应能识别出每一个基本组件发布的版本号、相关的质量特性、参数和数据模型。组件之间具有相互依赖关系，组件的变动可能影响其他组件或系统软件整体的功能，因此应对其进行清晰而明确的识别和记录。例如，在软件的版本声明中，标注各组件的版本信息，追溯其组件版本声明信息，能够查阅其质量特性、参数和数据模型信息。

5.3.7.3 条规定了 RUSP 应能在任何时候识别每一个组件的发布版本号，当某个组件进行升级或者变更时，应能识别其对 RUSP 整体、某个质量特性或者其他组件产生的影响。例如，可在组件的版本升级声明中标明。

8. 产品质量——可移植性

【标准原文】

> *5.3.8 产品质量——可移植性*
> *5.3.8.1 如果用户能够实施安装，遵循安装文档中的信息应能成功地安装软件。*
> *5.3.8.2 对于软件应用程序的成功安装和正确运行，应就产品说明中列出的所有支持平台和系统加以证实。*
> *5.3.8.3 软件应向用户提供移去或卸载所有已安装的组件的方法。*

【标准解读】

5.3.8 小节对产品质量——可移植性的内容提出了如下要求。

5.3.8.1 条规定了如果最终用户可以实施安装，则应能够按照安装文档中的使用说明中的操作步骤，在符合规定的运行环境下，选择安装方式（默认安装、自定义或快速安装），均可以成功地安装软件，并能够正常运行。

5.3.8.2 条规定了 RUSP 应支持产品说明中指定的每一种支持的平台和系统，确保其能够成功地安装和正确运行。如果在产品说明中声明本软件支持 Microsoft Windows 2000/XP 两种操作系统，那么软件在这两种操作系统上应该都能够成功地安装并运行。

5.3.8.3 条规定了软件应提供用户软件移除或卸载的步骤，确保用户按照步骤能完成软件移除或卸载。例如，采用卸载向导进行自动卸载、从控制面板中的添加/删除中进行卸载或直接删除对应的文件夹等。

9. 使用质量——有效性

【标准原文】

> *5.3.9 使用质量——有效性*
> *5.3.9.1 软件应按照产品说明中陈述的使用质量——有效性特征来执行并通过用户文档*

获得帮助。

5.3.9.2 软件应能提供评价其对期望的依从性目标的影响的手段。

【标准解读】

5.3.9 小节对使用质量——有效性的内容提出了如下要求。

5.3.9.1 条规定了 RUSP 能够按照产品说明中陈述的使用质量——有效性特性的要求执行，并且可以通过用户文档相应描述，帮助用户使用。对有效性的衡量不考虑目标如何实现，只考虑实现目标的准确性和完备性。

5.3.9.2 条规定了 RUSP 应能够提供一些手段，用于评价它所期望的依从性目标。

10. 使用质量——效率

【标准原文】

5.3.10 使用质量——效率

5.3.10.1 软件应按照产品说明中陈述的使用质量——效率特征来执行并通过用户文档获得帮助。

5.3.10.2 软件应能提供评价其在须达到目标时的使用效率的手段。

【标准解读】

5.3.10 小节对使用质量——效率的内容提出了如下要求。

5.3.10.1 条规定了 RUSP 能够按照产品说明中陈述的使用质量——效率特性，即智力、体力、时间、材料和财力等方面的资源消耗的要求执行，并且可以通过用户文档获取相应的帮助。

5.3.10.2 条规定了 RUSP 应能够提供一些手段，用于评价其在达成目标时的效率。

11. 使用质量——满意度

【标准原文】

5.3.11 使用质量——满意度

5.3.11.1 软件应按照产品说明中陈述的使用质量——满意度特征来执行并通过用户文档获得帮助。

5.3.11.2 维护合同生效后，软件应提供直接与供方进行联络的途径。

【标准解读】

5.3.11 小节对使用质量——满意度的内容提出了如下要求。

5.3.11.1 条规定了 RUSP 能够按照产品说明中陈述的使用质量——满意度特征及其子特性的要求执行，即有用性、可信性、愉悦性、舒适性等，并且可以通过用户文档获取相应的帮助。满意度评估的是在特定的使用周境中用户对产品使用的态度。

5.3.11.2 条规定了在维护合同生效后，RUSP 应当提供可以直接与供方联系的方式，这些联系方式须在产品说明、用户文档集中进行陈述，如技术支持电话、电子邮箱、在线服务链接、邮政地址、官方网站地址等。

12. 使用质量——抗风险

【标准原文】

> 5.3.12 使用质量——抗风险
> 5.3.12.1 软件应按照产品说明中陈述的使用质量——抗风险特征来执行并通过用户文档获得帮助。
> 5.3.12.2 对于所有有风险的功能，软件应提供特定的确认过程和管理权限。
> 5.3.12.3 对于所有有风险的功能，软件应有审计追踪。

【标准解读】

5.3.12 小节对使用质量——抗风险的内容提出了如下要求。

5.3.12.1 条规定了 RUSP 能够按照产品说明中陈述的使用质量——抗风险特征及其子特性的要求执行，并且可以通过用户文档获取相应的帮助。抗风险性主要用于评价 RUSP 为用户、机构或项目缓解或避免潜在经济风险、健康和安全风险、环境风险的程度。

5.3.12.2 条规定了对有风险的功能应进行重点说明，要求 RUSP 对这类功能操作前，应有提示信息或警告信息，须用户进行确认后才能执行，并且对这类功能可以进行权限管理，仅限具备相应权限的用户操作。

5.3.12.3 条规定了对于有风险的功能，RUSP 应提供审计功能，对这类功能操作进行监控和详细记录，按照用户、时间段、地址段、操作命令和操作内容等分别进行审计。例如，对重要数据的删除操作进行审计并记录，可追踪到执行删除的时间、执行删除的操作人、删除的内容等信息。

13. 使用质量——周境覆盖

【标准原文】

> 5.3.13 使用质量——周境覆盖
> 5.3.13.1 软件应按照产品说明中陈述的使用质量——周境覆盖特征来执行并通过用户文档获得帮助。
> 5.3.13.2 如果软件使用参数限制功能性覆盖，用户应了解当前使用的功能的覆盖情况。

【标准解读】

5.3.13 小节对使用质量——周境覆盖的内容提出了如下要求。

5.3.13.1 条规定，RUSP 能够按照产品说明中陈述的使用质量——周境覆盖的特征及其子特性的要求执行，并且可以通过用户文档获取相应的帮助。周境覆盖主要评估指定的使用周境和超出最初设定需求的周境时，产品或系统在有效性、效率、满意度和抗风险特性方面能够被使用的程度。

5.3.13.2 条规定，如果 RUSP 使用参数对功能性覆盖进行限制，那么应当让用户了解当前使用功能的覆盖情况，相关信息可以在用户文档集中进行说明。

3.4　测试文档集要求

测试文档集主要指各方（需方、供方和测评方）在对软件产品进行测试时须要整理和编写的所有测试文档，应包括测试计划、测试说明、测试结果等文档。

测试文档集的内容是根据软件测试过程中的工作任务而编写的，描述软件测试过程的信息要求。软件产品的各方在进行软件测试时，应该按照本标准的要求，编写相关测试文档。本节针对标准中测试文档集的要求进行逐条解读，以便读者深入地理解和掌握该部分内容。

3.4.1　一般要求

1. 目的

【标准原文】

> 6.1.1　目的
> 测试文档集的目的是证实软件与 5.3 中规定的要求的符合性。其中包含允许作这种证实的全部元素。

【标准解读】

6.1.1 小节规定了测试文档集的目的。测试文档集包括测试计划、测试说明及测试结果等文档，其目的是能够证实软件是否符合标准 5.3 节中规定的软件产品质量要求，包括功能、性能效率、兼容性、易用性、可靠性、信息安全性、维护性、可移植性等产品质量要求和有效性、效率、满意度、抗风险、周境覆盖等使用质量要求。

2. 一致性

【标准原文】

> *6.1.2 一致性*
>
> *6.1.2.1 测试文档集中的每个文档所包含的信息应是正确的并且是可验证的。*
>
> *6.1.2.2 测试文档集中的每个文档不应自相矛盾，并且不应与产品说明和用户文档集矛盾。*

【标准解读】

6.1.2 小节对测试文档集的一致性提出如下要求。

6.1.2.1 条规定了测试文档集中所有文档的内容都应是没有错误和无歧义的表达，且表述的信息应是描述清晰的或者现有技术可以验证的。例如，异常情况报告中的每个异常都应描述清楚发现异常时的操作步骤、输入信息、具体异常信息等，没有错误和歧义的表达，以便按照异常情况的描述，可以复现异常情况。

6.1.2.2 条规定了测试文档集中文档自身的内容不能相互矛盾，各文档在说明同一内容时不应相互矛盾，测试文档集不能与产品说明、用户文档集相矛盾。例如，在测试用例说明中，对于相同条件下执行的相同功能，不同的测试用例说明的期望结果不相矛盾，与用户文档集中的功能操作结果不相矛盾。

3. 内容要求

【标准原文】

> *6.1.3 内容要求*
>
> *6.1.3.1 测试文档集一般应包含:*
>
>   *a）测试计划;*
>
>   *b）测试说明;*
>
>   *c）测试结果（报告）。*
>
> *6.1.3.2 测试文档集应包含组成该汇集的全部文档的清单，清单中应包含全部文档的标题及其标识符。*
>
> *6.1.3.3 测试文档集中的每个文档都应包括:*
>
>   *—标题;*
>
>   *—产品标识;*
>
>   *—修改历史，或说明该文档演变的任何其他元素;*
>
>   *—目次或对内容的说明;*
>
>   *—该文档正文中引用的文档的标识符;*

> —有关作者和审查者的信息;
>
> —术语表。
>
> *6.1.3.4 测试文档集可由一个文档或多个文档组成。*

【标准解读】

6.1.3 小节对测试文档集的内容提出如下要求。

6.1.3.1 条规定了测试文档集一般包括测试计划、测试说明和测试结果等。

6.1.3.2 条规定了测试文档集应有涵盖全部测试文档的清单。文档清单中应列出所有文档的标题及其标识符,便于进行区分。

6.1.3.3 条规定了测试文档集中每个文档必须包含以下信息:标题、产品标识、修改历史、目次或对内容的说明、该文档正文中引用的文档的标识符、有关作者和审查者的信息和术语表。

(1)标题:文档标题应准确简要概括文档主要内容。

(2)产品标识:标识产品的信息,包括产品的版本号、发布日期等,须与产品说明、用户文档中的产品标识一致。

(3)修改历史:应包含文档的修改历史或演变信息,实现文档的可追溯性。

(4)目次或对内容的说明:应包含目次或对内容的说明,以为读者提供方便。

(5)该文档正文中引用的文档的标识符:若文档正文中引用了文档,则要包含引用的文档的标识符。

(6)有关作者和审查者的信息:指作者和审查者的姓名、职务等信息,可与修改历史信息共同体现。

(7)术语表:所使用的术语应易于让读者理解,并通过术语表加以定义。

6.1.3.4 条规定了测试文档集的相关内容可以汇总成一个文档,也可以根据内容不同用几个文档分别展示。

4. 方法

【标准原文】

> *6.1.4 方法*
>
> *注: 未推荐特定的技术或方法。*
>
> *6.1.4.1 在产品说明和 5.3 软件质量要求中提及的所有质量特性均应经测试用例测试。*
>
> *6.1.4.2 在产品说明和 5.3 软件质量要求中提及的每个质量特性至少应经一个测试用例测试。*
>
> *注: 测试计划可引用任何其他文档,前提是被引用的文档与用户文档集之间存在某种关系。*

6.1.4.3 用户文档集中说明的所有功能，以及待完成的任务的代表性的功能组合，均应经测试用例测试。

6.1.4.4 用户文档集中说明的每个功能至少应经一个测试用例测试。

6.1.4.5 测试用例应能证实软件与用户文档集中的陈述的符合性。

6.1.4.6 当产品说明中提及需求文档时，所涉及的内容应经测试用例测试。

6.1.4.7 应指明选作测试用例设计基础的功能分解层次。

注：功能可能是

—用户文档中的一段；

—一个 Shell 命令；

—人机界面的按钮；

—语言命令。

6.1.4.8 应指明测试用例的设计方法。

注：可能的设计方法有

—边界值分析；

—检查表；

—数据流分析；

—故障插入；

—容量测试。

6.1.4.9 所有安装规程均应经测试用例测试。

6.1.4.10 在产品说明和用户文档集中指明的所有操作限制均应经测试用例测试。

6.1.4.11 对所标识的违反句法条件的输入应经测试用例测试。

6.1.4.12 如果用户文档集中给出若干示例，这些示例应用作测试用例，但整个测试不应局限于这些示例。

6.1.4.13 当 5.3 软件质量要求中的任何要求不适用时，应说明理由。

6.1.4.14 应对产品说明和用户文档集中所陈述的所有配置进行测试。

【标准解读】

6.1.4 小节对测试文档集的方法提出如下要求。本标准不推荐特定的技术或方法。

6.1.4.1 条规定了产品说明和标准中 5.3 节软件质量要求中提及的所有质量特性，都须要设计相应的测试用例，并进行测试验证。包括八大产品质量特性和五大使用质量特性。

6.1.4.2 条规定了产品说明和标准中 5.3 节软件质量要求中提及的所有质量特性，应至少设计一个对应的测试用例，并进行测试验证。测试计划可以引用任何其他文档，前提是被引用的文档与用户文档集之间存在某种关系，如 Java 环境变量配置指南文档中含有 Java 环境变量的配置方法，用户安装指南中也有对 Java 环境变量配置指南文档的引用，则测试计划中的测试环境搭建工作，可以直接引用 Java 环境变量配置指南文档。

6.1.4.3 条规定了用户文档集中说明的每个功能，以及每个有代表性的功能组合，均应设计相应的测试用例，并进行测试验证。例如，OA（办公自动化）系统中的请假申请功能模块，包含请假申请填写、提交、一级审核、二级审核等功能，则请假申请、提交、一级审核、二级审核等功能须要分别设计相应的测试用例来进行验证。同时，对整个请假申请流程，须也设计相应的测试用例进行验证。

6.1.4.4 条规定了用户文档集中说明的每个功能应至少设计一个测试用例，并进行测试验证。若有必要，有的功能须要设计多个测试用例，以保证每个功能测试覆盖的全面性。

6.1.4.5 条规定了所设计的测试用例应该能用来证实软件与用户文档集中对应的陈述是相符的。例如，用户文档集中陈述的文档上传功能可以支持".rar，.jpg，pdf，.doc"等格式的文件，那么在针对文档上传功能所设计的测试用例中，须包含对".rar，.jpg，pdf，.doc"等格式文件的测试验证项。

6.1.4.6 条规定了当产品说明中提及需求文档的相关内容时，所涉及的全部内容须要设计相应的测试用例，并进行测试验证。例如，产品说明中提及软件产品可以满足需求文档中所要求的支撑 100 个用户并发登录的要求，则"支撑 100 个用户并发登录"这一功能须要设计对应的测试用例进行测试验证。

6.1.4.7 条规定了测试文档集中应该给出明确的软件功能分解粒度，以便为测试用例设计做准备。

功能分解的最小粒度可能是以下之一。

（1）用户文档中的一段，如人员信息的"查询"功能等。

（2）一个 Shell 命令，如 ls 命令等。

（3）人机界面的按钮，如"登录"按钮等。

（4）语言命令，如 C++语言中的 printf 命令等。

6.1.4.8 条规定了应明确每个测试用例所采用的设计方法，常用的设计方法有

（1）边界值分析，对输入或输出的上下边界值进行测试的一种测试方法，由于很多错误是发生在输入或输出范围的边界上，因此该方法针对各种边界情况设计测试用例，检验边界附近的程序处理结果。例如，输入条件规定了值的范围，则设计测试用例时应取刚达到这个范围的边界值以及在这个范围边界临近的值作为测试输入数据；

（2）检查表，设计相应的检查点，并按照检查点进行测试验证的一种测试方法。检查表所包含的检查项来自以往经过大量有效性验证的测试经验总结。在测试表格数据输入过程中的检查表如下：

- 接收到非法输入时是否能恰当处理。
- 该输入是可选输入还是必填输入。
- 输入超过允许长度的数据。
- 页面加载或重新加载后的默认值。
- 组合框的数据可以正常选择和更改。

- 表格是否显示了所有部分，是否正确排列，文字内容是否处于正确的位置。
- 滚动条是否在需要时出现。

（1）数据流分析：对数据的各种流向进行测试验证的一种测试方法，分析数据的各种流向，并设计相应的测试用例进行验证。

（2）故障插入：设计各种可能使软件运行出现错误的故障点。

（3）容量测试：对软件所能支持的最大并发用户数、最大交易吞吐量、存储数据最大容量等进行测试验证的一种测试方法。

（4）等价类：把程序的输入划分成若干部分，然后从每个部分选取少数代表性数据当作测试用例的一种测试方法。

（5）因果图：用图解的方法表示输入的各种组合关系，绘制出判定表，从而设计相应的测试用例的一种测试方法。是从软件产品相关文件（如设计文档、用户文档集等）中找到因（输入条件）和果（输出或程序状态的改变），通过因果图转换为判定表，判定表中的每一列可以作为确定测试用例的依据。

6.1.4.9 条规定了所有的安装规程，都须要设计相应的测试用例，并进行测试验证。例如：在线安装、快速安装、自定义安装等，须要分别设计相应的测试用例进行验证。

6.1.4.10 条规定了在产品说明和用户文档集中指明的所有操作限制（例如时间限制、长度限制、数字精度要求、文件格式限制、电子邮件格式限制等），都须要设计相应的测试用例，并进行测试验证。例如，若用户文档中规定上传附件的上限为 10MB，则应针对上传 10MB 大小文件附件设计测试用例。

6.1.4.11 条规定了对用户文档集、产品说明等中明示的、违反句法条件的输入，都须要设计相应的测试用例，并进行测试验证。例如，若登录的密码长度不能少于 6 位，则须要设计用户密码长度少于 6 位的测试用例进行测试验证。

6.1.4.12 条规定了若用户文档集中给出了相应的示例，则这些示例都应该用来设计成测试用例，但是所对应的相关内容的验证，不应该仅局限于这些示例，还须要根据实际情况补充相应的测试用例，以保证测试覆盖的全面性。例如，若用户文档集中给出 A 部门普通员工的文件送审功能的示例，则须要针对示例进行相应的测试用例设计进行验证。同时，还须要再补充 A 部门经理角色，以及其他部门的员工等角色进行文件送审的测试用例设计和验证。

6.1.4.13 条规定了当 5.3 节软件质量要求中的任何要求由于软件的特点而不适用时，可以声明不适用，但须说明理由。例如，对于字符操作的软件产品，易用性中的用户界面舒适性则可以声明不适用，但是须要说明软件产品是字符操作界面，没有图片等图形界面，不需要用户界面的舒适性的要求。建议在测试计划阶段的文档进行说明。

6.1.4.14 条规定了对产品说明和用户文档集中所陈述的所有配置进行组合测试。例如，对于高速公路收费软件中的费率、免费区间等参数的设置，须要分别设计相应的测试用例，用于分别验证费率、免费区间等参数设置的有效性，以及设置费率、免费区间不同组合的参数配置下的有效性。

3.4.2 测试计划要求

1. 通过——失败准则

【标准原文】

> *6.2.1 通过——失败准则*
>
> *测试计划应指明用于判定测试结果是否证实软件与产品说明和用户文档集的符合性准则。*

【标准解读】

6.2.1 小节规定了测试计划应给出明确的判定准则，用于判定测试结果是否能证实软件与产品说明和用户文档集相符合，包括测试项和软件产品整体是否与产品说明和用户文档集相符合。对于测试项的判定通过-失败准则，可以采用该测试项测试用例的通过率来判定，如通过率在 90%以上，则可判定该测试项与产品说明和用户文档集相符合。对于软件产品整体的判定通过-失败准则，可以采用整体的缺陷数量、缺陷严重程度和分布情况等来判定。若严重缺陷的数量为 0，则可据此判定该软件产品与产品说明和用户文档集相符合。

2. 测试环境

【标准原文】

> *6.2.2 测试环境*
>
> *测试计划应规定将要进行的测试所处的软件测试环境。*

【标准解读】

6.2.2 小节规定了测试计划应规定软件进行测试的测试环境，包括硬件、通信和系统软件的物理特征、使用方式以及任何其他支撑测试所需的软件或设备，如硬件环境：CPU 4×2.4GHz，内存为 16GB，磁盘容量为 1TB，网络带宽为 1Gb；软件环境：Red Hat Enterprise Linux 7.3、Oracle WebLogic Server 10、Oracle Dabase 11G 等。还应指出其他测试要求，如办公场地等。

3. 进度

【标准原文】

> *6.2.3 进度*
>
> *测试计划应规定每个测试活动和测试里程碑的进度。*

> *注：测试活动可能有*
>
> *——测试环境搭建；*
>
> *——测试文档编制；*
>
> *——测试执行。*

【标准解读】

6.2.3 小节规定了测试计划应对每个测试活动和测试里程碑的进度进行明确规定。估计完成每项测试任务所需要的时间，为每项测试任务和测试里程碑规定进度，对每种测试资源（设置、工具、人员）规定使用期限。

测试活动可能包括以下几方面：

（1）测试环境搭建，包括软件运行所需要的软/硬件环境和软件运行所需要的数据环境等。

（2）测试文档编制，包括测试计划文档、测试说明文档、测试结果文档等类型文档的编制。

（3）测试执行，按照测试说明执行测试用例，记录测试结果，包括测试脚本的开发、测试用例的执行等。

4. 风险

【标准原文】

> *6.2.4 风险*
>
> *6.2.4.1 测试计划应识别、更新并记录测试活动中存在的风险，并提供应对措施。*

【标准解读】

6.2.4 小节对测试计划的风险提出如下要求。

6.2.4.1 条规定了测试计划应对测试工作进行风险分析与评估，对各种风险提出应对措施，并且在测试过程中持续地进行风险识别、分析，并更新记录到项目风险分析表中（见表 3-1）。

表 3-1 项目风险分析

序 号	风险名称	风险描述及风险分析	风险概率	风险后果	风险处理对策
1	环境风险	由于测试在用户真实业务环境下进行，测试可能影响用户其他业务正常使用	中	一般	尽量避开用户正常业务高峰时期，测试之前要求用户对实际业务数据进行备份
2	进度风险	开发人员或者测试人员的任务交叉，可能影响测试进度	中	一般	对于人员变动问题，在测试之前与开发单位或上级领导进行事先沟通。如果变动，就提前通知。同时，在测试进度中考虑人员的影响

5. 人力资源

【标准原文】

> *6.2.5 人力资源*
>
> *测试计划中应明确每个测试活动所需的人力资源情况。*

【标准解读】

6.2.5 小节规定了测试计划中应对每个测试活动所需的人力资源情况进行明确。例如，测试环境搭建活动需要系统工程师、DBA、软件系统实施人员等。

6. 工具和环境资源

【标准原文】

> *6.2.6 工具和环境资源*
>
> *6.2.6.1 测试计划中应明确执行测试活动所需的工具。*
>
> *6.2.6.2 如果使用特殊的工具和环境，测试计划中应说明选择这些工具和环境的原因以及预期的结果。*

【标准解读】

6.2.6 小节对测试计划的工具和环境资源提出了如下要求。

6.2.6.1 条规定了测试计划应标识必要的工具，工具可以是测试工具或支撑测试活动的其他工具，如性能测试工具 LoadRunner、安全测试工具 AppScan 等。一般要求是经过认可的工具。

6.2.6.2 条规定了对使用的特殊工具和环境须作出说明，包括选择该工具和环境的原因、预期的执行结果。若对于采用了自定义通信协议的软件产品的性能测试，常用的性能测试工具不支持，须要采用自主研发的性能测试工具，则在计划中须要说明选择自主研发性能测试工具的原因，以及使用该工具时期望达到的效果。

7. 沟通

【标准原文】

> *6.2.7 沟通*
>
> *测试计划中应规定沟通机制和方式，以便在利益相关方之间共享测试文档和测试项。*

【标准解读】

6.2.7 小节规定了测试计划中应规定各利益相关方之间的沟通机制和方式。例如，测试过程中须要各利益相关方的负责人每周定期参加测试项目例会，汇报测试工作情况。

3.4.3 测试说明要求

1. 测试用例说明

【标准原文】

> 6.3.1 测试用例说明
>
> 6.3.1.1 对每个测试用例的说明应包括:
>
> a）测试目标;
>
> b）唯一性标识符;
>
> c）测试的输入数据和测试边界;
>
> d）详细实施步骤;
>
> e）系统的预期行为;
>
> f）测试用例的预期输出;
>
> g）结果解释的准则;
>
> h）用于判定测试用例的肯定或否定结果的准则;
>
> i）可陈述的对基于 GB/T 25000.10—2016 的质量特性的引用。
>
> 6.3.1.2 当有必要提供与测试计划中提供的信息相比对的补充信息时，应陈述环境及其他测试条件（详细的配置和初步工作）。

【标准解读】

6.3.1 小节对测试用例说明提出如下要求。

6.3.1.1 条规定了每个测试用例应包含的内容，也可根据需要进行扩充。

a）测试目标：该用例要测试验证的目标，如验证软件可以支持 PDF 文件的上传等。

b）唯一性标识符：唯一标识每个测试用例，易于识别和检索，一般可由字母和数字组合而成，如"（用例类型字母简写）_（用例唯一数字编号）"等。

c）测试的输入数据和测试边界：在测试用例执行中输入的数据信息和数据信息的边界值，如登录时输入的用户名信息，以及用户名长度的边界值信息等。

d）详细实施步骤：执行该用例操作的详细操作步骤，包括执行被测试功能操作前的一系列操作步骤。

e）系统的预期行为：测试用例执行后所预期的被测软件的动作行为，例如，单击"登录"按钮，预期进入业务功能操作界面等。

f）测试用例的预期输出：测试用例执行后所预期的被测软件的反馈结果；例如，单击"查询"按钮，预期软件反馈查询结果等。

g）结果解释的准则：给出测试用例执行结果是否正确的解释标准。例如，在登录功能的测试用例中，输入错误的密码时，测试用例的结果若提示"密码错误"，则表示该结果是正确的；否则，是错误的。

h）用于判定测试用例的肯定或否定结果的准则：用于判定测试用例执行后产生的结果是否正确的标准。例如，在统计功能的测试用例中，预期结果是统计的数据与预期的数据一致；否则，判定为否定结果。

i）可陈述的对基于 GB/T 25000.10—2016 的质量特性的引用：对基于 GB/T 25000.10—2016 的质量特性引用的描述。例如，引用标准中 5.4.3.2 条对软件易理解性子特性备注中描述的可以实现易理解性的手段，作为判定软件是否达到易理解性的要求。

6.3.1.2 条规定了测试用例中有必要对测试计划中的信息提供补充信息时，须要陈述清楚所需的环境及其他相关的测试条件，包括详细的配置和初步工作。例如，银行核心系统的批量结息操作，须要事先准备一定数量的待结息账户，测试用例中须要补充待结息账户数量的准备工作，包括待结息数据是上次批量结息后的状态等。

2. 测试规程

【标准原文】

6.3.2 测试规程

6.3.2.1 测试规程应包括以下内容：

　　a）测试准备；

　　b）开始和执行测试所必需的动作；

　　c）记录测试结果所必需的动作；

　　d）停止和最终重启测试的条件和动作。

6.3.2.2 为提供测试的可重复性和可再现性，测试规程应足够详细。

6.3.2.3 在软件被纠正之后，对于所涉及的功能和任何相关的功能，应有一种重新测试规程。

【标准解读】

6.3.2 小节对测试规程提出如下要求。

6.3.2.1 条规定了测试规程应包含的内容，并进行详细描述。测试规程描述了测试活动是如何被执行的。

a）测试准备：描述准备执行规程所必需的动作序列。

b）开始和执行测试所必需的动作：描述开始执行规程所必需的动作序列；描述在规程执行过程中所必需的动作序列。

c）记录测试结果所必需的动作：日志记录测试执行结果、所观察到的事件和其他与测试相关的事件的特殊方法和格式；描述如何在测试过程中进行测量。

d）停止和最终重启测试的条件和动作：描述当预期的事件发生时暂停测试所必需的动作；标识测试规程的重新开始点，描述在任何一个重新开始点重新开始规程所必需的动作序列；描述规程执行一个正常的暂停必须执行的动作序列；描述恢复测试环境所必需的动作序列；描述在测试过程中发生的异常和其他事件所必需的动作序列。

6.3.2.2 条规定了测试规程是软件测试的依据，应明确详尽地规定在测试中针对系统的每一项功能或特性所必须完成的基本测试项目和测试完成标准。参照测试规程实施，保障测试的质量，把人为因素的影响减少到最小。测试规程应指出执行本规程所需的所有特殊要求，包括作为先决条件的规程、专门技能要求和特殊环境要求。

6.3.2.3 条规定了重新测试规程应对重新测试范围作出规定，并选择对应的测试用例，或对修改原有测试用例，或设计新的测试用例。重新测试规程应建立相应的测试环境，确定相应的测试顺序，及其他测试规程要求的内容。

3.4.4　测试结果要求

1. 执行报告

【标准原文】

6.4.1 执行报告

6.4.1.1 执行报告应包括测试用例结果的全部汇总。

6.4.1.2 执行报告应证实已按测试计划执行了所有测试用例。

6.4.1.3 对于每个测试用例，执行报告均应包括以下内容：

a）测试用例的标识符；

b）测试执行日期；

c）实施测试的人员姓名和职责；

d）测试用例执行的结果；

e）发现的异常清单；

f）对于每一异常，要引用相应的异常情况报告；

g）可陈述的对基于 GB/T 25000.10—2016 的质量特性的引用。

【标准解读】

6.4.1 小节对执行报告提出如下要求。

6.4.1.1 条规定了测试执行报告应该包括全部的测试用例执行结果的汇总，测试用例的结果或状态可以是"通过""失败""阻碍"等。测试用例的结果若是失败的，则须要描述用例执行失败的现象；测试用例的结果若是阻碍，则须要描述清楚阻碍的原因。

6.4.1.2 条规定了执行报告应给出相应的数据来证实已按测试计划执行了所有测试用例。例如，给出测试用例的执行情况统计，包括测试用例总数量、执行通过的数量、执行失败的数量等。

6.4.1.3 条规定了执行报告中对每个测试用例须包含的内容：

a）测试用例的标识符：测试用例的唯一标识符。

b）测试执行日期：每个测试用例执行时的日期。

c）实施测试的人员姓名和职责：测试用例执行人员的姓名和职责。

d）测试用例执行的结果：测试用例执行后，软件反馈的结果。

e）发现的异常清单：测试用例执行后发现的异常问题的清单。

f）对于每一异常，要引用相应的异常情况报告：对于每一异常，要给出相应的用以证明为异常情况的信息，如相应的异常信息截图等。

g）可陈述的对基于 GB/T 25000.10—2016 的质量特性的引用。

2. 异常情况报告

【标准原文】

> 6.4.2 异常情况报告
>
> 6.4.2.1 异常情况报告应包括所发现的全部异常汇总。如果有的话，还应包括纠正情况和通过再测试的验证情况。
>
> 6.4.2.2 对于每个异常，异常情况报告的说明性部分应包括如下内容：
>
> a）异常的标识符；
>
> b）软件的标识符；
>
> c）对异常的说明；
>
> d）执行测试用例中异常发生点；
>
> e）异常的严重程度和可再现程度；
>
> f）可陈述的对基于 GB/T 25000.10—2016 的质量特性的引用。
>
> 注 1：异常的严重程度可以是"致命的""严重的""重大的""微小的""轻微的"。
>
> 注 2：可重现程度可以是"总是出现""有时出现""随机出现""未尝试""不可再现""N/A"。
>
> 6.4.2.3 异常情况报告的纠正部分应论证发现的所有异常均已纠正，或者未纠正的原因。

6.4.2.4 异常情况报告的纠正部分对每个纠正项应包含如下内容:

　　a) 纠正项的标识符;

　　b) 纠正的日期;

　　c) 纠正者的姓名;

　　d) 对应于纠正项的修改标识符;

　　e) 纠正项的可能影响;

　　f) 纠正者可能有的评论。

6.4.2.5 异常情况报告中经重新测试验证的部分,应证实所有已纠正的功能都具有用户文档集中定义的行为。

6.4.2.6 异常情况报告中经重新测试验证的部分对每个验证项应包含如下内容:

　　a) 验证项的标识符;

　　b) 验证日期;

　　c) 验证者的姓名;

　　d) 用于验证的测试用例;

　　e) 验证的结果;

　　f) 可陈述的对基于 GB/T 25000.10—2016 的质量特性的引用。

【标准解读】

6.4.2 小节对异常情况报告提出如下要求。

6.4.2.1 条规定了完整的异常情况报告应包括全部异常及每个异常的纠正情况和复测情况。异常情况报告要给出每种异常情况的状态信息统计,如未修改、已修改、复测通过等。异常情况报告可随着测试的执行进行更新。

6.4.2.2 条规定了异常情况报告中的每个异常应包含的内容:

a) 异常的标识符:类似测试用例的标识符,用于标识每个缺陷的唯一性。

b) 软件的标识符:一般指软件的名称和版本。

c) 对异常的说明:对异常信息的说明,描述清楚具体的异常情况。

d) 执行测试用例中异常发生点:指的是执行用例中哪一操作步骤发生了异常。

e) 异常的严重程度和可再现程度:异常的严重程度可以是"致命的""严重的""重大的""微小的""轻微的"。可重现程度可以是"总是出现""有时出现""随机出现""未尝试""不可再现""N/A"。

f) 可陈述的对基于 GB/T 25000.10—2016 的质量特性的引用。

6.4.2.3 条规定了异常情况报告中的异常情况纠正部分,应给出相应的证据来论证发现的所有异常均已纠正。例如,给出每种异常情况纠正后的测试验证结果,来证实异常情况已被纠正或未纠正。

6.4.2.4 条规定了每个纠正项须包含以下内容。

a）纠正项的标识符：用于标识每个纠正项的唯一性。

b）纠正的日期：异常被纠正的日期。

c）纠正者的姓名。

d）对应于纠正项的修改标识符。

e）纠正项的可能影响：例如，修改一个功能的异常，可能会影响相关功能的运行。

f）纠正者可能发表的评论：例如，对纠正项的相关纠正方法进行说明等。

6.4.2.5 条规定了对已纠正的功能要与用户文档集中定义的行为保持一致。已纠正的功能涉及或影响的其他功能要与用户文档集中定义的行为保持一致。

6.4.2.6 条规定了每个验证项须包含以下内容：

a）验证项的标识符，用于标识每个验证项的唯一性。

b）验证日期。

c）验证者的姓名。

d）用于验证的测试用例，给出对应的测试用例标识符。

e）验证的结果，验证的结果可以是"通过"或"未通过"。对"未通过"的，须说明未通过的原因。若出现了新的异常情况，则应记录下来。

f）可陈述的对基于 GB/T 25000.10—2016 的质量特性的引用。

3． 测试结果的评估

【标准原文】

6.4.3 测试结果的评估

关于执行报告和异常情况报告的评估应表明：在所使用的判定测试结果是否在该软件的符合性准则的界限内，所有的期望行为是可获得的。

【标准解读】

6.4.3 小节规定了对每个测试结果进行评价，该评价必须以测试结果和测试计划中规定的通过-失败准则作为依据。测试结果应表明软件与标准中 5.3 节规定的软件质量要求相符合。

3.5 符合性评价细则

在进行 GB/T 25000.51—2016 标准符合性评价时应遵循符合性评价细则，包括应遵守的一般性原则、应满足的先决条件、评价活动内容、评价过程要求、评价报告要求以及对后续的符合性评价活动的要求。本节针对标准中符合性评价细则内容进行逐条解读，以便读者深入地理解和掌握该部分内容。

3.5.1 一般原则

🏹 【标准原文】

> *7.1 一般原则*
>
> *作为 RUSP 组成部分的产品说明、用户文档集以及所交付的软件，应就其与第 5 章的要求做符合性评价。*
>
> *注：“符合性评价”这一术语并不隐含任何技术或工具：测试、确认、验证、评审、分析等。*
>
> *这些细则主要针对符合性评价组织进行的评价。符合性评价组织可以是根据某种认证模式工作的测试实验室，或是独立于 RUSP 供方的内部测试实验室。*

🏹 【标准解读】

标准 7.1 节规定了在进行 GB/T25000.51—2016 标准符合性评价时应遵守的基本原则：

（1）符合性评价内容应包括以下 3 个方面：

① 产品说明与 GB/T25000.51—2016 标准 5.1 节产品说明要求的符合性评价。

② 用户文档集与 GB/T25000.51—2016 标准 5.2 节用户文档集要求的符合性评价。

③ 所交付软件与 GB/T25000.51—2016 标准 5.3 节软件质量要求的符合性评价。

（2）在标准中没有具体规定实施符合性评价应采用的技术或工具，评价组织可针对项目实际情况采用测试、确认、验证、评审或分析等技术或工具进行评价。

（3）实施符合性评价的组织。

① 进行认证工作的第三方测试实验室。

② 供方内部独立于软件开发的测试实验室。

3.5.2 符合性评价先决条件

1. RUSP 项已存在

🏹 【标准原文】

> *7.2.1 RUSP 项已存在*
>
> *对于 RUSP 的评价，待交付的所有项（见 5.2.4.8）以及在产品说明中标识的需求文档（见 5.1.3.5）均应是可用的。*

【标准解读】

标准 7.2.1 小节规定了在进行符合性评价前应已获得所需文档，包括以下两项：

（1）已获得用户文档集中所有的用户文档。当用户文档集中所包含的用户文档为多于一个时，通常在用户文档集中以清单、列表等形式列出。

（2）已获得产品说明中所标识出的所有需求文档。这些文档指供方声称符合法律或行政机构规定的文件。

2. 系统元素已存在

【标准原文】

> 7.2.2 系统元素已存在
> 在产品说明中说明的所有计算机系统的所有组件均应存在，并是可供符合性评价使用的。

【标准解读】

标准 7.2.2 小节规定了在进行符合性评价前产品说明中所提及的全部功能均已提交给评价者，并且经验证这些功能可以由评价者在评价时使用。例如，产品说明提及软件具有文件管理、用户管理功能，在实施符合评价之前，这些功能必须可以执行，必须能够由评价者在评价时使用。

3.5.3　符合性评价活动

1. 产品说明符合性评价

【标准原文】

> 7.3.1 产品说明符合性评价
> 实施符合性评价以确定产品说明与5.1的要求的符合性。

【标准解读】

标准 7.3.1 小节规定了对产品说明进行符合性评价，即确定已获取的被评价产品的说明与标准 5.1 节中对产品说明的各项要求的符合程度。测试内容及评价细则见本指南 4.2.1 小节。

2. 用户文档集符合性评价

【标准原文】

> *7.3.2 用户文档集符合性评价*
> *实施符合性评价以确定用户文档集与 5.2 的要求的符合性。*

【标准解读】

标准 7.3.2 小节规定了对用户文档集的符合性评价，即确定已获取的被评价产品的用户文档集与标准 5.2 节中对用户文档集的各项要求的符合程度。测试内容及评价细则见本指南 4.2.2 小节。

3. 软件符合性评价

【标准原文】

> *7.3.3 软件符合性评价*
> *通过产生符合第 6 章要求（不包括与纠正异常和重新测试验证相关的部分）的测试文档集（6.4.2.3～6.4.2.6 条）来实施符合性评价，以确定软件与 5.3 节的要求的符合性。*
> *注：测试文档集包括对发现的异常的说明部分，然而对所发现的异常的纠正超出符合性评价组织符合性评价的范围。*

【标准解读】

标准 7.3.3 小节规定了对于软件符合性评价就是确定已获取的被评价产品的产品说明、用户文档集与标准 5.3 节中对产品质量的功能性、性能效率、兼容性、易用性、可靠性、信息安全性、维护性、可移植性，以及使用质量的有效性、效率、满意度、抗风险、周境覆盖要求进行测试，由此产生符合本标准第 6 章要求的测试文档集。对于测试过程中发现的软件异常情况，在进行软件符合性评价时只涉及对异常情况的说明。对于软件异常情况的纠正和重新测试验证活动不在符合性评价的范围之内。测试内容及评价细则见本指南 4.2.3 小节。

3.5.4　符合性评价过程

【标准原文】

> *7.4 符合性评价过程*
> *供方将 RUSP 提供给符合性评价组织，供方还可提供测试文档集。*

当供方仅提供RUSP而没有提供测试文档集时，符合性评价组织应：

a）依据7.3的要求，对产品说明、用户文档集及软件实施符合性评价；

b）依据7.5的要求，将结果记录在符合性评价报告中。

当供方提供RUSP和测试文档集时，符合性评价组织应：

a）依据7.3.1和7.3.2的要求，对产品说明和用户文档集实施符合性评价；

b）依据第6章的要求，对测试文档实施符合性评价；

c）依据7.5的要求，将结果记录在符合性评价报告中。

注1：测试文档与第6章的要求的符合性确立了软件与5.3的要求的符合性。

注2：在符合性评价过程中可以生成附加的测试文档。

【标准解读】

标准7.4节规定了在两种情况下进行符合性评价的过程。在获得了所需文档以及被评价软件的所有功能后，可以开始进行符合性评价。根据供方是否提供测试文档集可采用以下评价过程：

（1）当供方未提供测试文档时，评价方进行的评价过程如下：

① 根据本标准7.3节中对符合性评价活动要求对产品说明、用户文档集和软件实施符合性评价，具体内容包括以下几方面：

- 对产品说明的内容从可用性、内容、标识和标示、映射、产品质量（包括功能性、性能效率、兼容性、易用性、可靠性、信息安全性、维护性、可移植性）和使用质量（有效性、效率、满意度、抗风险、周境覆盖）方面进行评价。

- 对用户文档集的内容从可用性、内容、标识和标示、完备性、正确性、一致性、易理解性、产品质量（包括功能性、性能效率、兼容性、易用性、可靠性、信息安全性、维护性、可移植性）和使用质量（有效性、效率、满意度、抗风险、周境覆盖）方面进行评价。

- 对软件进行符合性评价时，首先按照标准5.3节要求对软件从产品质量（包括功能性、性能效率、兼容性、易用性、可靠性、信息安全性、维护性、可移植性）和使用质量（有效性、效率、满意度、抗风险、周境覆盖）方面进行测试，其次生成符合标准第6章要求的测试文档集。这个过程中只记录软件异常情况，而不包括异常纠正和重新测试验证的过程。

② 将评价结果记录在符合性评价报告中，报告内容应按照标准的7.5节对符合性评价报告的要求。

（2）供方提供测试文档时，评价过程不包括对被评价软件进行测试并生成测试文档的过程，评价方的评价过程如下：

① 根据标准7.3.1小节和7.3.2小节的要求，对产品说明和用户文档集实施符合性评价，具体内容包括以下几方面：

- 对产品说明的内容从可用性、内容、标识和标示、映射、产品质量（包括功能性、性能效率、兼容性、易用性、可靠性、信息安全性、维护性、可移植性）和使用质量（有效性、效率、满意度、抗风险、周境覆盖）方面进行评价。

- 对用户文档集的内容从可用性、内容、标识和标示、完备性、正确性、一致性、易理解性、产品质量（包括功能性、性能效率、兼容性、易用性、可靠性、信息安全性、维护性、可移植性）和使用质量（有效性、效率、满意度、抗风险、周境覆盖）方面进行评价。

② 对测试文档集的内容按照本标准第 6 章的要求进行评价。

③ 将评价结果记录在符合性评价报告中，报告内容应按照标准的 7.5 节对符合性评价报告的要求。

当确保测试文档与标准第 6 章要求的符合性后，就意味着确保了被评价的软件符合标准 5.3 节软件质量要求。

在进行符合性评价过程中，评价方可以根据实际需要增加标准要求之外的测试文档。

3.5.5 符合性评价报告

【标准原文】

7.5 符合性评价报告

符合性评价组织应编制符合性评价报告。

符合性评价报告应确立 RUSP 与第 5 章的要求的符合性。

符合性评价报告应包含以下各项：

a）RUSP 标识

b）执行评价的人员姓名；

c）评价完成日期以及（若有时）测试完成日期；

d）若有时，用于进行测试的计算机系统（硬件、软件及其配置）；

e）使用的文档及其标识；

f）符合性评价活动汇总以及（若有时）测试活动汇总；

g）符合性评价结果汇总以及（若有时）测试结果汇总；

h）符合性评价的详细结果以及（若有时）测试的详细结果；

i）若有时，不符合要求项的清单。

符合性评价报告的结果部分[上述的 f）~h）]应包括产品说明和用户文档的符合性评价结果。根据所提供的元素，它还应包含以下两项之一：

a）在供方仅提供 RUSP 而未提供测试文档的情况下，应包含该软件相对于 5.3 的要求的测试结果，即异常情况报告（见 6.4.2.2）的说明性部分；

b）在供方提供 RUSP 和测试文档的情况下，应包含测试文档与第 6 章的要求的符合性评价结果。

注：符合性评价报告仅包含异常情况报告的说明部分，因为纠正异常不是符合性评价组织的职责。

对纸质的符合性评价报告而言，符合性评价报告的标识（测试实验室、RUSP 标识、符合性评价报告日期）及其总页数均应出现在符合性评价报告的每一页上。

符合性评价报告应包括以下内容。

a）效果声明：测试结果（若有时）和评价只与被测试和被评价的项有关；

b）复制声明：除非以完整报告的形式复制，否则未经测试实验室书面批准不得部分复制符合性评价报告。

【标准解读】

标准 7.5 节规定了对符合性报告的内容要求。实施符合性评价之后，符合性评价组织应该出具包含被评价产品与标准第 5 章符合性评价结果的符合性评价报告。

（1）当供方未提供测试文档时，符合性评价报告应包含以下内容：

① 符合性评价报告唯一标识、RUSP 标识、实施符合性评估的组织标识、符合性报告日期、报告总页数应出现在报告的每一页。

② RUSP 标识：能够唯一识别被评价产品的唯一标识。

③ 执行评价的人员姓名。

④ 评价完成日期以及测试完成日期。

⑤ 用于进行测试的计算机系统：包括硬件配置（如 CPU 型号和主频、内存大小、硬盘大小、网络设备等可能影响测试结果的硬件配置）、软件配置（如操作系统名称及版本号、数据库名称及版本号、中间件、浏览器、第三方软件等可能影响测试结果的软件配置）。

⑥ 使用的文档及其标识：在评价过程中所使用的文档名称和文档标识，包括作为判定依据的文档，如用户需求文档、项目招标文件、政策法规文件等。

⑦ 符合性评价活动及测试活动结果汇总：包括产品说明、用户文档集评价结果汇总以及测试结果汇总：包括各评价结果项的数量统计。如果测试过程出现异常情况，还应包括对异常情况的统计结果。

⑧ 符合性评价的详细结果以及测试的详细结果：列出每一个被评价项的评价结果以及每一个被测试项的测试结果，如果测试过程软件产品出现异常情况，测试结果还应包含对异常情况的说明。

⑨ 当评价过程中存在不符合项时，应在符合项清单中单独列出不符合要求的项。

⑩ 效果声明：测试结果和评价只与被测试和被评价的项有关。

⑪ 复制声明：除非以完整报告的形式复制，否则未经评价实施组织书面批准不得部分复制符合性评价报告。

（2）当供方提供测试文档时，符合性评价报告应包含以下内容：

① 符合性评价报告唯一标识、RUSP 标识、实施符合性评估的组织标识、符合性报告日期、报告总页数应出现在报告的每一页。

② RUSP 标识：能够唯一识别被评价产品的唯一标识。

③ 执行评价的人员姓名。

④ 评价完成日期。

⑤ 使用的文档及其标识：在评价过程中所使用的文档名称和文档标识。包括作为判定依据的文档，如用户需求文档、项目招标文件、政策法规文件等。

⑥ 符合性评价活动及结果汇总：包括产品说明、用户文档集、测试文档集评价结果汇总，包括各评价结果项的数量统计。

⑦ 符合性评价的详细结果：列出每一个被评价项的评价结果。

⑧ 当评价过程中存在不符合项时，应在符合项清单中单独列出不符合要求的项。

⑨ 效果声明：评价只与被评价的项有关。

⑩ 复制声明：除非以完整报告的形式复制，否则，未经评价实施组织书面批准，不得部分复制符合性评价报告。

3.5.6　后续符合性评价

【标准原文】

> 7.6 后续符合性评价
>
> 对已进行过符合性评价的 RUSP 再次进行评价时，要考虑前次的符合性评价。评价活动如下：
>
> a）文档和软件中的所有变更部分都应予以评价，视同新的 RUSP；
>
> b）预计要受到变更部分影响的，或受到所要求的系统的变更影响的所有未变更部分均应予以评价，视同新的 RUSP；
>
> c）其他所有部分至少进行抽样评价。

【标准解读】

标准 7.6 节规定了对同一个产品进行再次评价的要求。在针对同一个产品进行再次符合性评价时，须要在评价前检查本次被评价产品与前次被评价产品的差异，主要包括两方面差异。

- 文档差异：主要为产品说明、用户文档集差异。
- 软件差异：主要为产品说明中说明的所有计算机系统组件的差异。

评价时对于差异的部分以及受变更影响的部分都按照新产品的评价过程进行评价；而对

于其他未变更的部分至少将重要部分（如对于需方重要的功能、使用频繁的部分、风险高的部分等）进行评价。

3.6 标准附录 A 业务或安全攸关的应用系统中 RUSP 的评价指南

3.6.1 综述

随着计算机技术应用的日益普及和不断深入，软件系统的规模和复杂性急剧增大，软件在越来越多的系统中成为主要的使能部件。在航空航天、武器装备、医疗设备、交通、核能、金融等安全攸关的应用领域，软件系统失效将导致灾难性的后果，在这种环境下，保障软件系统的质量成为迫切的需求和挑战。

软件产品本身不会单独直接发生事故，仅当软件用于可能发生事故的系统中时，才有可能出现因软件失效而造成的事故。软件安全关键程度等级指软件与系统安全的关联程度，关系越密切关键程度越高。软件安全关键等级由系统设计人员提出，软件规模由软件设计人员提出。软件规模分为巨、大、中、小、微五级，以代码行数来衡量软件规模（见表 3-2）。软件失效安全关键程度分为 A、B、C、D 四级，A 级为灾难性危害，B 级为严重危害，C 级为轻度危害，D 级为轻微危害。也可以按照灾难性严重、轻度、轻微来定义（见表 3-3）。

表 3-2　软件规模

序　号	行数范围	规　模
1	10 万行以上	巨
2	5 万～10 万行	大
3	1 万～5 万行	中
4	2000～1 万行	小
5	2000 行以下	微

表 3-3　软件安全关键等级

软件安全关键等级	软件危险程度	软件失效可能的后果
A	灾难性危害	人员死亡、系统报废、任务失败、环境严重破坏
B	严重危害	人员严重受伤或严重职业病、系统严重损害、任务受到严重影响
C	轻度危害	人员轻度受伤或轻度职业病、系统轻度损害、任务受影响
D	轻微危害	低于轻度危害的损伤，但任务不受影响
注：软件失效可能的后果有多个描述，它们之间是"或"的关系，即只要一项描述满足就可以确定关键等级。若某个软件失效有多种影响，则按照所影响的最高等级确定关键等级。		

确定软件安全关键等级有如下几个步骤：

1. 初步危险分析

根据产品说明、规格说明等，进行系统级和分系统级初步危险分析，明确安全关键（分）系统、（分）系统级的安全关键功能和危险事件，以及与安全关键功能和危险事件相关的软件配置项。

2. 使用下述原则，确定安全关键软件

（1）安全关键系统中的所有软件，应当假定为是安全关键的，直到根据评价准则被证明属于非安全关键软件。

（2）分析软件在系统事故的发生、监测、缓解或控制中的作用，满足下述原则之一的软件应当被确定为安全关键软件：

① 可导致系统危险、系统危险状态，或系统危险事件，或是其发生的条件之一。

② 控制或缓解系统危险、系统危险状态，或系统危险事件的发生。

③ 处理或输出安全关键指令。

④ 与安全关键软件在同一处理器内运行的软件。

⑤ 进行数据处理或趋势分析，结果直接用于安全性决策。

⑥ 提供安全关键系统（包括硬件分系统或软件分系统）的完整或部分的验证或确认。

⑦ 可建模和仿真。

3. 失效后果分析，确定软件安全关键等级

对软件失效可能导致的危险事件进行分析，确定相关的危险事件的严重性等级，按照软件失效可能导致危险事件的严重性等级确定软件安全关键等级。

对于安全关键等级为 A、B 级的软件，质量有更高的要求，供方在进行软件设计时，在兼顾用户的各种需求时，全面满足软件的可靠性要求。设计质量对于软件可靠性具有特殊的意义，与硬件相比，软件的可靠性对设计的依赖程度更大。为了保证软件可靠性与安全性，可以有两种设计途径：避免引入缺陷；万一引入了缺陷，就要避免因缺陷导致失效。

对于安全关键等级高的软件，测试方在开展测试前，须与供方明确被测软件的安全性关键等级以及软件规模。应该根据软件安全性关键等级以及软件规模确定软件测试策略，选定测试级别、测试类型、测试技术、充分性要求、测试环境、测试过程管理、测试文档等内容，从而确保测试质量。

3.6.2　故障检测和包括软件冗余的故障容纳

RUSP 故障是指软件运行过程中出现的一种不希望或不可接受的内部状态。发生故障时，如果没有故障容纳措施加以及时处理，便会产生软件失效。

为了防止故障在软件中传播，安全关键的部件应完全独立于非安全关键的部件，还应能够既检测出自身内部的错误，又不允许将错误传递下去。对于计算系统的安全关键子系统必须编写故障检测和隔离程序。

故障检测是在软件中的故障暴露时，能对由此而引起的故障产生响应的过程。故障检测程序必须设计成在这些有关安全关键功能执行之前检测潜在的安全关键失效。故障隔离程序必须设计成将故障隔离到实际的最低级，并向操作员或维护人员提供这个信息。

常用的故障容纳通常有以下几种方法：

（1）必须工作的功能通过独立的并行冗余实现容纳失效，必须不工作的功能通过多个独立的串联禁止来达到容纳失效。

（2）故障检测：可采用校验、比对等方法进行检测。

（3）故障限制：当故障出现时，希望限制其影响范围，以防止软件故障的传播。

（4）故障屏蔽：故障屏蔽技术把失效效应掩盖起来，多数表决器就是故障屏蔽的一个例子。多数表决要求更多的冗余来达到某个给定的容纳失效等级。具体如下：在冗余情况下，在3个模拟量中选取2个以达到容纳一个失效，或者5取3，以达到容纳两个失效。为了达到多数表决，要求奇数个并行单元。

软件冗余一般包括结构冗余、信息冗余和时间冗余。

结构冗余分为静态冗余和动态冗余。静态冗余的典型代表是多版本程序设计，动态冗余的典型代表是恢复块程序设计。

信息冗余是以检测或纠正信息在运算或传输中的错误为目的而外加的一部分冗余信息，其设计要求如下：

（1）安全关键信息与其他信息之间应保持一定的距离。

（2）安全关键信息的位模式不得使用一位的逻辑"1"和"0"表示，建议使用4位或4位以上，既非全0又非全1的独特模式来表示，确保不会因无意差错而造成危险。

（3）安全关键功能应该在接到两个或更多个相同的信息后才执行。

（4）对于安全关键信息（包括重要程序和数据）应该保存到两个或更多个存储空间，对于关乎安全关键功能的重要信息应通过两个或更多的产生方式和传输方式进行产生、收集和表决判断。

（5）对可编程只读存储器PROM中的重要程序进行备份（如备份在不同的PROM中），万一PROM中的程序被破坏，还可以通过遥控命令等手段使系统执行其备份程序。

（6）对随机存储器RAM中的重要程序和数据，如果硬件不支持错误自动检测与恢复EDAC功能，就必须把它们存储在至少3个不同的地方，访问这些程序和数据都通过多数表决方式来裁决。

（7）对于存储在电可擦除可编程只读存储器E2PROM中的程序目标代码，必须采取冗余备份方式，备份可以是直接存放至少三份代码，也可以是存放两份代码和一份由代码内容计算出的校验数据。

（8）除非有特别的理由和硬件限制，不推荐在新设计中从 PROM 直接运行软件。系统应该在引导时采取表决和判断措施，将程序从 PROM 中拷贝到具备 EDAC 功能的 RAM 中执行。

（9）对于具备硬件 EDAC 功能的 RAM 区域，软件中应按照一定的时间周期对存储器内容进行刷新操作，防止错误累积。

3.6.3　重试故障恢复

故障恢复指为消除错误效应，系统采用故障恢复技术回到故障检测前的某一过程，这一过程须注意场景、文件、数据等关键信息的保存。软件执行过程中对每一步都进行检测是不必要、也是不大可能实现的。通常是在软件执行过程中设置若干检测点，而恢复点是执行过程中预置的能保存或设定一个用于恢复的起始状态点。

故障恢复的关键点有两点：

（1）故障恢复的时机，通常须要在故障造成软件失效之前完成，未产生严重后果。一般有两种策略，即向后恢复和向前恢复。向后恢复：一旦在一个模块的运行中检测到故障，可以恢复该模块到故障前的运行状态，并在消除故障后继续运行。与向后恢复技术相反，向前恢复指在发生故障后，系统转到一个以前没有执行过的新状态中，该状态是由系统的输入、输出以及内部功能状态来确定的。只要在输入、输出和内部状态中有一个是以前没有出现过的，则可以称为系统的新状态。

（2）故障恢复时的数据恢复。数据恢复通常分为全盘恢复和个别文件恢复。全盘恢复一般应用在服务器发生意外灾难导致数据全部丢失、系统崩溃或是有计划的系统升级、系统重组等，也称为系统恢复。个别文件恢复比全盘恢复常见，利用备份系统的恢复功能，很容易恢复受损的个别文件。值得一提的是重定向恢复技术，是将备份的文件恢复到另一个不同的位置或系统上去，而不是进行备份操作时它们当时所在的位置。重定向恢复可以是整个系统恢复，也可以是个别文件恢复。重定向恢复时须要慎重考虑，要确保系统或文件恢复后的可用性。

3.6.4　多版本程序设计

多版本程序设计是一种基于静态冗余的结构方式。版本是某一配置项的一个可标识的程序实例。版本标识就是采取一定的方式表明各个版本之间的关系，它是由版本的命名规则决定的。此处的多版本是指根据同一需求规范来编制的不同版本程序。

多版本程序设计要求由 n 个实现相同功能的不同程序和一个管理程序组成，其结果经相互比较（表决）后输出。这种比较或表决可以采用多数决定，也可以要求一致决定的方式。在多数表决中可以是简单多数，也可以是任意比例的多数。这些可根据系统执行任务的性质来选择。

图 3-1 所示的多版本程序设计是最简单的结构。通常只要把运算结果送入管理程序中的比较向量，待各版本的结果均已送达，由管理程序的比较状态指示器发出表决指令，然后决定输出运算结果还是输出报警。

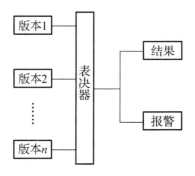

图 3-1　多版本程序设计的基本结构

由于在多版本程序设计结构中，即使有少数版本出现重合故障，系统通过表决仍可以得到正确的结果，这就制止了系统由故障向失效的发展，提高了 RUSP 的可靠性。

也可以从需求阶段文档开始制作多个版本，这样容错便包括了规格说明阶段的故障。但是对于用户来说，要同时确认几个不同的规格说明是有困难的。因此，主要强调多版本程序设计是根据同一规格说明文档来编制的。

3.6.5　恢复块程序设计

恢复块程序设计的思想出自硬件的待机冗余结构，是一种基于动态冗余的结构方式。假定程序是由若干个可以独立定义的块构成。每个块都可以用一个根据同一个规格说明设计的备用块来替换。至于什么时候替换、如何替换，由接收测试和恢复措施来决定。基本块、所有备用块和接收测试及恢复结构一起构成一个恢复块结构。

其基本工作方式为：首先运行基本块；然后进行接受测试；如果通过测试，便将结果输出给后续程序块，否则，便调用第一个替换块 1；否则，调用第二个替换块 2；……调用第 n 个替换块 n。在 n 个替换块用完后仍未通过测试，便进行故障处理。从进入一个恢复块到退出该块的较为详细的过程描述如图 3-2 所示。

状态保护和恢复是两个非常重要的环节。状态保护是进程进入该块时将状态保持下来，它包括每一次进入该块时的数据和指令，以便备份块替换后能正确地接替工作，完成该块程序的任务。状态保护需要专门的恢复缓冲寄存器，以便存储可能变化的变量和状态的初值。

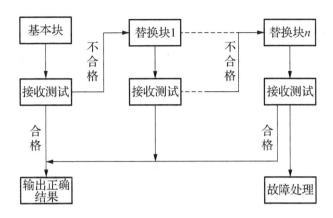

图 3-2　恢复块基本结构

3.6.6　模型跟随

基于模型的测试属于软件测试领域的一种测试方法。按照此方法，测试用例可以完全或部分地利用模型自动产生。模型是系统的抽象描述，同时模型比真实的系统简单。基于模型的软件测试技术根据被测试 RUSP 的分析设计模型，自动生成测试模型，产生测试用例和进行测试结果分析。基于模型的测试是指根据规格说明先建立的模型以产生测试用例，再通过输入测试用例，确认实际的软件实现是否与建立的模型相符。模型是指对被测系统与其行为动作的抽象描述，并不涉及程序的具体实现。

基于模型的测试基本过程有 6 个步骤。

（1）分析被测系统：首先分析被测软件的系统特性，根据分析结果，结合各个模型的特性选择合适的模型作为测试用例生成的模型。

（2）建立抽象模型：根据所选择的模型对被测软件进行建模，可以进一步分析该模型是否适合软件。建立模型后，须要检查该模型与所期望的行为是否一致。

（3）生成抽象测试：从模型生成抽象测试，必须选择一些测试标准，根据一定覆盖准则遍历状态间的迁徙所获得的转换路径就是测试路径。

（4）具体化抽象测试：把高层的抽象测试转化为可执行的具体测试。

（5）执行具体测试：在被测试系统上执行具体的测试用例。

（6）分析测试结果：得到测试结果后，必须先确定产生该故障的原因并采取纠正措施，然后，再根据测试结果和分析结果，评估被测软件的质量，提出改进的意见和建议。

3.6.7　封装程序

封装程序是在软件开发中防止未被授权的人员访问一些信息和功能的措施手段，即隐藏程序的属性和实现细节，仅对外公开接口，将抽象得到的数据和行为相结合，形成一个有机的整体。使用 RUSP 的用户无须关心 RUSP 如何实现的细节，而只是通过外部接口，以特定的权限就可以使用它。封装程序可以使一部分成员充当外部接口，而将其他成员隐蔽起来，这样就达到了对成员访问权限的合理控制，使不同类之间的相互影响减少到最低程度，进而增强数据的安全性。

同时，对于一个新的系统中的尚未使用的 RUSP，开发者可以通过封装的方法对相关内容进行隐蔽处理，用户将无法了解此部分内容。

软件通过封装，可以提供运行的兼容性，不用考虑各个运行平台之间的迁移性和运行环境，成为稳定高效的应用软件。同时，通过封装，也能对源代码进行保护，防止恶意篡改。

3.6.8 待考虑的确立 RUSP 质量特征的技术

（1）存储保护：用于检查 RUSP 是否能够访问未经授权或者进行加密处理的存储空间。存储保护是指给外置的存储设备加个保护程序，写不进去数据，也删不掉数据。当多个用户共享主存时，为使系统能正常工作，应防止由于一个用户程序出错而破坏其他用户的程序和系统软件，还要防止一个用户程序不合法地访问不是分给它的主存区域。通常采用的方法是存储区域保护和访问方式保护。

（2）栈溢出保护：查看 RUSP 是否有防止栈溢出的相关措施。栈溢出是由于没有内置检查机制来确保复制到缓冲区的数据不得大于缓冲区的大小，当数据过大时，将会溢出缓冲区的范围。保护措施有使用栈保护、加载地址随机化、数据执行保护等方法。

（3）动态存储器分配额：防止 RUSP 中存在无限制消耗资源的恶性任务，如无限占用内存导致进程崩溃等。在程序执行过程中动态地分配或者回收存储空间的方法，为每个任务分配最佳的存储空间。

（4）容错：对 RUSP 自身的错误进行屏蔽或者能够进行自动恢复。容错是在出现有限数目的硬件或软件故障的情况下，系统仍可提供连续正确执行的内在能力。常用的容错技术有故障检测技术、故障恢复技术、破坏估计、故障隔离技术、继续服务等技术手段。

（5）同时中断和中断嵌套：确定系统响应两次中断所需要的时间，验证中断的处置具有优先权。程序设计时应考虑中断的优先级。由于软件中的中断有优先级，同时中断程序和主程序也存在相互的优先顺序，因此这些有优先级顺序的程序间，尽量避免对同一变量进行赋值操作，若存在不可避免的情况，也要进行临界区保护。软件设计时要考虑中断处理的时序。软件中有多个中断处理时，一定要注意各个中断处理之间的时序关系，尤其是可嵌套中断间的时序关系。

（6）包含可选项或停止活动的代码：验证 RUSP 中的空闲代码能够在需要的条件下被激活。在代码中存在可选择执行等未被执行的代码时，应当充分分析这些代码存在的必要性以及代码执行的条件，编写测试用例，对这些条件进行充分测试，防止代码被误执行。

（7）封装程序的使用：检查对 RUSP 中的相关组件进行保护或者对内容进行了屏蔽，保证不会被用户访问。检查封装程序是否隐藏程序的属性和实现细节，仅对外公开接口，达到了保护程序的目的。

以上技术手段建议安全关键等级高的嵌入式软件在设计时使用。

（1）RUSP 评价：确定 RUSP 特征组件的适宜性及其对系统设计的影响。利用测试手段，对 RUSP 进行评价，验证其功能性能是否正确，以及对系统的影响。

（2）RUSP 获取计划：确定与 RUSP 相关的其他要素的可获取情况。检查与 RUSP 供方签署相关文件的各条款，查看是否对许可证、租期、使用说明、维护计划等有充分的说明，以及当须要访问问题报告和程序源代码时的相关约定。

（3）RUSP 的 CM/SQA 计划：确定 RUSP 的供方和使用方的配置管理和质量保证相关人员、计划、实施是否完备，能够满足 RUSP 的质量需求。

（4）RUSP 的 SQC：根据规格说明，采取多种验证手段和方法，充分验证 RUSP 的每一个需求。

（5）产品支持：确定产品支持相关内容的可用性。验证 RUSP 的用户手册、操作手册、产品说明、帮助菜单等是否能够充分支持系统的使用。

（6）使用质量：对 RUSP 声称的满足用户要求程度进行的验证，对 RUSP 的使用质量进行测试，背景是用户的业务系统，在软件上线之后进行测试。须要考虑软件周境，即软件运行的软/硬件环境、人文环境、用户、任务、设备以及使用此产品时的物理和社会环境。

第 4 章　测试与评价

4.1 总则

系统或软件产品声称符合本标准是对本标准的关键应用。当某一产品声称符合本标准时，则按本标准第 2 章的符合性要求对其所声称的软件，依据第 7 章符合性评价细则进行评价。符合性评价原则上由独立评价方（第三方）进行，而进行符合性评价的前提是开展标准符合性测试。在进行符合性测试之前，如果委托方提供了测试文档，那么应审查其测试文档集是否符合标准 GB/T 25000.51—2016 第 6 章中的质量要求。如果委托方未提供测试文档，那么评价方须编制符合 GB/T 25000.51—2016 第 6 章中有关测试文档质量要求的测试文档集，质量要求的条款详见本书第 3 章（标准解读）的 3.4 节（测试文档集要求）。仅当确认该产品的测试文档集符合标准的质量要求后，方可继续开展软件产品的符合性测试。测试的内容就是针对 GB/T 25000.51—2016 第 5 章中规定的产品说明要求、用户文档集要求和软件质量要求开展测评的。测试细则可参见本指南 4.2 节的说明。

测试文档集一般包括测试计划、测试说明和测试结果（报告）等，具体的标准要求条款见表 4-1。

测试文档集的具体格式和内容编制可参见《GB/T 8567—2006 计算机软件文档编制规范》。

表 4-1　测试文档标准要求条款

编　号	测试文档	质量要求
1	测试文档集	测试文档集一般要求（6.1 节）
2	测试计划	测试计划要求（6.2 节）
3	测试说明	测试说明要求（6.3 节）
4	测试结果	测试结果要求（6.4 节）

4.2 RUSP 的测试细则

本节结合 GB/T 25000.51—2016 标准中关于软件产品的质量特性要求，详尽介绍了测试时应当选择的测试内容和判定准则。由于该标准关于 RUSP 的要求由产品说明要求、用户文档集要求和软件质量要求 3 部分组成，因此，本节将从 3 个方面按标准条款给出测试细则和判定准则，以及各级汇总的测试内容和判定准则。须要说明的是，许多 RUSP 并不会覆盖标准中的全部质量特性（或子特性），标准的许多条款也有"适用时"的前置限定。因此，使用该标准时可结合产品的实际情况裁剪标准条款。本节后面的测试内容也作对应处理，各级判定应该在裁剪后的范围内开展。

本节的内容适合 GB/T 25000.51—2016 标准的主要使用者，包括需方、供方和独立评价方。当须要根据该标准开展测试工作时，本节的测试细则和判定准则可以提供良好参考。

4.2.1　产品说明

产品说明由供方提供，其主要目的是让需方或潜在需方在购买产品之前认识产品并判断该产品是否符合其需求。产品说明主要从产品质量特性（功能性、性能效率、兼容性、易用性、可靠性、信息安全性、维护性、可移植性）以及使用质量特性（有效性、效率、满意度、抗风险和周境覆盖）方面进行阐述。

1. 产品说明的定义

产品说明是陈述产品性质的文档，全面、明确地介绍产品名称、用途、性能、原理、构造、规格、使用方法、保养维护、注意事项等内容。

2. 产品说明的作用

指导潜在需方了解软件各方面的特性，并针对实际情况判断软件对其是否具有实用价值，也可作为用户和独立评价方开展确认测试或 GB/T 25000.51—2016 符合性测试的依据。

3. 产品说明的测试总则

各方（需方、供方和独立评价方）对 RUSP 产品说明的测试旨在检查供方提供的产品说明中是否包含规定的信息，而不涉及描述内容的实现程度。主要包括以下 4 个方面：

（1）产品说明的可用性。可用是指有适宜的查阅渠道。

（2）产品说明内容的一致性、可测性和对潜在需方的适用性。

（3）产品说明的标识与标示。

（4）产品说明所陈述的软件各方面的特性。完整的产品质量特性包括功能性、性能效率、兼容性、易用性、可靠性、信息安全性、维护性、可移植性，共 8 个；使用质量特性包括有效性、效率、满意度、抗风险和周境覆盖，共 5 个。

4. 产品说明版本要求

所提供的用于测试的产品说明应为当前有效版本。

5. 产品说明的测试细则

1）可用性
产品说明对于该产品的潜在需方和用户应是可用的（5.1.1 条）。

测试内容

潜在需方和用户应能通过适宜的渠道查阅软件产品的说明。若产品说明通过以下两种形式提供，则认为是可以查阅的：

① 纸质文档，如产品的印刷包装、纸质产品说明书等。

② 电子文档，应指明其查阅的渠道，如光盘、Web 下载、FTP 传输等。

判定准则

通过：产品说明应满足以上①～②中的一条。

不通过：产品说明不满足以上①～②条。

2）内容

（1）产品说明应包含潜在需方所需的信息，以便评价该软件对其需要的适用性（5.1.2.2 条）。

测试内容

包括本小节所述的 14 个判定结论，即第 3）小节的（8）、第 5）小节的（6）、第 6）小节的（4）、第 7）小节的（4）、第 8）小节的（7）、第 9）小节的（4）、第 10）小节的（2）、第 11）小节的（4）、第 12）小节的（4）、第 13）小节的（3）、第 14）小节的（4）、第 15）小节的（3）、第 16）小节的（3）、第 17）小节的（3）的内容。这 14 点是关于软件产品的标识和标示、产品质量——功能性、产品质量——性能效率、产品质量——兼容性、产品质量——易用性、产品质量——可靠性、产品质量——信息安全性、产品质量——维护性、产品质量——可移植性、使用质量——有效性、使用质量——效率、使用质量——满意度、使用质量——抗风险、使用质量——周境覆盖的总体判定内容。

判定准则

通过：在产品说明的以上 14 个判定结论中，第 5）小节的（6）为"通过"结论且其他的没有"不通过"结论。

部分通过：在产品说明的以上 14 个判定结论中，第 5）小节的（6）为"通过"结论且其他"不通过"结论小于 2 个。

不通过：在产品说明的以上 14 个判定结论中，第 5）小节的（6）为"不通过"结论或其他"不通过"结论达到 2 个或 2 个以上。

（2）产品说明应排除内部的不一致（5.1.2.3 条）。

测试内容

检查的内容包括但不限于以下各项：

① 质量特性表述的一致性。

② 关键术语和术语表的一致性。

③ 量化数据的一致性。

④ 产品名称的一致性。

⑤ 版本的一致性。

⑥ 若涉及开发方、供方、销售方、维护方的信息，则应保持一致。

判定准则

通过：产品说明满足以上①～⑥条。

不通过：产品说明不满足以上①～⑥其中一条。

常见问题

产品说明在不同地方提及软件产品名称和版本时，容易出现不一致。

（3）产品说明中包括的说明应是可测试的或可验证的（5.1.2.4 条）。

可测试或可验证指能够符合编制测试用例或检查项来验证其内容的正确性。

测试内容

① 产品说明中不应出现非量化的、现有技术不能测试或验证的表述，如"该软件采用了世界领先技术""该软件功能极其强大、处理速度非常快"等陈述。

② 若出现不能测试或验证的表述，则应提供相关证明材料证实所表述内容的真实性。

判定准则

通过：产品说明满足以上①～②条。

不通过：产品说明不满足以上①～②条。

3）标识与标示

标识指表明特征的记号；标示是表明、显示的意思。软件产品应当有明确的标识和清晰的标示。

（1）产品说明应显示唯一的标识（5.1.3.1 条）。

测试内容

在产品说明的封面、页眉/页脚或其他地方应显示其唯一的标识，并且该标识是单独的，没有包含在其他内容中。标识可由文字、符号、数字等表示。

判定准则

通过：产品说明满足以上条款。

不通过：产品说明不满足以上条款。

常见问题

产品说明的唯一标识没有单独注明，而是作为其他内容的一部分。

（2）RUSP 应以其产品标识指称（5.1.3.2 条）。

标识指称被用来解释名词或代词和用它们来命名的具体目标对象之间的关系。常见的软件产品标识指称用名称、版本和日期表达。

🔰 测试内容

软件产品的名称可以根据其实际功能来命名，如××进销存管理系统、×××教师资源网等。软件版本号的定义分为 3 项：<主版本号>.<次版本号>.<修改版本号>，如 1.0.0 或 V1.0.0（字母 V 是英文单词"Version"的缩写）。日期指称通常为软件对应版本号的发布日期。例如，某软件产品标识指称的形式为"××学籍管理系统 V1.0.0 2017"。

🔰 判定准则

通过：产品说明满足以上条款。

不通过：产品说明不满足以上条款。

（3）产品说明应包含供方和（当适用时）供货商、电子商务供货商或零售商的名称和邮政或网络地址（5.1.3.3 条）。

🔰 测试内容

① 产品说明中应有供方和至少一家供货商的名称和地址信息。

● 适用时，供货商也包含电子商务供货商和零售商。

● 地址可以是邮政形式的或网络形式的。

② 当软件的供方和供货商相同时，产品说明中应有相关的说明，并给出其名称和地址信息。

🔰 判定准则

通过：产品说明满足以上①～②中的一条。

不通过：产品说明不满足以上①～②条。

（4）产品说明应标识该软件能完成的预期的工作任务和服务（5.1.3.4 条）。

🔰 测试内容

产品说明中应说明软件实现的功能、提供的服务。

例如，该软件是财务管理软件，主要实现员工账户管理、工资发放、报账管理功能，为管理人员提供排序、计算、查询服务，能够实现员工工资发放的自动化管理。

🔰 判定准则

通过：产品说明满足以上条款。

不通过：产品说明不满足以上条款。

（5）当供方想要声称符合有影响到该 RUSP 的法律或行政机构规定的文件时，则产品说明应标识出这些需求文档（5.1.3.5 条）。

测试内容

适用时，产品说明中应有关于所要声明的符合性文档的信息，这些信息至少包括文档的名称。

所要声明的符合性文档指符合法律或行政机构要求 RUSP 适用的文件，如行业标准、技术规范、合同书、投标书、责任书等。

判定准则

通过：产品说明满足以上条款或者该条款不适用。

不通过：产品说明中没有指出软件产品必须符合的文档（强制要求满足的文档）或名称错误。

（6）产品说明应陈述是否对运行 RUSP 提供支持（5.1.3.6 条）。

测试内容

① 产品说明中应有软件的安装部署、初始化以及初始运行中所需的支持信息。

② 当软件安装简便、安装过程无须支持信息时，产品说明中应有相关情况的说明。例如，"该软件能够通过安装文件进行自动安装，无须进行相关配置"。

判定准则

通过：产品说明满足以上①～②中的一条。

不通过：产品说明不满足以上①～②条。

常见问题

安装简便的软件常常省略对支持信息的说明。

（7）产品说明应陈述是否提供维护。若提供维护，则产品说明应陈述所提供的维护服务（5.1.3.7 条）。

测试内容

① 若软件提供维护，产品说明中应列出有关维护的信息，如升级服务、补丁服务、文档服务、电话服务、网络服务等。

② 若软件不提供维护，产品说明中应有相关的说明。

判定准则

通过：产品说明满足以上①～②中的一条。

不通过：产品说明不满足以上①～②条。

（8）标识与标示总体判定。

测试内容

测试以上（1）～（7）的判定结论。

判定准则

通过：产品说明在以上 7 个判定结论中没有"不通过"的结论。

不通过：产品说明在以上 7 个判定结论中，（4）项为"不通过"的结论，或其他"不通过"的结论为 3 个或 3 个以上。

4）映射

测试内容

在 RUSP 不对产品质量特性做任何裁剪时，映射的测试内容为下面 5）～12）的判定结论。

判定准则

通过：产品应有的特性（根据产品的用途而确定的产品质量特性）在这 8 个判定结论中没有"不通过"的结论。

不通过：产品应有的特性在这 8 个判定结论中有"不通过"的结论。

5）产品质量——功能性

（1）适用时，产品说明应根据 GB/T 25000.10—2016 包含有关功能性的陈述，要考虑功能完备性、功能正确性、功能适合性以及功能性的依从性，并以书面形式展示可验证的依从性证据（5.1.5.1）。

测试内容

① 功能完备性。

产品的功能集对指定的任务和用户目标的覆盖程度。例如，产品说明可以对软件功能的充分性、完整性、功能实现的覆盖率进行说明。

② 功能正确性。

产品说明须对软件产品是否具有产生所需精度的正确结果或相符效果的能力进行说明。例如，产品说明可以对软件预期结果与实际结果之间的差别，以及最终用户得到结果的准确性和精度进行说明。

③ 功能适合性。

功能促使指定的任务和目标实现的程度即功能适合性。例如，不含任何不必要的步骤，只提供用户必要的步骤就可以完成任务。

产品说明须对软件产品是否能为指定的任务和用户目标提供一组适合的功能的能力进行说明。

④ 功能性的依从性。

产品说明中须对软件产品遵循与功能性相关的标准、约定、法规的能力进行说明，并提供依从的证据（可为有资质的独立评价方提供的相关证明）。

　　判定准则

通过：产品说明具有以上①～④条中的全部或适用的部分信息，或者该条款不适用。

不通过：在适用的情况下产品说明没有给出相关说明。

（2）产品说明应提供该产品中最终用户可调用的功能的概述（5.1.5.2 条）。产品说明应描述用户可能遭遇关键缺陷的所有功能（5.1.5.3 条）。

　　测试内容

产品说明中应该指明软件最终用户可调用的功能和所有的可能遭遇缺陷的关键功能。可能遭遇缺陷的关键功能指失效后会对生产产生影响或会造成重大财产损失或社会损失的功能。

　　判定准则

通过：产品说明满足以上条款或者该条款不适用。

不通过：产品说明不满足以上条款。

（3）产品说明应给出用户可能碰到的所有已知的限制（5.1.5.4 条）。

　　测试内容

① 在产品说明中，可以从以下方面（但不限于以下各方面）对用户功能性的所有已知限制进行说明：

- 最小或最大值。
- 密钥长度。
- 一个文件中记录的最大数目。
- 搜索准则的最大数目。
- 最小样本规模。

② 若没有限制，则应给出相关说明。

　　判定准则

通过：产品说明满足以上①或②条。

不通过：产品说明不满足以上①～②条。

（4）当有软件组件的选项和版本时，应无歧义地予以指明（5.1.5.5 条）。

　　测试内容

若软件产品中包含的组件有选项和版本时，则产品说明中应指明且没有歧义。

🔸 **判定准则**

通过：产品说明满足以上条款或者该条款不适用。

不通过：在适用的情况下产品说明没有给出相关说明。

（5）当提供对软件的未授权访问（不管是无意的还是故意的）的预防措施时，则产品说明应包含这种信息（5.1.5.6 条）。

🔸 **测试内容**

产品说明中应列举对软件未授权访问的预防措施，如设置访问权限、网络访问控制、防火墙技术、物理隔离、网络加密技术、入侵检测等。

🔸 **判定准则**

通过：产品说明满足以上条款或者该条款不适用。

不通过：在适用的情况下产品说明没有给出相关说明。

（6）功能性总体判定。

🔸 **测试内容**

测试以上（1）～（5）的判定结论。

🔸 **判定准则**

通过：以上 5 个判定结论均为"通过"。

不通过：在以上 5 个判定结论中有"不通过"结论。

6）产品质量——性能效率

（1）适用时，产品说明应根据 GB/T 25000.10—2016 包含有关性能效率的陈述，要考虑时间特性、资源利用性、容量以及性能效率的依从性，并以书面形式展示可验证的依从性证据（5.1.6.1 条）。

🔸 **测试内容**

① 对效率的陈述应包含运行环境系统配置要素（通常包括软件、硬件、网络、数据环境等）以及性能指标要素（如业务响应时间、资源占用情况、吞吐量、启动时间和地图加载时间、磁盘 I/O 的利用率、在一定并发用户数情况下的业务处理响应时间等）。在产品说明中是否对上述适用的部分进行了陈述。

② 产品说明中应列举软件产品的性能效率依从的文档，并提供证据（可为有资质的独立评价方提供的相关证明）。

🔸 **判定准则**

通过：产品说明满足①～②的全部或适用的部分内容，或者该条款不适用。

不通过：在适用的情况下产品说明没有给出相关说明。

（2）所有已知的影响性能效率的条件都应说明（5.1.6.2 条）。

🔖 测试内容

在产品说明中应说明所有已知的影响性能效率的条件，如系统配置、宽带、硬盘空间、随机存储器、视频卡、无线互联网卡、CPU 速度等。

🔖 判定准则

通过：产品说明满足以上条款。

不通过：产品说明不满足以上条款。

（3）产品说明中应描述系统的容量，尤其与计算机系统相关的容量（5.1.6.3 条）。

🔖 测试内容

产品说明中应描述系统的容量，如存储数据项数量、并发用户数、通信带宽、交易吞吐量和数据库规模。

🔖 判定准则

通过：产品说明满足以上条款。

不通过：产品说明不满足以上条款。

（4）性能效率总体判定。

🔖 测试内容

测试以上（1）～（3）的判定结论。

🔖 判定准则

通过：以上 3 个判定结论均为"通过"。

不通过：在以上 3 个判定结论中有"不通过"结论。

7）产品质量——兼容性

（1）适用时，产品说明应根据 GB/T 25000.10—2016 包含有关兼容性的陈述，要考虑共存性、互操作性以及兼容性的依从性，并以书面形式展示可验证的依从性证据（5.1.7.1 条）。

🔖 测试内容

① 共存性：产品说明须对软件产品在同样环境下，替代另一个相同用途的指定软件产品的能力进行说明。例如，列举出与软件兼容的软件和不兼容的软件等。

② 互操作性：两个或多个系统、产品或组件能够交换信息并使用已交换信息的程度。例如，一个程序能否在两个或两个以上的不同系统中相互传递信息。

③ 兼容性的依从性：产品或系统遵循与兼容性相关的标准、约定或法规以及类似规定的程度，并提供证据（可为有资质的独立评价方提供的相关证明）。

判定准则

通过：产品说明满足①～③的全部或适用的部分内容，或者该条款不适用。

不通过：在适用的情况下产品说明没有给出相关说明。

（2）产品说明应以适当的引用文档指明 RUSP 在何处依赖于特定软件和（或）硬件（5.1.7.2 条）。

测试内容

在产品说明中应说明软件在具体位置依赖的特定软件或硬件，如数据库等。

判定准则

通过：产品说明满足以上条款。

不通过：产品说明不满足以上条款。

（3）在产品说明中应标识用户调用的接口和相关的被调用的软件（5.1.7.3 条）。

测试内容

在产品说明中应说明用户在使用软件时调用的接口以及软件，如命令接口、图形接口等。

判定准则

通过：产品说明满足以上条款。

不通过：产品说明不满足以上条款。

（4）兼容性总体判定

测试内容

测试以上（1）～（3）的判定结论。

判定准则

通过：以上 3 个判定结论均为"通过"。

不通过：在以上 3 个判定结论中有"不通过"结论。

8）产品质量——易用性

（1）适用时，产品说明应根据 GB/T 25000.10—2016 包含有关易用性的陈述，要考虑可辨识性、易学性、易操作性、用户差错防御性、用户界面舒适性、易访问性以及易用性的依从性，并以书面形式展示可验证的依从性证据（5.1.8.1 条）。

测试内容

① 可辨识性：用户能够辨识产品或系统是否适合他们的要求的程度，如软件的操作流程、帮助信息、文档、网站的主页信息等。

② 易学性：产品说明须对软件产品使用户学习其应用的能力进行说明，如软件所提供的帮助用户学习的措施（包括帮助文档、在线咨询等）。

③ 易操作性：产品说明须对软件产品使用户能操作和控制它的能力进行说明。例如，用户是否容易对软件进行操作和控制，指导用户进行操作的措施和人机界面是否友好，界面设计是否科学合理、操作简单等。

④ 用户差错防御性：系统预防用户犯错的程度，如互斥按钮的设置、防止用户误操作的提示等。

⑤ 用户界面舒适性：用户界面提供令人愉悦和满意的交互的程度，如颜色的使用、图形化设计的自然性等。

⑥ 易访问性：在指定的使用环境中，产品或系统能够被具有普遍特征和能力的个体所使用的程度，如个体的年龄、个体对产品的理解程度等。

⑦ 易用性的依从性：产品说明中须对软件产品遵循与易用性相关的标准、约定、法规的能力进行说明，并提供依从的证据（可为有资质的独立评价方提供的相关证明）。

判定准则

通过：产品说明满足①～⑦的全部或适用的部分内容，或者该条款不适用。

不通过：在适用的情况下产品说明没有给出相关说明。

（2）产品说明应指明用户接口的类型（5.1.8.2 条）。

测试内容

用户接口的类型，可以是命令行、菜单、视窗、功能键等。

判定准则

通过：产品说明满足以上条款。

不通过：产品说明不满足以上条款。

（3）产品说明应指明使用和操作该软件所要求的专门知识（5.1.8.3 条）。

测试内容

① 使用和操作该软件需要的专门知识，这些专门知识可以是所使用的数据库调用和协议的知识、技术领域的知识、操作系统的知识、经专门训练可获得的知识、产品说明中已写明的语言之外的其他语言知识等。

② 若使用和操作软件不要求用户具备专门的知识，则产品说明中应有相关的说明。

判定准则

通过：产品说明满足以上①或②条。

不通过：产品说明不满足以上①～②条。

（4）若适用，则产品说明应描述防止用户误操作的功能（5.1.8.4条）。

测试内容

产品说明应指明用户误操作后的提示功能，如删除信息前的询问等。

判定准则

通过：产品说明满足以上条款或者该条款不适用。

不通过：产品说明不满足以上条款。

（5）当预防版权侵犯的技术保护妨碍易用性时，则应陈述这种保护（5.1.8.5条）。

测试内容

这些防护可以是程序设置的使用截止日期、拷贝付费的交互式提醒等。

判定准则

通过：产品说明满足以上条款或者该条款不适用。

不通过：产品说明不满足以上条款。

（6）产品说明应包括可访问性的规定标示，特别是对有残疾的用户和存在语言差异的用户（5.1.8.6条）。

测试内容

产品说明应对可访问的用户群进行说明，特别是对有残疾的用户和存在语言差异的用户。例如，软件存在中英文两个版本，可访问的用户就包括懂中文和英文两门语言的人群。

判定准则

通过：产品说明满足以上条款。

不通过：产品说明不满足以上条款。

（7）易用性总体判定。

测试内容

测试以上（1）～（6）的判定结论。

判定准则

通过：以上6个判定结论均为"通过"。

部分通过：在以上6个判定结论中，（2）项为"通过"且其他"不通过"结论小于2个。

不通过：在以上6个判定结论中，（2）项为"不通过"，或其他"不通过"结论在2个或2个以上。

9）产品质量——可靠性

若供方对软件的可靠性进行说明时，应能以服务的数据或其他可验证的数据证实其声明。

（1）适用时，产品说明应根据 GB/T 25000.10—2016 包含有关可靠性的陈述，要考虑成熟性、可用性、容错性、易恢复性以及可靠性的依从性，并以书面的形式展示可验证的依从性证据（5.1.9.1 条）。

测试内容

① 成熟性：产品说明须陈述软件产品在满足其要求的软/硬件环境或其他特殊条件（如一定的负载压力）下使用时，为用户提供相应服务的能力，如软件的故障密度、缺陷严重程度、完整性级别等。

② 可用性：系统、产品或组件在须要使用时能够进行操作和访问的程度，它是成熟性、容错性和易恢复性的组合。

③ 容错性：产品说明须陈述软件在由于非法数据、非法操作、误操作等原因导致无法正确运行和参数传递出现错误的情况下，能否为用户提供相应服务的能力。

④ 易恢复性：产品说明须陈述在软件发生失效的情况下，采取何种措施重建为用户提供相应服务和恢复直接受影响数据的能力。

软件失效可以表现为以下几种情况。
- 死机：软件停止输出。
- 运行速度不匹配：数据接收（输入）或输出的速度与系统的需求不符。
- 计算精度不够：因数据采集量不够或算法问题导致某一或某些输出参数值的计算精度不合要求。
- 输出项缺损：缺少某些必要的输出值。
- 输出项多余：软件输出了系统不期望的数据/指令。

避免软件失效的措施可以为以下几种情况。
- 重启软件。
- 恢复备份的数据。
- 一键还原数据。
- 错误操作提示。
- 联系服务商。

例如，产品说明可以从软件的可重新启动性等方面进行说明。

⑤ 可靠性的依从性。

产品说明中须对软件产品遵循与可靠性相关的标准、约定、法规的能力进行说明，并提供依从的证据（可为有资质的独立评价方提供的相关证明）。

判定准则

通过：产品说明满足以上①～⑤条的全部或适用的部分内容，或者该条款不适用。

不通过：在适用的情况下产品说明没有给出相关说明。

（2）产品说明应就软件在遇到用户接口出错、应用程序自身的逻辑出错、系统或网络资源可用性引发差错的情况下的继续运行（可用）能力作出说明（5.1.9.2 条）。

　　测试内容

① 在用户接口出错、应用程序自身的逻辑出错、系统或网络资源可用性引发差错的情况下，应有错误提示，并且该错误声明信息应是易懂并可理解的。

② 错误提示信息中应有对软件在发生错误或差错的情况下能够继续运行作出说明。例如，某些软件在内存资源不足时，应有对关闭软件重新启动的提示。

　　判定准则

通过：产品说明满足以上①～②条或者该条款不适用。

不通过：产品说明不满足以上①或②条。

（3）产品说明应包括关于数据保存和恢复规程的信息（5.1.9.3 条）。

　　测试内容

① 产品说明应包括关于数据保存和恢复规程的信息，它可以是由操作系统或软件来执行的，如 Word 软件自动保存信息、数据库自动备份还原信息等。

② 若没有数据保存和恢复的功能，则应给出相关说明。

　　判定准则

通过：产品说明满足以上①或②条。

不通过：产品说明不满足以上①～②条。

（4）可靠性总体判定

　　测试内容

测试以上（1）～（3）的判定结论。

　　判定准则

通过：对以上 3 个判定结论，供方能以服务的数据或其他可验证的数据证实，且上面第（3）条判定结论为"通过"。

不通过：以上 3 个判定结论中有"不通过"，或开发方不能以服务的数据或其他可验证的数据证实。

10）产品质量——信息安全性

（1）适用时，产品说明应根据 GB/T 25000.10—2016 包含有关信息安全性的陈述，要考虑保密性、完整性、抗抵赖性、可核查性、真实性以及信息安全性的依从性，并以书面形式展示可验证的依从性证据（5.1.10 条）。

测试内容

① 保密性陈述：产品须确保用户被授权后才能访问数据。

② 完整性陈述：保护信息保持原始的状态，使信息保持其真实性，如信息加密、高耦合低内聚等。

③ 抗抵赖性陈述：在网络环境中，信息交换的双方不能否认其在交换过程中发送信息或接收信息的行为。

④ 可核查性陈述：根据用户在系统中的活动可追溯到用户，即对出现的信息安全问题追查提供依据。

⑤ 真实性陈述：系统可判断信息来源的真假，如证书等。

⑥ 信息安全性的依从性：产品说明中须对软件产品遵循与可靠性相关的标准、约定、法规以及类似规定的能力进行说明，并提供依从的证据（可为有资质的独立评价方提供的相关证明）。

判定准则

通过：产品说明满足以上①～⑥条的全部或适用的部分内容，或者该条款不适用。

不通过：在适用的情况下产品说明没有给出相关说明。

（2）信息安全性总体判定。

测试内容

测试以上（1）的判定结论。

判定准则

通过：以上判定结论为"通过"。

不通过：以上判定结论为"不通过"。

11）产品质量——维护性

（1）适用时，产品说明应根据 GB/T 25000.10—2016 包含有关维护性陈述，要考虑模块化、可重用性、易分析性、易修改性、易测试性以及维护性的依从性，并以书面的形式展示可验证的依从性证据（5.1.11.1 条）。

测试内容

① 模块化：由多个独立组件组成的系统或计算机程序，其中一个组件的变更对其他组件基本没有或有较小影响。

② 可重用性：信息可被应用到多个系统中或被用于其他的建设中。例如，支付宝关联银行等。

③ 易分析性：产品说明须对软件产品诊断软件中的缺陷或失效原因或识别待修改部分的能力进行说明。例如，软件是否支持失效诊断功能、状态监听功能等。

④ 易修改性：产品说明须对软件产品使指定的修改可以被实现的能力进行说明。例如，是否容易对软件进行升级等。

⑤ 易测试性：产品说明须对软件产品使已修改软件能被确认的能力进行说明。例如，软件的测试环境是否容易搭建等。

⑥ 维护性的依从性：产品说明中须对软件产品遵循与维护性相关的标准、约定、法规的能力进行说明，并提供依从的证据（可为有资质的独立评价方提供的相关证明）。

判定准则

通过：产品说明应满足①～⑥条的全部或适用的部分内容，或者该条款不适用。

不通过：在适用的情况下产品说明没有给出相关说明。

（2）产品说明应包括用户所需的维护信息（5.1.11.2 条）。

测试内容

① 产品说明中陈述的维护信息可以是

- 监控应用程序的动态性能信息。
- 监控不希望的失效和重要条件的信息。
- 监控运行指示器（如日志、警告屏幕）的信息。
- 监控由应用程序处理本地数据信息。
- 监控信息可以通过系统或软件本身的监控日志、诊断功能、状态监控等功能来进行反应。

② 软件若不具备监控信息或监控功能，则产品说明中应有相关的说明。

判定准则

通过：产品说明满足以上①或②条。

不通过：产品说明不满足以上①～②条。

（3）当该软件能由用户作修改时，则应标识用于修改的工具或规程及其使用条件（5.1.11.3 条）。

测试内容

产品说明应说明软件能否可被用户修改。若可以，则应指明可使用的修改工具和使用条件，如参数的变更、计算算法的变更、接口的定制、功能键的指派等。

判定准则

通过：产品说明满足以上条款或者该条款不适用。

不通过：产品说明不满足以上条款。

（4）维护性总体判定。

测试内容

测试以上（1）～（3）的判定结论。

判定准则

通过：在以上 3 个的判定结论中没有"不通过"。

不通过：在以上 3 个的判定结论中，有 1 个或 1 个以上结论为"不通过"。

12）产品质量——可移植性

（1）适用时，产品说明应根据 GB/T 25000.10—2016 包含有关可移植性的陈述，要考虑适应性、易安装性、易替换性以及可移植性的依从性，并以书面形式展示可验证的依从性证据（5.1.12.1 条）。

测试内容

① 适应性：产品说明须对软件产品无须采用额外的活动或手段，就可以适应不同指定环境的能力进行说明，如数据结构、软件硬件环境的适应性等。

② 易安装性：产品说明须对软件产品在指定环境中被安装的能力进行说明。例如，软件的安装方式是自定义或快速安装、软件重新安装的情况等。

③ 易替换性：产品说明须对软件产品在同样环境下，替代另一个相同用途的指定软件产品的情况进行说明。例如，用软件的新版本替换旧版本。

④ 可移植性的依从性：产品说明中须对软件产品遵循与可移植性相关的标准、约定、法规的能力进行说明，并提供依从的证据（可为有资质的独立评价方提供的相关证明）。

判定准则

通过：产品说明满足以上①～④条的全部或适用的部分内容，或者该条款不适用。

不通过：在适用的情况下产品说明没有给出相关说明。

（2）产品说明应规定将软件投入使用的不同配置或所支持的配置（硬件、软件）（5.1.12.2 条）。

测试内容

① 软件运行的最低硬件配置要求，如最低 CPU 配置、最低内存、最小硬盘容量等。

② 操作系统、数据库、支持软件要求，例如：

- Microsoft Windows 95/98/2000/XP 操作系统。
- Microsoft SQL Server 2005 企业版。
- Internet Information Services 6.0 及以上版本。
- Microsoft .NET Framework 4.0 框架。

⚡ 判定准则

通过：产品说明满足以上①～②条。

不通过：产品说明不满足以上①或②条。

（3）产品说明应提供安装规程信息（5.1.12.3条）。

⚡ 测试内容

① 产品说明应对软件在符合规定的运行环境下的安装、卸载规程进行说明。包括软件的安装、数据库和参数的配置等。

② 若软件可以通过安装向导进行快捷安装，则须给出说明。

⚡ 判定准则

通过：产品说明满足以上①或②条。

不通过：产品说明不满足以上①～②条。

（4）可移植性总体判定。

⚡ 测试内容

测试以上（1）～（3）的判定结论。

⚡ 判定准则

通过：以上3个判定结论均为"通过"。

不通过：在以上3个判定结论中有"不通过"结论。

13）使用质量——有效性

（1）适用时，产品说明应根据 GB/T 25000.10—2016 包含有关使用质量中有效性的陈述（5.1.13.1条）。

⚡ 测试内容

适用时，软件产品在指定的使用周境中，使用户达到与准确性和完备性相关的规定目标的能力。产品说明中可以对以下内容进行说明：

① 功能的设计是否与软件技术文档要求的目标功能一致，各方面是否符合要求。

② 软件是否能够达到相关技术文档要求的输入、输出精度要求。

③ 在使用周境中用户执行任务是否能够准确和完全地达到规定的目标（也可通过符合完成任务的百分比、错误率来进行判定）。

④ 是否提供了使用软件所必需的信息。

⚡ 判定准则

通过：产品说明满足以上①～④条的全部或适用的部分内容，或者该条款不适用。

不通过：在适用的情况下产品说明没有给出相关说明。

（2）产品说明应对用户指明为实现特定目标产品所遵循的任何依从性基准（5.1.13.2 条）。

🔰 **测试内容**

产品或系统遵循相关的标准、约定或法规以及类似规定的程度，并提供证据（可为有资质的独立评价方提供的相关证明）。

🔰 **判定准则**

通过：产品说明满足以上条款。

不通过：产品说明不满足以上条款。

（3）有效性总体判定。

🔰 **测试内容**

测试以上（1）～（2）的判定结论。

🔰 **判定准则**

通过：以上 2 个判定结论均为"通过"。

不通过：在以上 2 个判定结论中有"不通过"结论。

14）使用质量——效率

（1）适用时，产品说明应根据 GB/T 25000.10—2016 包含有关使用质量中效率的陈述（5.1.14.1 条）。

🔰 **测试内容**

产品说明应指明与用户实现目标的准确性和完备性相关的资源消耗，如任务的时间、原材料、使用的财务成本等。

🔰 **判定准则**

通过：产品说明满足以上条款或者该条款不适用。

不通过：在适用的情况下产品说明没有给出相关说明。

（2）产品说明应指明该 RUSP 预定是在单一系统上供多个并发最终用户使用，还是供一个最终用户使用，并且应说明在所要求的系统所陈述的性能级别上可行的最大并发最终用户数（5.1.14.2 条）。

🔰 **测试内容**

产品说明中应指明系统的最终用户数量。例如，系统只供一个最终用户使用，或者系统供多个用户使用时可承受的最大并发用户数量。

🔖 判定准则

通过：产品说明满足以上条款。

不通过：产品说明中不满足以上条款。

（3）产品说明应说明用户实现特定目标所需的资源信息（5.1.14.3条）。

🔖 测试内容

软件产品在指定的使用周境中，使用户为达到有效性而消耗适当数量的资源的能力。产品说明可以从以下几个方面进行说明：

① 完成一项任务的平均时间（或可以通过计算典型的功能得到）。

② 完成一项任务所经历的步骤是否复杂。

③ 系统正常运行所需要的支持设备。

④ 用户使用时所需的财务成本。

🔖 判定准则

通过：产品说明满足以上①～④条的全部或适用的部分内容。

不通过：在适用的情况下产品说明中不满足以上①～④条的信息。

（4）效率总体判定。

🔖 测试内容

测试以上（1）～（3）的判定结论。

🔖 判定准则

通过：以上3个判定结论均为"通过"。

不通过：在以上3个判定结论中有"不通过"结论。

15）使用质量——满意度

（1）适用时，产品说明应根据GB/T 25000.10—2016包含有关使用质量中满意度的陈述，要考虑有用性、可信性、愉悦性和舒适性（5.1.15.1条）。

产品或系统在指定的使用周境中使用时，用户的要求被满足的程度。

🔖 测试内容

① 有用性：用户对目标的实现感到满意的程度，包括使用的结果和使用后产生的后果，如用户的需求、熟悉软件的时间等。

② 可信性：用户或者其他利益相关方对产品或系统将如预期地运行有信心的程度。

③ 愉悦性：用户因个人要求被满足而获得愉悦感的程度，如获得新的知识和技能、进行个性化交流、引发愉快的回忆等。

④ 舒适性：用户生理上感到舒适的程度，如护眼模式、符合用户的使用习惯、系统的反

应时间达到用户要求等。

判定准则

通过：产品说明满足以上①~④条的全部或适用的部分内容，或者该条款不适用。

不通过：在适用的情况下产品说明没有给出相关说明。

（2）产品说明应提供供方的联系方式，以便用户为了满意地使用该产品而联系他们（5.1.15.2 条）。

测试内容

产品说明中应提供供方有效的联系方式，以便用户在使用产品时出现某些不能解决的问题而联系供方。

判定准则

通过：产品说明满足以上条款。

不通过：产品说明不满足以上条款。

（3）满意度总体判定。

测试内容

测试以上（1）~（2）的判定结论。

判定准则

通过：以上 2 个判定结论均为"通过"。

不通过：在以上 2 个判定结论中有"不通过"结论。

16）使用质量——抗风险

（1）适用时，产品说明应根据 GB/T 25000.10—2016 包含有关使用质量中抗风险的陈述，要考虑经济风险缓解性、健康和安全风险缓解性和环境风险缓解性（5.1.16.1 条）。

测试内容

① 经济风险缓解性：在预期的使用周境中，产品或系统在经济现状、高效运行、商业财产、信誉或其他资源方面缓解潜在风险的程度。

② 健康和安全风险缓解性：在预期的使用周境中，产品或系统缓解人员潜在风险的程度。

③ 环境风险缓解性：在预期的使用周境中，产品或系统在财产或环境方面缓解潜在风险的程度。

判定准则

通过：产品说明满足以上①~③条的全部或适用的部分内容，或者该条款不适用。

不通过：在适用的情况下产品说明没有给出相关说明。

（2）在软件的使用存在已知的风险或需要特殊培训的情况下，产品说明中应包括非公开信息（5.1.16.2 条）。

测试内容

产品说明中应说明软件在使用过程中的已知风险，或者需要特殊培训的相关信息。

判定准则

通过：产品说明满足以上条款或者该条款不适用。

不通过：在适用的情况下产品说明没有给出相关说明。

（3）抗风险总体判定。

测试内容

测试以上（1）～（2）的判定结论。

判定准则

通过：以上 2 个判定结论均为"通过"。

不通过：在以上 2 个判定结论中有"不通过"结论。

17）使用质量——周境覆盖

（1）适用时，产品说明应根据 GB/T 25000.10—2016 包含有关使用质量中周境覆盖的陈述，还要考虑周境完备性和灵活性（5.1.17.1 条）。

测试内容

① 周境完备性：在所有指定的使用周境中，产品或系统在有效性、效率、抗风险和满意度特性方面能够被使用的程度。如在小屏幕、低宽带、非专业人员操作以及软件的容错模式（如无网络连接）的条件下软件的可用程度。

② 灵活性：在超出最初设定需求的周境中，产品或系统在有效性、效率、抗风险和满意度特性方面能够被使用的程度，如产品使用的现状、机会、个人喜好等。

判定准则

通过：产品说明满足以上①～②条的全部或适用的部分内容，或者该条款不适用。

不通过：在适用的情况下产品说明没有给出相关说明。

（2）如果产品说明中包括依从性的信息，那么该依从性的覆盖范围应明确说明（5.1.17.2 条）。

测试内容

若产品说明中指明软件产品遵循相关的标准、约定、法规以及类似规定的相关依从性信息，则在产品说明中应明确依从性的覆盖范围。

　判定准则

通过：产品说明满足以上条款或者该条款不适用。

不通过：在适用的情况下产品说明没有给出相关说明。

（3）周境覆盖总体判定。

　测试内容

测试以上（1）～（2）的判定结论。

　判定准则

通过：以上 2 个判定结论均为"通过"。

不通过：在以上 2 个判定结论中有"不通过"结论。

18）产品说明总体判定

　测试内容

测试以上 1）～17）的判定结论。

　判定准则

通过：以上 17 个判定结论均为"通过"。

不通过：在以上 17 个判定结论中有"不通过"结论。

4.2.2　用户文档集

用户文档集是软件产品的重要组成部分，它由供方提供。其主要目的是详细描述软件的功能、性能和用户界面，以及指导用户在购买软件后如何使用该产品。用户文档集对软件产品的使用者具有指导意义，应当严格按照要求规范来撰写，使其能够全面、正确地描述软件和指导用户。因此，用户文档集须符合国家标准的相关要求。

1. 用户文档集的定义

描述软件的功能、性能和用户界面，指导、帮助用户使用软件的所有文档的集合。

2. 用户文档集的作用

（1）能够让用户有效地理解软件的目标、功能和特性。

（2）指导用户如何安装、卸载和使用软件，以及遇到异常情况应当如何处理。

3. 用户文档集的测试总则

根据 GB/T 25000.10—2016 和 GB/T 25000.51—2016，对 RUSP 软件产品用户文档集的测试应当从用户文档集的可用性、内容、标识和标示、完备性、正确性、一致性、易理解性，以及产品质量——功能性、产品质量——兼容性、产品质量——易用性/易学性、产品质量——易用性/易操作性、产品质量——可靠性、产品质量——信息安全性、产品质量——维护性、使用质量——有效性、使用质量——效率、使用质量——满意度、使用质量——抗风险、使用质量——周境覆盖等方面进行检测。

4. 用户文档集的版本要求

提供检测的用户文档集应为当前有效版本。

5. 用户文档集的形式

应以纸质或可查阅的电子形式提供用户文档集。

6. 用户文档集的测试细则

为了更加明确对用户文档集测试的要求，具体化测试细则，下面根据标准中的每一个特性给出相应的测试内容及判定准则。

1）可用性

用户文档集对于该产品的用户应是可用的（5.2.1.1 条）。

测试内容

用户应能通过适宜的渠道查阅软件产品的用户文档集，如纸质文档和电子文档。

判定准则

通过：用户文档集满足以上条款。

不通过：用户文档集不满足以上条款。

2）内容

用户文档集包括的功能应是可测试的或者可验证的（5.2.2.1 条）。

测试内容

① 用户文档集中不应出现非量化的、现有技术不能测试或验证的表述。

② 若存在不能测试或验证的表述，则应提供相关证明证实表述内容的真实性。

判定准则

通过：用户文档集满足以上①或②条。

不通过：用户文档集不满足以上①～②条。

3）标识与标示

（1）用户文档集应显示唯一的标识（5.2.3.1 条）。

🔸 **测试内容**

在用户文档集的封面、页眉/页脚或其他地方应显示其唯一的标识，并且该标识是单独的，没有包含在其他内容中。标识可用文字、符号、数字等表示。

🔸 **判定准则**

通过：用户文档集满足以上条款。

不通过：用户文档集不满足以上条款。

（2）RUSP 应以其产品标识指称（5.2.3.2 条）。

🔸 **测试内容**

软件产品的名称可以根据其实际功能来命名，软件版本号的定义分为 3 项：<主版本号>.<次版本号>.<修改版本号>。

🔸 **判定准则**

通过：用户文档集满足以上条款。

不通过：用户文档集不满足以上条款。

（3）用户文档集应包括供方的名称和邮政或网络地址（5.2.3.3 条）。

🔸 **测试内容**

① 用户文档集中应有供方和至少一家供货商的名称和地址信息。

● 适用时，供货商也包含电子商务供货商和零售商。

● 地址可以是邮政的或网络的。

② 当软件的供方和供货商相同时，用户文档集中应有相关的说明，并给出其名称和地址信息。

🔸 **判定准则**

通过：用户文档集满足以上①～②中的一条。

不通过：用户文档集不满足以上①～②条。

（4）用户文档集应标识所描述软件能完成的预期工作任务和服务（5.2.3.4 条）。

🔸 **测试内容**

用户文档集中应说明软件实现的功能、提供的服务。

> **判定准则**

通过：用户文档集满足以上条款。

不通过：用户文档集不满足以上条款。

（5）标识与标示总体判定。

> **测试内容**

测试以上（1）～（4）的判定结论。

> **判定准则**

通过：以上4个判定结论均为"通过"。

不通过：在以上4个判定结论中有"不通过"结论。

4）完备性

（1）用户文档集应说明在产品说明中陈述的所有功能以及最终用户能调用的所有功能（5.2.4.2条）。

> **测试内容**

① 用户文档集应说明在产品说明中陈述的所有功能能完成的任务和操作步骤。

② 用户文档集应说明最终用户可调用的所有功能。

最终用户可调用的功能：用户能够进行操作、控制的功能，如用户登录、信息查询等。

最终用户不可调用的功能：操作系统对软件的自动备份功能等。

> **判定准则**

通过：用户文档集满足以上①～②条。

部分通过：用户文档集满足以上①～②中的一条。

不通过：用户文档集不满足以上①～②条。

（2）用户文档集应列出已处理处置、会引起应用系统失效或终止的差错和失效，特别是列出那些最终导致数据丢失的应用系统终止的情况（5.2.4.3条）。

> **测试内容**

① 若软件在运行过程中出现失效（或差错），则用户文档集应对失效（或差错）的功能、严重程度进行阐述，并给出正确的操作步骤。

② 若软件在运行过程中没有失效（或差错），则用户文档集应对软件采取的避免失效的措施进行说明。

> **判定准则**

通过：用户文档集满足以上①～②条。

部分通过：用户文档集满足以上①~②中的一条。

不通过：用户文档集不满足以上①~②条。

（3）对于所有关键的软件功能（失效后会对安全产生影响或会造成重大财产损失或社会损失的软件），用户文档集应提供完备的指导信息和参考信息（5.2.4.5 条）。

测试内容

① 关键功能的细则信息可以包括操作、输入/输出、误操作造成的影响等。

② 关键功能的参考信息可为典型的实例等。

判定准则

通过：用户文档集满足以上①~②条。

部分通过：用户文档集满足以上①~②中的一条。

不通过：用户文档集不满足以上①~②条。

（4）用户文档集应陈述安装所要求的最小磁盘空间（5.2.4.6 条）。

测试内容

用户文档集中应对软件安装所需要的最小磁盘空间进行说明，如运行该软件硬盘空间至少大于 1GB 等。

判定准则

通过：用户文档集满足以上条款。

不通过：用户文档集不满足以上条款。

（5）对用户要执行的应用管理职能，用户文档集应包括所有必要的信息（5.2.4.7 条）。

应用管理职能指由用户履行的职能，包括安装、配置、应用备份、维护（修补及升级）和卸载。

测试内容

① 软件安装所需的操作系统和版本，以及其他的支撑软件（如 jdk 等）。

② 用户文档集应对软件的安装步骤、配置过程进行说明，并有安装成功的提示信息。例如，如何更改数据库的参数实现数据库的连接、如何配置软件运行环境等。

③ 若能够提供软件的维护升级服务，应注明所提供的服务的内容和形式。例如，能够通过安装补丁包的形式为软件提供升级服务。若不能，则应对具体情况进行说明。例如，该软件不提供升级服务。

④ 卸载方法及步骤，以及卸载成功后的提示信息。

⑤ 若软件有应用备份功能（含操作系统的备份功能），用户文档集应该对其具体的操作步骤进行阐述。

判定准则

通过：用户文档集满足以上①～⑤条。

部分通过：用户文档集不满足以上①～⑤中的一条。

不通过：用户文档集不满足以上①～⑤中的 2 条或 2 条以上。

（6）如果用户文档集分为若干部分提供，那么在该集合中至少有一处应标识出所有部分（5.2.4.8 条）。

测试内容

若用户文档集由若干部分组成，则其中应有一处能够标识出所有部分。

判定准则

通过：用户文档集满足以上条款或者该条款不适用。

不通过：用户文档集不满足以上条款。

（7）用户文档集应给出必要数据的备份和恢复指南（该条体现在易恢复性中）（5.2.4.4 条）。

测试内容

① 适用时，用户文档集须指明软件必要数据的备份和恢复功能的步骤。

② 若软件不需要数据的备份和恢复，则应给出相关声明。

判定准则

通过：用户文档集满足以上①或②条。

不通过：用户文档集不满足以上①～②条。

（8）完备性总体判定。

测试内容

测试以上（1）～（7）的判定结论。

判定准则

通过：用户文档集的以上 7 个判定结论均为"通过"。

部分通过：在用户文档集的以上 7 个判定结论中，有"部分通过"且无"不通过"结论。

不通过：在用户文档集的以上 7 个判定结论中有"不通过"结论。

5）正确性

用户文档集中的所有信息对主要的目标用户应是恰当的（5.2.5.1 条）。用户文档集不应有歧义的信息（5.2.5.2 条）。

测试内容

① 用户文档集中包含的所有信息都应与软件相符合。

② 用户文档集中没有歧义和错误的表达。

判定准则

通过：用户文档集满足以上①～②条。

不通过：用户文档集不满足①～②中的一条。

6）一致性

用户文档集中的各文档不应自相矛盾、互相矛盾以及与产品说明相矛盾（5.2.6 条）。

测试内容

① 用户文档集各文档之间，在说明同一内容时，不应相互矛盾。

② 同一文档集的内容不能相互矛盾。

③ 用户文档集不与产品说明相矛盾。

判定准则

通过：用户文档集满足以上①～③条。

不通过：用户文档集不满足以上①～③中的一条。

7）易理解性

（1）用户文档集应采用该软件特定读者可理解的术语和文体，使其容易被 RUSP 主要针对的最终用户群理解（5.2.7.1 条）。

测试内容

① 用户文档集中的术语、首字母缩写应被定义且能够使软件特定的读者理解。例如，财务会计软件，要求其用户文档集中的术语应能被财务会计从业人员所理解。

② 采用的文体应该简单、清晰。

判定准则

通过：用户文档集满足以上①～②条。

不通过：用户文档集不满足以上①～②中的一条。

（2）应通过编排后的文档清单为用户理解本文档集提供便利（5.2.7.2 条）。

测试内容

当用户文档集由多个文档组成时，应该有对应的文档清单。

> **判定准则**

通过：当用户文档集由多个文档组成时，满足以上条款。

不通过：当用户文档集由多个文档组成时，不满足以上条款。

（3）易理解性总体判定

> **测试内容**

测试以上（1）～（2）的判定结论。

> **判定准则**

通过：用户文档集的以上 2 个判定结论均为"通过"。

不通过：在用户文档集的以上 2 个判定结论中有"不通过"结论。

8）产品质量——功能性

用户文档集中应陈述产品说明中所列的所有限制（5.2.8 条）。

> **测试内容**

① 用户文档集中陈述的产品说明中的限制。

② 若产品说明中没有给出限制信息，则用户文档集中应有相关的声明。

> **判定准则**

通过：用户文档集满足以上①或②条。

不通过：用户文档集不满足以上①～②条。

9）产品质量——兼容性

（1）用户文档集中应提供必要的信息以标识使用该软件的兼容性要求（5.2.9.1 条）。

> **测试内容**

① 共存性：用户文档集须对软件产品在同样环境下，替代另一个相同用途的指定软件产品的能力进行说明。例如，列举出与软件兼容的软件和不兼容的软件等。

② 互操作性：两个或多个系统、产品或组件能够交换信息并使用已交换的信息的程度。例如，一个程序能否在两个或两个以上的不同系统中相互传递信息。

③ 兼容性的依从性：产品或系统遵循与兼容性相关的标准、约定或法规以及类似规定的程度，并提供证据（可为有资质的独立评价方提供的相关证明）。

> **判定准则**

通过：用户文档集满足①～③的全部或适用的部分内容。

不通过：在适用的情况下用户文档集没有给出说明。

（2）用户文档集应以适当的引用文档指明 RUSP 在何处依赖于特定的软件和（或）硬件

（5.2.9.2 条）。

测试内容

用户文档集中应说明软件在具体位置依赖的特定软件或硬件，如数据库等。

判定准则

通过：用户文档集满足以上条款。

不通过：用户文档集不满足以上条款。

（3）当用户文档集引证已知的、用户可调用的与其他软件的接口时，则应标识出这些接口或软件（5.2.9.3 条）。

测试内容

用户文档集中应说明用户在使用软件时调用的接口以及软件，如命令接口、图形接口等。

判定准则

通过：用户文档集满足以上条款。

不通过：用户文档集不满足以上条款。

（4）兼容性总体判定。

测试内容

测试以上（1）～（3）的判定结论。

判定准则

通过：用户文档集的以上 3 个判定结论均为"通过"。

不通过：在用户文档集的以上 3 个判定结论中有"不通过"结论。

10）产品质量——易用性/易学性

用户文档集应为用户学会如何使用该软件提供必要的信息（5.2.10 条）。

测试内容

① 各功能的操作方法。

② 常见问题的解决方法。

③ 帮助机制的使用方法。

判定准则

通过：用户文档集满足以上①～③条。

不通过：用户文档集不满足以上①～③中的一条。

常见问题

通常第①条所要求的内容体现在功能性陈述中。

11）产品质量——易用性/易操作性

若用户文档集不以印刷的形式提供，则文档集应指明是否可以被打印；如果可以打印，那么应指出如何获得打印件（5.2.11.1 节）。卡片和快速参考指南以外的用户文档集应给出目次（或主题词列表）和索引（5.2.11.2 节），用户文档集应对所用到的术语和缩略语加以定义，以便用户可以理解文档中的用词（5.2.11.3 节）。

测试内容

① 用户文档集可用打印、印刷的形式提供，也可用能打印的电子版形式提供。

② 若用户文档集是以用户使用手册、用户操作手册等非卡片和快速指南的形式提供的，须要给出目次（或主题词列表）和索引信息。

③用户文档集中不常用的、专业的术语和首字母缩略语应该被解释，以便用户理解。

判定准则

通过：用户文档集满足以上①～③条。

不通过：用户文档集不满足以上①～③中的一条。

12）产品质量——可靠性

用户文档集应说明可靠性特征及其操作（5.2.12 条）。

可靠性特征包括成熟性、可用性、容错性、易恢复性和可靠性的依从性。

测试内容

① 成熟性：用户文档集须陈述软件产品在满足其要求的软/硬件环境或其他特殊条件（如一定的负载压力）下使用时，为用户提供相应服务的能力，如软件的故障密度、缺陷严重程度、完整性级别等。

② 可用性：系统、产品或组件在正常运行时满足可靠性要求的程度，可用系统、产品或组件在总时间中处于可用状态的百分比进行外部评估。

③ 容错性：用户文档集须陈述软件在由于非法数据、非法操作、误操作等原因导致无法正确运行和参数传递出现错误的情况下，能否为用户提供相应服务的能力。

④ 易恢复性：用户文档集须陈述在软件发生失效的情况下，采取何种措施重建为用户提供相应服务和恢复直接受影响数据的能力。

软件失效的典型表现和避免软件失效的常见措施见 4.2.1 节中第 5 点下面的 9 项。

⑤ 可靠性的依从性：用户文档集中须对软件产品遵循与可靠性相关的标准、约定、法规的能力进行说明，并提供依从的证据（可为有资质的独立评价方提供的相关证明）。

判定准则

通过：用户文档集满足以上①～⑤条的全部或适用的部分内容。

不通过：在适用的情况下用户文档集没有给出相关说明。

13）产品质量——信息安全性

用户文档集应对用户管理的每一项数据所对应的软件信息安全级别给出必要的信息（5.2.13 条）。

测试内容

① 保密性：产品须确保用户被授权后才能访问数据。

② 完整性：保护信息保持原始的状态，使信息保持其真实性。

③ 抗抵赖性：在网络环境中，信息交换的双方不能否认其在交换过程中发送信息或接收信息的行为。

④ 可核查性：根据用户在系统中的活动可追溯到用户。

⑤ 真实性：系统可判断信息来源的真假，如证书等。

⑥ 信息安全性的依从性：用户文档集中须对软件产品遵循与可靠性相关的标准、约定、法规以及类似规定的能力进行说明，并提供依从的证据（可为有资质的独立评价方提供的相关证明）。

判定准则

通过：用户文档集满足以上①～⑥条的全部或适用的部分内容，或者该条款不适用。

不通过：在适用的情况下用户文档集没有给出相关说明。

14）产品质量——维护性

用户文档集应陈述是否提供维护。如果提供维护，那么用户文档应陈述和软件发布计划相应的维护服务（5.2.14 条）。

测试内容

① 模块化：由多个独立组件组成的系统或计算机程序，其中一个组件的变更对其他组件基本没有或有较小影响。

② 可重用性：信息可被应用到多个系统中，或被用于其他的建设中，如支付宝关联银行等。

③ 易分析性：用户文档集须对软件产品诊断软件中的缺陷或失效原因或识别待修改部分的能力进行说明。例如，软件是否支持失效诊断功能、状态监听功能等。

③ 易修改性：用户文档集须对软件产品使指定的修改可以被实现的能力进行说明。例如，是否容易对软件进行升级等。

④ 易测试性：用户文档集须对软件产品使已修改软件能被确认的能力进行说明。例如，

软件的测试环境是否容易搭建等。

⑤ 维护性的依从性：用户文档集中须对软件产品遵循与维护性相关的标准、约定、法规的能力进行说明，并提供依从的证据（可为有资质的独立评价方提供的相关证明）。

判定准则

通过：用户文档集应满足①～⑥条的全部或适用的部分内容或者该条款不适用。

不通过：在适用的情况下用户文档集没有给出相关说明。

15）使用质量——有效性

用户文档集应能帮助用户达到产品说明所陈述的使用质量有效性的目标（5.2.15 条）。

测试内容

① 用户文档集应描述用户实现指定目标的准确性和完备性。

② 应对用户指明为实现特定目标产品所遵循的任何依从性基准。

判定准则

通过：用户文档集满足以上①～②条或者该条款不适用。

不通过：在适用的情况下用户文档集没有给出相关说明。

16）使用质量——效率

用户文档集应能帮助用户达到产品说明陈述的使用质量有效性的目标（5.2.16 条）。

测试内容

用户文档集应指明与用户实现目标的准确性和完备性相关的资源消耗；应指明该 RUSP 预定是在单一系统上供多个并发最终用户使用，还是供一个最终用户使用，并且应说明在所要求的系统的所陈述的性能级别上可行的最大并发最终用户数；应说明用户实现特定目标所需的资源信息。

判定准则

通过：用户文档集满足以上条款或者该条款不适用。

不通过：在适用的情况下用户文档集没有给出相关说明。

17）使用质量——满意度

用户文档集应能帮助用户达到产品说明陈述的使用质量满意度的目标（5.2.17.1 条）。用户文档集应提供供方的联系方式，以便用户反馈满意度信息（5.2.17.2 条）。

测试内容

用户文档集应考虑有用性、可信性、愉悦性和舒适性；同时应提供供方的联系方式，以便用户为了满意地使用该产品而联系他们。

⟫ 判定准则

通过：用户文档集满足以上条款。

不通过：用户文档集不满足以上条款。

18）使用质量——抗风险

用户文档集应能帮助用户达到产品说明陈述的使用质量抗风险的目标（5.2.18 条）。

⟫ 测试内容

用户文档集应考虑经济风险缓解性、健康和安全风险缓解性和环境风险缓解性；在软件的使用存在已知的风险或需要特殊培训的情况下，用户文档集中应包括非公开信息。

⟫ 判定准则

通过：用户文档集满足以上条款。

不通过：用户文档集不满足以上条款。

19）使用质量——周境覆盖

用户文档集应能帮助用户达到产品说明中陈述的使用质量周境覆盖的目标（5.2.19 条）。

⟫ 测试内容

① 用户文档集应考虑周境完备性和灵活性。

② 如果用户文档集中包括依从性的信息，该依从性的覆盖范围应明确说明。

⟫ 判定准则

通过：用户文档集满足以上①～②条。

不通过：用户文档集不满足以上①～②中的一条。

20）用户文档集总体判定

⟫ 测试内容

测试以上 1）～19）的判定结论。

⟫ 判定准则

通过：在用户文档集的以上 19 个的判定结论中，没有"不通过"结论。

不通过：在用户文档集的以上 19 个的判定结论中，有"不通过"结论。

4.2.3　软件质量要求

1. 软件质量的定义

软件质量是反映软件系统或软件产品满足明确或隐含需求的能力有关的特性的总和。

2. 软件质量的测试总则

对软件产品质量的测试主要是为了向用户提供软件的置信度，即软件产品是否能按所提供的和交付的说明（如产品说明、用户文档集等）运行，不涉及生产过程。测试内容包括软件功能性、性能效率、兼容性、易用性、可靠性、信息安全性、维护性、可移植性等。

软件质量测试中涉及检查软件与用户文档集或产品说明是否相符合的情况时，若用户文档集或产品说明中包含不适用项，则该项做"不适用"处理，不影响判定结论。

软件质量测试中参与整体判定的不适用项，不做"通过"或"不通过"项处理，而在判定时，将其排除在外，不影响整体的判定结论。

功能点指软件提供的不可分割的最小服务。

3. 软件的版本要求

测试的软件版本应与其提供的产品说明、用户文档集匹配。

4. 软件质量的测试细则

1）产品质量——功能性

（1）适合性。

① 安装之后，软件的功能是否能够完成应是可识别的（5.3.1.1 条）。

测试内容

软件安装后，软件所呈现的功能应是可以识别的，能够在支持的环境中正常运行并且完成规定的工作任务。

正常运行指软件在运行过程中没有出错，能完成规定的任务，如应用软件的删除功能，能够成功实现数据的删除。

判定准则

通过：软件产品满足以上条款。

不通过：软件产品不满足以上条款。

② 在给定的限制范围内，使用相应的环境设施、器材和数据，用户文档集中所陈述的所有功能应是可执行的（5.3.1.2 条）。由遵循用户文档集的最终用户对软件操作进行的控制与软件的行为应是一致的（5.3.1.5 条）。

测试内容

a. 最终用户根据用户文档集的指导对软件进行控制与操作，应能够成功完成规定的任务。

b. 软件应能够在用户文档集中要求的限制范围和环境下，使用相应的环境设施、器材和数据实现其陈述的功能。

▶ 判定准则

通过：软件产品满足以上 a～b 条。

不通过：软件产品不满足以上 a～b 中的一条。

③ 软件应符合产品说明所引用的任何需求文档中的全部需求（5.3.1.3 条）。

▶ 测试内容

若产品说明中有引用的需求文档，应对软件的符合性进行检查，软件应满足产品说明中所引用的需求文档的全部要求。

▶ 判定准则

通过：软件产品满足以上条款或者该条款不适用。

不通过：在适用的情况下软件产品不满足以上条款。

④ 软件不应自相矛盾，并且不与产品说明和用户文档集矛盾（5.3.1.4 条）。

▶ 测试内容

a. 软件不应出现的自相矛盾包括操作的矛盾、表述的矛盾（如文字和图形的表述矛盾）等。

- 操作矛盾：在输入和操作相同时，产生不同的输出。
- 文字矛盾：在软件界面或帮助等具有文字描述的地方，对同一功能的描述不一致。
- 图形矛盾：不同的功能用相同的图形表示。

b. 凡是产品说明、用户文档集中提到的特性都应与软件保持一致。这些特性包括功能、操作、输入/输出的限制条件等。

- 功能和操作：软件中应具有产品说明和用户文档集中声明的功能，且其操作过程应与声明的一致。
- 输入/输出的限制条件：在用户文档集和产品说明中声明的输入/输出范围内，软件应能够完成规定的任务；在输入/输出范围外，软件应拒绝执行相关操作。

▶ 判定准则

通过：软件产品满足以上 a～b 条。

不通过：软件产品不满足以上 a～b 中的一条。

⑤ 功能的充分性。

充分性指被判定的功能的充分程度，即测试的功能数中，正确功能数所占的比例。

▶ 测试内容

统计出软件中被判定的功能数 Y，判定中检测出有问题的功能数 Z，功能的充分性 $X=1-Z/Y$。

软件中被判定的功能数即被测试的软件功能点的个数，功能点的划分见 4.2.3 节中的第 2 点。

判定准则

通过：$X \geqslant 98\%$ 或达到相关约定（如任务书、合同书等文档）的要求。

不通过：$X < 98\%$ 或没有达到相关约定的要求。

例如，判定的软件功能数 $Y=100$，有问题的功能数 $Z=3$，则 $X=97\%$。

⑥ 功能实现的完整性。

功能实现的完整性指需求规格说明书或其他技术说明书中有关软件功能要求的在软件中被实现的情况。

测试内容

统计出需求规格说明书或其他技术说明书中所要求的功能数 Y，软件中缺少的功能数 Z，则功能实现的完整性 $X=1-Z/Y$。

判定准则

通过：$X \geqslant 98\%$ 或达到相关约定（如任务书、合同书等文档）的要求。

不通过：$X < 98\%$ 或没有达到相关约定的要求。

例如：需求规格说明书中声明的功能数 $Y=100$，软件中呈现的功能数是 98，则功能实现的完整性 $X=1-2/100=98\%$。

⑦ 功能实现的覆盖率。

功能实现的覆盖率指功能实现的正确程度，即不能正确实现或缺少的功能数占需求规格说明书或其他技术说明书中所规定的功能数的百分比。

测试内容

统计出需求规格说明书或其他技术说明书中所陈述的功能数 Y，以及软件不能正确实现或未完成的功能数 Z，则功能实现的覆盖率 $X=1-Z/Y$。

判定准则

通过：$X \geqslant 95\%$ 或达到相关约定（如任务书、合同书等文档）的要求。

不通过：$X < 95\%$ 或没有达到相关约定的要求。

例如，需求规格说明书中声明的功能数 $Y=100$，不正确的功能数为 3，缺少的功能数为 2，则 $Z=5$，功能实现的覆盖率 $X=1-5/100=95\%$。

⑧ 适合性总体判定。

测试内容

测试以上①～⑦的判定结论。

🔗 **判定准则**

通过：软件产品的以上 7 个判定结论均为"通过"。

不通过：在软件产品的以上 7 个判定结论中有"不通过"结论。

（2）准确性。

① 预期的准确性。

预期的准确性指实际的与预期合理的结果之间的差别是否可接受。

🔗 **测试内容**

执行输入与输出的测试用例时，实际输出应与预期输出一致。

🔗 **判定准则**

通过：软件产品满足以上条款。

不通过：软件产品不满足以上条款。

② 计算的准确性、精度。

计算的准确性、精度指最终用户得到结果的准确性和精度的情况。

🔗 **测试内容**

根据产品说明和用户文档集中陈述的功能项，进行抽样测试，软件的输出结果和输出精度都应符合相关文档的要求。

抽样样本的大小可由被测软件的大小决定。

🔗 **判定准则**

通过：软件产品满足以上条款。

不通过：软件产品不满足以上条款。

③ 准确性总体判定。

🔗 **测试内容**

测试以上①～②的判定结论。

🔗 **判定准则**

通过：软件产品的以上 2 个判定结论均为"通过"。

不通过：在软件产品的以上 2 个判定结论中有"不通过"结论。

（3）互操作性。

数据的可交换性（基于数据格式）。

数据的可交换性（基于数据格式）指对于规定的数据传输，交换接口的功能是否能正确实现。

测试内容

产品说明和用户文档集中声明的数据格式和交换接口都应实现。

判定准则

通过：软件产品满足以上条款或者该条款不适用。

不通过：在适用的情况下软件产品不满足该条款。

（4）安全保密性。

指软件中带有安全保密问题的功能或事件的情况，包括防止安全保密输出信息或数据的泄露、防止重要数据的丢失和防止非法的访问或非法的操作。

① 访问的可审核性。

访问的可审核性指审核追踪用户访问系统和数据的完整程度。

测试内容

对访问历史数据的记录情况，例如，软件中是否有记录用户的登录时间、登录次数和历史操作等功能。

判定准则

通过：软件产品满足以上条款或者该条款不适用。

不通过：在适用的情况下软件产品不满足以上条款。

② 访问的控制性。

访问的控制性指对系统访问的控制程度。

测试内容

软件为防止信息泄露、丢失、非法访问和非法操作对系统的访问情况进行的控制，如分权限登录系统等。

判定准则

通过：软件产品满足以上条款或者该条款不适用。

不通过：在适用的情况下软件产品不满足以上条款。

③ 安全保密性总体判定。

测试内容

测试以上①～②的判定结论。

判定准则

通过：以上 2 个判定结论均为"通过"。

不通过：在以上 2 个判定结论中有"不通过"结论。

（5）功能性的依从性（包括界面标准的依从性）。

① 功能性的依从性。

测试内容

适用时，软件应能够达到与功能性相关的标准、约定、法规的要求。例如，对信息安全要求比较高的软件，可能包括安全数据库、安全操作系统等信息安全类标准。

判定准则

通过：软件产品满足以上条款或者该条款不适用。

不通过：在适用的情况下软件产品不满足以上条款。

② 界面标准的依从性。

测试内容

适用时，软件应能够达到有关界面应遵循的标准、约定、法规的要求。

判定准则

通过：软件产品满足以上条款或者该条款不适用。

不通过：在适用的情况下软件产品不满足以上条款。

③ 功能性的依从性总体判定。

测试内容

测试以上①～②的判定结论。

判定准则

通过：以上 2 个判定结论均为"通过"。

不通过：在以上 2 个判定结论中有"不通过"结论。

（6）功能性总体判定。

测试内容

测试以上（1）～（5）的判定结论。

判定准则

通过：以上 5 个判定结论均为"通过"。

不通过：在以上 5 个判定结论中有"不通过"结论。

2）产品质量——性能效率

（1）软件应符合产品说明中有关效率的陈述（5.3.2.1 条）。

① 响应时间。

🏹 **测试内容**

a. 对于产品说明中声明有响应时间的业务均应进行测试，且所有业务的响应时间指标能达到产品说明的要求。

b. 对每个业务点响应时间指标的测试，应分别模拟轻度并发、中度并发、重度并发进行测试，且不同并发程度的测试结果都应达到产品说明的要求。轻度并发、中度并发和重度并发的范围：轻度并发≤用户平均在线数<中度并发≤用户最高峰在线数<重度并发≤用户总量。

🏹 **判定准则**

通过：软件产品满足以上 a～b 条或者该条款不适用。

不通过：在适用的情况下软件产品不满足以上 a～b 中的一条。

注意，由于测试运行环境（软件、硬件、数据等）会直接影响测试结果，所以需要特别说明测试结果数据取得时的测试运行环境。并发程度分级应结合特定的业务模型确立。

② 吞吐率（每秒处理的业务数量）。

🏹 **测试内容**

a. 对于产品说明中声明的每一个业务的吞吐率均应被测试覆盖，且所有业务吞吐率指标均达到产品说明中的要求。

b. 对每个业务点吞吐率指标的测试，应分别模拟轻度并发、中度并发、重度并发进行测试。若另有其他要求，则根据要求进行测试，但所有测试结果均应达到产品说明中的要求。

🏹 **判定准则**

通过：软件产品满足以上 a～b 条或者该条款不适用。

不通过：在适用的情况下软件产品不满足以上 a～b 中的一条。

③ 资源利用性。

🏹 **测试内容**

a. 对于产品说明中声明的每一种并发压力下服务器资源利用率要求均应被测试覆盖，所有资源利用率指标达到产品说明中的要求。

b. 分别模拟轻度并发、中度并发、重度并发进行测试，若另有其他要求，则根据要求进行测试，但所有测试结果均应达到产品说明中的要求。

🏹 **判定准则**

通过：软件产品满足以上 a～b 条或者该条款不适用。

不通过：在适用的情况下软件产品不满足以上 a～b 中的一条。

注意，当资源利用率指标涉及混合业务时，应根据业务建模结果规划测试场景。

④ 容量。

🏹 **测试内容**

对于产品说明中每一个运行状态下所占存储容量的大小应该满足达到产品说明中的要求。

🏹 **判定准则**

通过：软件产品满足以上条款或者该条款不适用。

不通过：在适用的情况下软件产品不满足以上条款。

⑤ 总体判定。

🏹 **测试内容**

上面①～④的判定结论。

🏹 **判定准则**

通过：以上 4 个判定结论均为"通过"。

不通过：在以上 4 个判定结论中有"不通过"结论。

（2）效率的依从性。

🏹 **测试内容**

适用时，软件应能够达到有关效率的标准、约定、法规的要求。

🏹 **判定准则**

通过：软件产品满足以上条款或者该条款不适用。

不通过：在适用的情况下软件产品不满足以上条款。

（3）性能效率的总体判定。

🏹 **测试内容**

测试以上（1）～（2）的判定结论。

🏹 **判定准则**

通过：以上 2 个判定结论均为"通过"。

不通过：在以上 2 个判定结论中有"不通过"结论。

3）产品质量——兼容性

（1）若用户可以进行安装操作，则软件应提供一种方式来控制已安装组件的兼容性。

（5.3.3.1 条）

📎 **测试内容**

适用时，如果用户可以进行安装操作，软件应能够控制已安装组件的兼容性。

📎 **判定准则**

通过：软件产品满足以上条款或者该条款不适用。

不通过：在适用的情况下软件产品不满足以上条款。

（2）软件应按照用户文档集和产品说明中所定义的兼容性特征来执行（5.3.3.2条）。

📎 **测试内容**

适用时，软件是否可以按照用户文档集和产品说明中所定义的兼容性特征来执行。

📎 **判定准则**

通过：软件产品满足以上条款或者该条款不适用。

不通过：在适用的情况下软件产品不满足以上条款。

（3）如果软件需要提前配置环境和参数以执行已定义的兼容性，应在用户文档集中明确说明（5.3.3.3条）。

📎 **测试内容**

适用时，如果软件因为要执行已经定义的兼容性而需要提前配置环境和参数，应该在用户文档集中明确说明。

📎 **判定准则**

通过：软件产品满足以上条款或者该条款不适用。

不通过：在适用的情况下软件产品不满足以上条款。

（4）在用户文档集中应明确指明兼容性、功能、数据或者流的类型（5.3.3.4条）。

📎 **测试内容**

适用时，软件应该在用户文档集中说明了兼容性、功能、数据或者流的类型。

📎 **判定准则**

通过：软件产品满足以上条款或者该条款不适用。

不通过：在适用的情况下软件产品不满足以上条款。

（5）软件应该能识别出哪个组件负责兼容性（5.3.3.5条）。

📎 **测试内容**

适用时，软件应该能够识别出来哪个组件负责兼容性。

➤ **判定准则**

通过：软件产品满足以上条款或者该条款不适用。

不通过：在适用的情况下软件产品不满足以上条款。

（6）如果用户可以进行安装操作，且软件在安装时对组件有共存性的约束条件，那么在安装前应予以明示（5.3.3.6 条）。

➤ **测试内容**

适用时，软件是否在用户安装之前明示软件在安装时对组件有共存性的约束条件。

➤ **判定准则**

通过：软件产品满足以上条款或者该条款不适用。

不通过：在适用的情况下软件产品不满足以上条款。

（7）互操作性。

数据的可交换性（基于数据格式）。

数据的可交换性（基于数据格式）指对于规定的数据传输，交换接口的功能是否能正确实现。

➤ **测试内容**

产品说明和用户文档集中声明的数据格式和交换接口都应实现。

➤ **判定准则**

通过：软件产品满足以上条款或者该条款不适用。

不通过：在适用的情况下软件产品不满足该条款。

（8）兼容性总体判定。

➤ **测试内容**

测试以上（1）～（7）的判定结论。

➤ **判定准则**

通过：以上 7 个判定结论均为"通过"。

不通过：在以上 7 个判定结论中有"不通过"结论。

4）产品质量——易用性

该特性的测试指测量软件能否被理解，是否易于学习和操作、能否被吸引，以及遵循易用性法规和指南的程度。

（1）易理解性。

指评估新的用户能否理解软件是否合适和怎样用它去完成特殊任务。

① 描述的完整性。

测试内容

以测试人员的技术能力为调查的样本，对用户文档和产品说明中声明的关键功能进行抽样，根据文档中对功能的描述运行软件，应能成功完成规定的任务。

判定准则

通过：软件产品满足以上条款。

不通过：软件产品不满足以上条款。

② 演示的获得性。

测试内容

软件应有演示帮助信息，如提供在线视频、远程协助等。

判定准则

通过：软件产品满足以上条款。

不通过：软件产品不满足以上条款。

③ 用户在看到产品说明或者第一次使用软件后，应能确认产品或系统是否符合其需要（5.3.4.1 条）。有关软件执行的各种问题、消息和结果都应是易理解的（5.3.4.2 条）；出自软件的消息应设计成使最终用户易于理解的形式（5.3.4.4 条）；屏幕输入格式、报表和其他输出对用户来说应是清晰且易理解的（5.3.4.5 条）。

测试内容

a. 软件应恰当地选择术语、图形表示，提供背景信息、帮助功能等帮助用户对软件的理解。

b. 软件的输入/输出和消息都应是清晰且易于理解的，同时输入/输出的格式、符号和内容应为可理解的。

c. 消息应为易于阅读的和无歧义的，消息包括确认、查询警告、出错信息等。

d. 软件在使用的时候应该符合其需求。

判定准则

通过：软件产品满足以上 a~d 条所列情况。

不通过：软件产品不满足以上 a~d 中的一条。

④ 易理解性总体判定。

测试内容

测试以上①~③的判定结论。

判定准则

通过：以上①～③的结论均为"通过"。

部分通过：在以上①～③的结论中有 1 个为"不通过"。

不通过：在以上①～③的结论中有 2 个为或多个为"不通过"。

（2）易学性。

指评估用户要用多长时间才能学会如何使用某一特殊的功能，及评估它的帮助系统和文档的有效性。

所用的用户文档和帮助机制的有效性。

测试内容

用户使用了用户文档或帮助机制应能正确完成任务，即当借助用户接口、帮助功能或用户文档集提供的手段，最终用户应能够学习如何使用某一个功能（5.3.4.7 条）。

判定准则

通过：软件产品满足以上条款。

不通过：软件产品不满足以上条款。

（3）易操作性。

指评估用户操作和控制软件的便利程度。

① 在使用中操作的一致性。

测试内容

软件中不应有与用户期望不一致的不可接受的消息或功能，如提示信息与操作不一致、对功能的操作不能完成预期的任务等。

判定准则

通过：软件产品满足以上条款。

不通过：软件产品不满足以上条款。

② 使用中的错误纠正。

测试内容

在操作错误时，应能够撤销原来的操作或重新执行任务。

判定准则

通过：软件产品满足以上条款。

不通过：软件产品不满足以上条款。

③ 使用中默认值的可用性。

🔰 **测试内容**

用户文档集、产品说明和软件中的默认值（除时间部分）都应是可用的。

🔰 **判定准则**

通过：软件产品满足以上条款。

不通过：软件产品不满足以上条款。

④ 易定制性。

🔰 **测试内容**

适用时，用户应能够定制软件的操作流程，如 Word 中的自定义工具栏。

🔰 **判定准则**

通过：软件产品满足以上条款或者该条款不适用。

不通过：在适用的情况下软件产品不满足以上条款。

⑤ 每个软件出错消息应指明如何改正差错或向谁报告差错（5.3.4.3 条）。

🔰 **测试内容**

软件在运行过程中发生错误时，应有指导用户如何改正差错或向谁报告的提示信息。例如，在安装了卡巴斯基软件的计算机上安装瑞星杀毒软件，则在安装时应有类似"您已经安装了其他杀毒软件，请卸载后再进行本软件的安装"的提示信息，而不是直接终止软件的安装。

🔰 **判定准则**

通过：软件产品满足以上条款或者该条款不适用。

不通过：在适用的情况下软件产品不满足以上条款。

⑥ 对具有严重后果的功能的执行应是可撤销的，或者软件应给出这种后果的明显警告，并且在这种命令执行前要求确认（5.3.4.6 条）。

🔰 **测试内容**

执行具有严重后果的删除、改写以及中止一个过长的处理操作时，该操作应是可逆的，或者有明显的警告和提示确认信息。如数据的删除在会影响数据库中的数据的情况下应该是可逆的或有提示信息的，导入新数据覆盖原有的数据时，应有相关的提示信息。

若删除的数据与数据库中的数据没有联系，则不具有严重后果。例如，在播放列表中删除某些歌曲。

🔰 **判定准则**

通过：软件产品满足以上条款或者该条款不适用。

不通过：在适用的情况下软件产品不满足以上条款。

⑦ 当遇有执行某一功能时，若响应时间超出通常预期限度，应告知最终用户（5.3.4.8 条）。

测试内容

若执行某项功能，在规定的时间内软件没有响应且会引起冲突时，应告知用户。如 B/S 结构的软件，由于网速问题使用户的请求无法得到响应时，会有一个连接超时的提示信息。

判定准则

通过：软件产品满足以上条款或者该条款不适用。

不通过：在适用的情况下软件产品不满足以上条款。

⑧ 每一种元素（数据媒体、文件等）均应带有产品标识，若含有两种以上的元素，则应附上标识号或标识文字（5.3.4.9 条）。

测试内容

与软件相关的元素应带有标识，若含有两种以上元素，还须带有标识号或文字。检测的元素可以是

a. 软件的载体，如光盘、软件包等。

b. 用户文档集。

c. 产品说明。

判定准则

通过：软件产品满足以上条款。

不通过：软件产品不满足以上条款。

⑨ 用户界面应该能使用户感觉愉悦和满意（5.3.4.10 条）。

测试内容

软件的界面应该使得用户感觉到愉悦和满意。

判定准则

通过：软件产品满足以上条款。

不通过：软件产品不满足以上条款。

⑩ 易操作性总体判定。

测试内容

测试以上①～⑨的判定结论。

判定准则

通过：以上 9 个判定结论均为"通过"。

不通过：在以上9个判定结论中有"不通过"。

（4）吸引性。

界面外观的易定制性。

用户对界面元素的满意程度。

⚡ 测试内容

软件界面不应出现乱码、不清晰的文字或图片等影响界面美观与用户操作的情形。

⚡ 判定准则

通过：软件产品满足以上条款。

不通过：软件产品不满足以上条款。

（5）易用性的依从性。

⚡ 测试内容

适用时，软件应能够达到有关易用性的标准、约定、法规的要求。

⚡ 判定准则

通过：软件产品满足以上条款或者该条款不适用。

不通过：在适用的情况下软件产品不满足以上条款。

（6）易用性总体判定。

⚡ 测试内容

测试以上（1）～（5）的判定结论。

⚡ 判定准则

通过：软件产品的以上5个判定结论均为"通过"。

不通过：在软件产品的以上5个判定结论中有"不通过"结论。

5）质量——可靠性

（1）软件必须按照用户文档集中产品定义的可靠性特征来执行（5.3.5.1条）。

① 成熟性。

指由于软件本身存在的故障而导致软件失效的可能程度。

（A）测试覆盖率。

⚡ 测试内容

测试覆盖率=测试期间执行的测试用例数÷获得充分测试覆盖率而要求的测试用例数。其中，"获得充分测试覆盖率而要求的测试用例数"指每个功能点最少要有一个用例。

判定准则

通过：软件产品测试覆盖率达到 100%或达到相关约定（如任务书、合同书等文档）的要求。

不通过：软件产品测试覆盖率未达到 100%或相关约定的要求。

（B）故障密度。

在一定的试验周期内检测出多少故障。

测试内容

故障密度=检测到的故障数目÷产品规模，其中，"检测到的故障数目"指 Bug 的数量，"产品规模"即功能点总数。

判定准则

通过：软件产品故障密度≤2%或达到相关约定（如任务书、合同书等文档）的要求。

不通过：软件产品故障密度＞2%或没有达到相关约定的要求。

（C）缺陷的严重程度。

测试内容

测试中发现的缺陷与下面所列缺陷严重程度之间的关系。

a. 没有检测到缺陷。

b. 微小的：一些小问题如有个别错别字、文字排版不整齐等，对功能几乎没有影响，软件产品仍可使用。

c. 一般的：不太严重的错误，如次要功能模块丧失、提示信息不够准确、用户界面差和操作时间长等。

d. 严重的：严重错误，指功能模块或特性没有实现，主要功能部分丧失，次要功能全部丧失，或致命的错误声明。

e. 致命的：致命的错误，造成系统崩溃、死机，或造成数据丢失、主要功能完全丧失等。

判定准则

通过：软件产品不存在以上 d 和 e 点所列的问题。

不通过：软件产品存在以上 d 或 e 点所列的问题。

（D）成熟性的总体判定。

测试内容

测试以上（A）～（C）的判定结论。

判定准则

通过：以上（A）～（C）结论均为"通过"。

部分通过：在以上（A）～（C）的结论中有1个结论为"不通过"。

不通过：在以上（A）～（C）的结论中有2个或2个以上结论为"不通过"。

② 容错性。

容错性指一旦发生运行故障或违反规定接口时，软件维持规定性能水平的能力。

（A）避免死机。

测试内容

测试过程中，软件应不会引起整个运行环境死机。

判定准则

通过：软件产品满足以上条款。

不通过：软件产品不满足以上条款。

（B）避免失效和抵御错误操作。

避免失效指能控制多少种故障模式（故障的表现形式）以避免关键性的或严重的失效。

测试内容

软件即使在所利用的容量高达规定的极限、企图利用超出规定极限的容量、由产品说明中列出的其他软件或由最终用户所造成的不正确输入、违背用户文档集中明确规定的细则的情况下，也能避免关键性或严重的失效。

判定准则

通过：软件产品满足以上条款。

不通过：软件产品不满足以上条款。

（C）与差错处置相关的功能应与产品说明和用户文档集中的陈述一致（5.3.5.2条）。

测试内容

软件中的设置事务的检查点、重做和还原功能、数据保存/恢复信息、避免失效措施、错误声明等应与产品说明和用户文档中的陈述一致。

判定准则

通过：软件产品满足以上条款。

不通过：软件产品不满足以上条款。

（D）在用户文档集陈述的限制范围内使用时，软件不应丢失数据（5.3.5.3条）。软件应识别违反句法条件的输入，并且不应作为许可的输入加以处理（5.3.5.4 条）。软件应具有从致命性错误中恢复的能力，并对用户来说是明显易懂的（5.3.5.5 条）。

测试内容

a. 在用户文档集陈述的限制范围之内对软件进行操作，不应丢失数据。

b. 当输入违反句法条件数据时，软件应有错误或警告提示信息，并且拒绝对错误数据进行处理。

c. 适用时，如果软件发生了致命错误，应该具有可以恢复的能力，并且对于用户来说是易懂的。

判定准则

通过：软件产品满足以上 a～c 条。

不通过：软件产品不满足以上 a～c 中的一条。

（E）容错性的总体判定。

测试内容

测试以上（A）～（D）的判定结论。

判定准则

通过：以上（A）～（D）的结论为"通过"。

部分通过：在以上（A）～（D）的结论中，有 1 个结论为"不通过"。

不通过：在以上（A）～（D）的结论中，有 2 个或 2 个以上结论为"不通过"。

③ 易恢复性。

指在失效的情况下，系统中的软件仍能重新建立适当的性能水平并恢复直接受影响的情况。

易恢复性的唯一测试项是"可重新启动性"。

测试内容

在要求的时间内系统应能重新启动并为用户提供服务。例如，在 1min 内，系统能够完成重启工作。

判定准则

通过：软件产品满足以上条款。

不通过：软件产品不满足以上条款。

④ 第（1）项的总体判定。

🔷 **测试内容**

测试以上①～③的判定结论。

🔷 **判定准则**

通过：在以上 3 个判定结论中没有"不通过"。

不通过：在以上 3 个判定结论中有"不通过"。

（2）可靠性的依从性。

🔷 **测试内容**

适用时，软件产品应能够达到有关可靠性的标准、约定、法规的要求。

🔷 **判定准则**

通过：软件产品满足以上条款或者该条款不适用。

不通过：在适用的情况下软件产品不满足以上条款。

（3）可靠性总体判定。

🔷 **测试内容**

测试以上（1）～（2）的判定结论。

🔷 **判定准则**

通过：以上 2 个判定结论均为"通过"。

不通过：在以上 2 个判定结论中有"不通过"。

6）产品质量——信息安全性

（1）软件应按照用户文档集中定义的信息安全特征来运行（5.3.6.1 条）。

🔷 **测试内容**

① 保密性。产品须确保用户被授权后才能访问数据。

② 完整性。保护信息保持原始的状态，使信息保持其真实性，如信息加密等。

③ 抗抵赖性。在网络环境中，信息交换的双方不能否认其在交换过程中发送信息或接收信息的行为。

④ 可核查性。根据用户在系统中的活动可追溯到用户。

⑤ 真实性。系统可判断信息来源的真假，如证书等。

⑥ 信息安全性的依从性。适用时，软件产品须满足与信息安全性相关的标准、约定、法规以及类似规定。

↗ 判定准则

通过：软件产品满足以上①～⑥条或者该条款不适用。

不通过：在适用的情况下软件产品不满足以上①～⑥中任意一条。

（2）软件应能防止对程序和数据的未授权访问（不管是无意的还是故意的）（5.3.6.2 条）。

↗ 测试内容

适用时，软件应该能够防止程序和数据的未授权访问。

↗ 判定准则

通过：软件产品满足以上条款或者该条款不适用。

不通过：在适用的情况下软件产品不满足以上条款。

（3）软件应能识别出对结构数据库或者文件完整性产生损害的事件，并且能阻止该事件，并通报给授权用户（5.3.6.3 条）。

↗ 测试内容

适用时，软件应能识别出对结构数据库或者文件完整性产生损害的事件，且能阻止该事件，并通报给授权用户。

↗ 判定准则

通过：软件产品满足以上条款或者该条款不适用。

不通过：在适用的情况下软件产品不满足以上条款。

（4）软件应能按照信息安全的要求，对访问权限进行管理（5.3.6.4 条）。

↗ 测试内容

适用时，软件应能对一些功能组件的权限进行管理。

↗ 判定准则

通过：软件产品满足以上条款或者该条款不适用。

不通过：在适用的情况下软件产品不满足以上条款。

（5）软件应能对保密数据进行保护，只允许授权用户访问（5.3.6.5 条）。

↗ 测试内容

适用时，软件应能对保密数据进行保护，只允许授权用户访问。

↗ 判定准则

通过：软件产品满足以上条款或者该条款不适用。

不通过：在适用的情况下软件产品不满足以上条款。

（6）安全保密性。

指软件中带有安全保密问题的功能或事件的情况，包括防止安全保密输出信息或数据的泄露、防止重要数据的丢失和防止非法的访问或非法的操作。

① 访问的可审核性。

访问的可审核性指审核追踪用户访问系统和数据的完整程度。

测试内容

对访问历史数据的记录情况，例如，软件中是否有记录用户的登录时间、登录次数和历史操作等功能。

判定准则

通过：软件产品满足以上条款或者该条款不适用。

不通过：在适用的情况下软件产品不满足以上条款。

② 访问的控制性。

访问的控制性指对系统访问的控制程度。

测试内容

软件为防止信息泄露、丢失、非法访问和非法操作对系统的访问情况进行的控制，如分权限登录系统等。

判定准则

通过：软件产品满足以上条款或者该条款不适用。

不通过：在适用的情况下软件产品不满足以上条款。

③ 安全保密性总体判定。

测试内容

测试以上①～②的判定结论。

判定准则

通过：以上2个判定结论均为"通过"。

不通过：在以上2个判定结论中有"不通过"结论。

（7）信息安全性总体判定。

测试内容

测试以上（1）～（6）的判定结论。

判定准则

通过：以上 6 个判定结论均为"通过"。

不通过：在以上 6 个判定结论中有"不通过"结论。

7）产品质量——维护性

（1）软件应该按照用户文档集中定义的维护性特征来执行（5.3.7.1 条）。

① 易分析性。

当试图诊断缺陷或失效的原因，或标识须要修改的部分时，维护者或用户的工作量或耗费的资源。

测试内容

适用时，软件产品应按产品说明中的要求对软件的各项失效操作进行追踪，可以通过日志记录、运行状态情况报告、失效操作提示信息以及导致软件失效的操作列表等信息知道引起软件失效的具体操作。

判定准则

通过：软件产品满足以上条款或者该条款不适用。

不通过：在适用的情况下软件产品不满足以上条款。

② 易改变性。

（A）软件变更控制的能力。

测试内容

对维护后的版本及修订内容是否能够按照产品说明中的描述进行查阅，例如，通过帮助文档、ReadMe 文件等方式进行查阅。

判定准则

通过：软件产品满足以上条款或者该条款不适用。

不通过：在适用的情况下软件产品不满足以上条款。

（B）参数变更的可修改性。

测试内容

适用时，应能够按照产品说明的描述通过参数的变更来解决问题。

判定准则

通过：软件产品满足以上条款或者该条款不适用。

不通过：在适用的情况下软件产品不满足以上条款。

（C）易改变性的总体判定。

🔰 **测试内容**

测试以上（A）～（B）的判定结论。

🔰 **判定准则**

通过：以上2个判定结论均为"通过"。

不通过：在以上2个判定结论中有"不通过"结论。

③ 稳定性。

稳定性的唯一测试项是变更成功的比例。

🔰 **测试内容**

按照产品说明的描述，若对软件进行了变更，则变更后软件不应出现失效的情况。

🔰 **判定准则**

通过：软件产品满足以上条款或者该条款不适用。

不通过：在适用的情况下软件产品不满足以上条款。

④ 易测试性。

易测试性的唯一测试项是内置测试功能有效性。

🔰 **测试内容**

按照产品说明中的描述，应能够对修改后的软件进行测试，包括但不仅限于以下几点：

a. 测试是否需要附加的测试措施。

b. 是否容易的选择检测点进试行测试。

🔰 **判定准则**

通过：软件产品满足以上条款或者该条款不适用。

不通过：在适用的情况下软件产品不满足以上条款。

⑤ 维护性的依从性。

🔰 **测试内容**

适用时，软件应能够达到有关维护性的标准、约定、法规的要求。

🔰 **判定准则**

通过：软件产品满足以上条款或者该条款不适用。

不通过：在适用的情况下软件产品不满足以上条款。

⑥ 对第（1）项的总体判定。

🔗 **测试内容**

测试以上①～⑤的判定结论。

🔗 **判定准则**

通过：以上 5 个判定结论均为"通过"。

不通过：在以上 5 个判定结论中有"不通过"结论。

（2）软件应能识别出每一个基本组件的发布号、相关的质量特性、参数和数据模型。（5.3.7.2 条）

🔗 **测试内容**

适用时，软件应能识别出每一个基本组件的发布号、相关的质量特性、参数和数据模型

🔗 **判定准则**

通过：软件产品满足以上条款或者该条款不适用。

不通过：在适用的情况下软件产品不满足以上条款。

（3）软件应能在任何时候都识别出每一个基本组件的发布号、包括安装的版本，以及对软件特征产生的影响（5.3.7.3 条）。

🔗 **测试内容**

适用时，软件应能在任何时候都识别出每一个基本组件的发布号、包括安装的版本，以及对软件特征产生的影响。其中，基本的组件有可能是数据屏幕、数据库模型、子程序或接口。

🔗 **判定准则**

通过：软件产品满足以上条款或者该条款不适用。

不通过：在适用的情况下软件产品不满足以上条款。

（4）维护性总体判定。

🔗 **测试内容**

测试以上（1）～（3）的判定结论。

🔗 **判定准则**

通过：以上 3 个判定结论均为"通过"。

不通过：在以上 3 个判定结论中有"不通过"结论。

8）产品质量——可移植性

（1）适应性。

系统或用户试图使软件适应于不同的规定环境时的行为能力。

对于软件应用程序的成功安装和正确运行，应就产品说明中列出的所有支持平台和系统加以验证（5.3.8.2 条）。

（A）数据结构的适应性。

🔷 **测试内容**

对于产品说明中指定的每一种数据结构软件应能够成功安装和正确运行，对每一种数据结构均应执行一次"读"测试和一次"写"测试（仅有一项功能的除外）。

🔷 **判定准则**

通过：软件产品满足以上条款或者该条款不适用。

不通过：在适用的情况下软件产品不满足以上条款。

（B）硬件环境的适应性。

🔷 **测试内容**

a. 对于产品说明中指定的每一种硬件环境软件均能成功安装和正确运行。

b. 对于环境组合至少满足基本选择组合（一次仅变化一个硬件设备），若另有定义，根据定义（如两两组合或者更高组合）进行检测。

例如，CPU 分为 CPU 1、CPU 2，打印机分为 PR 1、PR 2，存储分为 ST 1、ST 2、ST 3，应分别改变 CPU、打印机和存储构成不同的组合进行检测。

🔷 **判定准则**

通过：软件产品满足以上条款或者该条款不适用。

不通过：在适用的情况下软件产品不满足以上条款。

（C）系统软件的适应性。

🔷 **测试内容**

a. 对于产品说明指定的每一种软件环境软件均能成功安装和正确运行。

b. 对于软件环境组合至少满足基本选择组合（一次仅变化一个软件要素），若另有定义，则应根据定义（如两两组合或者更高组合）进行检测。

🔷 **判定准则**

通过：软件产品满足以上条款或者该条款不适用。

不通过：在适用的情况下软件产品不满足以上条款。

（D）适应性的总体判定。

🔷 **测试内容**

测试以上（A）～（C）的判定结论。

🚩 **判定准则**

通过：以上 3 个判定结论均为 "通过"。

不通过：在以上 3 个判定结论中有 "不通过" 结论。

（2）易安装性。

① 如果用户能够实施安装，那么遵循安装文档中的信息应能成功地安装软件（5.3.8.1 条）。

🚩 **测试内容**

在安装文档中指定的每一种安装选项要素均应被覆盖，包括软件的安装方式（自定义安装、快速安装等）、路径、用户名、数据库等，每种情况均能成功地安装软件。

🚩 **判定准则**

通过：软件产品满足以上条款或者该条款不适用。

不通过：在适用的情况下软件产品不满足以上条款。

② 重新安装。

🚩 **测试内容**

安装文档中规定的每一种重新安装均应被覆盖，包括覆盖安装、升级安装、卸载后重新安装等，在所描述的情况下，应能够成功地重新安装软件。

🚩 **判定准则**

通过：软件产品满足以上条款或者该条款不适用。

不通过：在适用的情况下软件产品不满足以上条款。

（3）软件应向用户提供移去或卸载所有已安装部件的方法（5.3.8.3 条）。

🚩 **测试内容**

软件应提供用户移去或卸载软件的步骤，如采用卸载向导进行自动卸载、从控制面板中的添加/删除中进行卸载或直接删除对应的文件夹等。

🚩 **判定准则**

通过：软件产品满足以上条款或者该条款不适用。

不通过：在适用的情况下软件产品不满足以上条款。

（4）可移植性的总体判定。

🚩 **测试内容**

测试以上（1）～（3）的判定结论。

判定准则

通过：以上 3 个判定结论均为"通过"。

不通过：在以上 3 个判定结论中有"不通过"结论。

9）使用质量——有效性

（1）软件应该按照产品说明中陈述的使用质量——有效性特征来执行并通过用户文档获得帮助（5.3.9.1 条）。

测试内容

适用时，软件产品在指定的使用周境中，使用户达到与准确性和完备性相关的规定目标的能力。

① 功能的设计是否与软件技术文档要求的目标功能一致，各方面是否符合要求。

② 软件是否能够达到相关技术文档要求的输入、输出精度。

③ 在使用周境中用户执行任务是否能够准确和完全地达到规定的目标（也可通过完成任务的百分比、错误率来进行判定）。

④ 是否提供了使用软件所必需的信息。

判定准则

通过：软件产品满足以上①～④条的全部或适用的部分内容，或者该条款不适用。

不通过：软件产品在适用时不满足以上相应的条款。

（2）软件应能提供评价其对期望的依从性目标的影响的手段（5.3.9.2 条）。

测试内容

适用时，软件产品应该能提供评价其对期望的依从性目标的影响的手段。

判定准则

通过：软件产品满足以上条款或者该条款不适用。

不通过：软件产品在适用时不满足以上条款。

（3）有效性总体判定。

测试内容

测试以上（1）～（2）的判定结论。

判定准则

通过：以上 2 个判定结论均为"通过"。

不通过：在以上 2 个判定结论中有"不通过"结论。

10）使用质量——效率

（1）软件应按照产品说明中陈述的使用质量——效率特征来执行并通过用户文档获得帮助（5.3.10.1 条）。

测试内容

适用时，软件应按照产品说明中陈述的使用质量——效率的相关说明来执行，并且用户可以通过用户文档获得相关帮助。

判定准则

通过：软件产品满足以上条款或者该条款不适用。

不通过：软件产品在适用时不满足以上条款。

（2）软件应能提供评价其在达到目标使用效率的手段（5.3.10.2 条）。

测试内容

适用时，软件应该能提供评价其在达到目标使用效率的手段。

判定准则

通过：软件产品满足以上条款或者该条款不适用。

不通过：软件产品在适用时不满足以上条款。

（3）效率总体判定

测试内容

测试以上（1）～（2）的判定结论。

判定准则

通过：以上 2 个判定结论均为"通过"。

不通过：在以上 2 个判定结论中有"不通过"结论。

11）使用质量——满意度

（1）软件应按照产品说明中陈述的使用质量——满意度特征来执行并通过用户文档获得（5.3.11.1 条）。

满意度指产品或系统在指定的使用周境中使用时，用户的要求被满足的程度。

测试内容

① 有用性。用户对实用目标的实现感到满意的程度，包括使用的结果和使用后产生的后果，如用户的需求、熟悉软件的时间等。

② 可信性。用户或者其他利益相关方对产品或系统将如预期地运行有信心的程度。

③ 愉悦性。用户因个人要求被满足而获得愉悦感的程度，如获得新的知识和技能、进行个性化交流、引发愉快的回忆等。

④ 舒适性。用户生理上感到舒适的程度，如护眼模式、符合用户的使用习惯、系统的反应时间达到用户要求等。

⑤ 用户可以通过帮助文档获得如上信息。

判定准则

通过：软件产品满足以上①～⑤条的全部或适用的部分内容，或者该条款不适用。

不通过：软件产品在适用时不满足以上条款。

（2）维护合同生效后，软件应提供直接与供方进行联络的途径（5.3.11.2 条）。

测试内容

适用时，在维护合同生效后，软件应提供直接与供方进行联络的途径，方便客户和软件提供方进行联系。

判定准则

通过：软件产品满足以上条款或者该条款不适用。

不通过：软件产品在适用时不满足以上条款。

（3）满意度的总体判定。

测试内容

测试以上（1）～（2）的判定结论。

判定准则

通过：以上 2 个判定结论均为"通过"。

不通过：在以上 2 个判定结论中有"不通过"结论。

12）使用质量——抗风险

（1）软件应按照产品说明中陈述的使用质量——抗风险特征来执行并通过用户文档获得帮助（5.3.12.1 条）。

测试内容

① 经济风险缓解性。在预期的使用周境中，产品或系统在经济现状、高效运行、商业财产、信誉或其他资源方面缓解潜在风险的程度。

② 健康和安全风险缓解性。在预期的使用周境中，产品或系统缓解人员潜在风险的程度。

③ 环境风险缓解性。在预期的使用周境中，产品或系统在财产或环境方面缓解潜在风险的程度。

➤ 判定准则

通过：软件产品满足以上①～③条的全部或适用的部分内容，或者该条款不适用。

不通过：软件产品在适用时不满足以上条款。

（2）对于所有有风险的功能，软件应该提供特定的确认过程和管理权限（5.3.12.2 条）。对于所有有风险的功能，软件应有审计追踪（5.3.12.3 条）。

➤ 测试内容

① 软件产品对在使用过程中的风险，应提供特定的确认过程和对于风险的权限管理机制。

② 软件产品应该提供风险功能的审计追踪的能力。

➤ 判定准则

通过：软件产品满足以上①～②条的全部或适用的部分内容，或者该条款不适用。

不通过：软件产品在适用时不满足以上条款。

（3）抗风险的总体判定。

➤ 测试内容

测试以上（1）～（2）的判定结论。

➤ 判定准则

通过：以上 2 个判定结论均为"通过"。

不通过：在以上 2 个判定结论中有"不通过"结论。

13）使用质量——周境覆盖

（1）软件应按照产品说明中陈述的使用质量——周境覆盖特征来执行并通过用户文档获得帮助（5.3.13.1 条）。

➤ 测试内容

① 周境完备性。在所有的使用周境中，产品或系统在有效性、效率、抗风险和满意度特性方面能够被使用的程度，如在小屏幕、低带宽、非专业人员操作以及软件的容错模式（如无网络连接）的条件下软件的可用程度。

② 灵活性。在超出最初设定需求的周境中，产品或系统在有效性、效率、抗风险和满意度特性方面能够被使用的程度，如产品使用的现状、机会、个人喜好等。

➤ 判定准则

通过：软件产品满足以上①～②条的全部或适用的部分内容，或者该条款不适用。

不通过：软件产品在适用时不满足以上条款。

（2）如果产品使用参数限制功能性覆盖，那么用户应了解当前使用功能的覆盖情况（5.3.13.2 条）。

测试内容

若产品说明中使用参数限制功能性覆盖，则用户应了解当前使用功能的覆盖情况。

判定准则

通过：软件产品满足以上条款或者该条款不适用。

不通过：软件产品在适用时不满足以上条款。

（3）周境覆盖总体判定。

测试内容

测试以上（1）～（2）的判定结论。

判定准则

通过：以上 2 个判定结论均为"通过"。

不通过：在以上 2 个判定结论中有"不通过"结论。

14）软件质量的总体判定

测试内容

测试以上 1）～13）的判定结论。

判定准则

通过：以上 13 个判定结论均为"通过"。

不通过：在以上 13 个判定结论中有"不通过"。

15）软件产品质量总体判定

测试内容

测试 4.2.1 节第 18）条、4.2.2 节第 20）条、4.2.3 节第 14）条的判定结论。

判定准则

通过：以上 3 个判定结论均为"通过"。

不通过：在以上 3 个判定结论中有"不通过"结论。

4.3　评价

4.3.1　综述

目前，软件产品测评类型大致有 5 种：

（1）GB/T 25000.51—2016 符合性评价。

（2）产品确认测评。

（3）产品选优测评。

（4）产品验收测评。

（5）中间工作产品测评。

GB/T 25000.51—2016 符合性评价内容包括以下部分：

（1）产品说明与本标准中对于产品说明要求的符合性评价。

（2）用户文档集与本标准中对于用户文档集要求的符合性评价。

（3）所交付软件与本标准中对于软件质量要求的符合性评价。

（4）如果供方提供了测试文档时，评价内容还应包含所交付的测试文档与本标准中对于测试文档要求的符合性评价。

产品确认测评是对产品声称的功能和非功能特性进行符合性评价的测评。

产品选优测评通常由需方委托第三方对同类型的商业现货软件进行比对选优而开展的测评。

产品验收测评是根据合同和需求规格说明或验收依据文档对供方交付的软件产品进行符合性评价的测评。

中间工作产品测评通常是由开发方内部对中间工作产品的质量进行测量的测评，其目的是预测产品的质量趋势改进开发过程质量。

这 5 种类型的测评都可以参照 ISO/IEC 25040（GB/T 25000.40）规定的产品评价过程来开展测评活动[46]。若评价过程须要进一步细化的话，且执行者分别是供方、需方或独立评价方（第三方）时，则可参照 ISO/IEC 25041（GB/T 25000.41）开展测评活动[47]。

4.3.2　评价过程简述

评价过程一般包括确立评价需求、规定评价、设计评价、执行评价和结束评价 5 个活动。

1. 确立评价需求

评价的目的是保证产品能提供所要求的质量，即满足用户（包括操作者、软件结果的接受者或软件的维护者）的要求。不同的评价者关注的视角不同，从供方的视角评价的目的是为了在开发过程中尽早发现软件的质量问题；从用户的视角是为了对要采购或定制的软件是否满足质量需求而进行评价；从第三方组织的视角是受需方或供方委托对软件是否满足质量需求进行符合性评价，与供方和需方的评价过程最大的区别是，第三方评价强调独立性，要求其评价过程可重复、可再现、公正、客观。

1）评价条件

评价应获取下列信息作为评价需求的输入信息：用户文档集中所有的用户文档、产品说明中所标识出的所有需求文档（包括供方声称符合的法律或行政机构规定的文件）、在产品说明中说明的所有计算机系统的所有组件均应存在，并是可供符合性评价使用。

2）规定质量模型

规定质量模型就是将被评价产品质量分解为多个质量特性，通过质量特性属性来描述产品的质量需求。对某个特定软件，其各个质量特性的重要性是不同的。例如，对于实时系统，功能性、性能效率和可靠性比较重要；对于要求生存期长的软件，其功能性、可移植性和维护性比较重要。而且还要考虑个质量特性之间存在的相互影响，例如，对于信息安全性要求高，其易用性可能会受到影响；出于对性能效率的考虑，开发语言使用汇编语言，但是这样开发出的产品可移植性和维护性会受到影响。因此，在确定产品质量模型时，须要综合考虑质量特性之间的相互关系和重要程度并给出相应的优先级。

2. 规定评价

规定评价活动由选择具体的质量特性要求、确定评价等级组成。

1）选择具体的质量特性要求

在上一步的确立评价需求中，只选择了软件应该具有哪些质量特性，并没有将其细化。在本步骤中应根据本书中"质量特性要求和测试细则"中对质量特性的详细要求，确定须要被评价的具体内容。

2）确定评价等级

确定评价等级就是将产品的满足程度进行分类，将评价结果映射到某一个标度上。分类的方式可以有多种，比如按是否满足最低要求的程度分为两类或三类：可表述为满意/不满意（满意/部分满意/不满意），或者符合/不符合（符合/部分符合/不符合），或者通过/不通过（通过/部分通过/不通过）。

3. 设计评价

评价者应制订一个评价计划来描述所需的资源，如人力资源、计算机资源和办公场所以及执行各种动作时对这些资源的分配。该阶段的主要任务如下：

1）编写评价计划

对规定评价阶段中所确定的测试内容，评价者都应分析其中的约束条件，例如测试环境的限制、测试工具的限制等。当描述的评价方法是基于使用软件工具时，应在评价计划中标识该工具的名称、版本和它的来源。当用户未提供测试文档，须要通过执行被测系统程序而对软件实施符合性评价时，应描述所需的运行环境。

2）优化评价计划

应对评价计划草案进行评审以避免评价者的重复劳动、减少评价风险和降低评价者的工作量。

3）根据可用资源安排评价动作的进度

评价者应安排计划的实施进度。考虑诸如人员、软件工具、计算机等资源的可用性，评价者应就产品及部件的交付进度与申请者达成一致。还应规定部件的交付介质、形式以及拷贝数量。应标识评价过程中会议的需求。如果申请者不是被评价产品的开发者时，应标识评价者和开发者的关系。特别是应规定开发者提供的支持，这种支持包括培训、非正式的讨论等。必要时，对开发和运行场所的访问要求也应与所需资源一起规定。

4. 执行评价

本活动是评价者按照评价需求的规定和评价计划的安排，评价者执行具体的评价动作，得到测量和验证的结果。它的输入是评价计划，输出是评价报告草案和评价记录。本活动的主要任务如下：

1）产品部件的管理

申请者根据评价计划中的进度安排向评价者交付产品说明、用户文档集以及软件产品部件。评价者应登记全部产品组件和产品的相关文档。在证实了产品的规模和复杂程度时，还应启动正式的配置管理活动。

登记的信息应至少包括以下内容：

（1）部件或文档的唯一标识符。

（2）部件的名称或文档标题。

（3）文档的状态（特别包括物理状态或异常状态）。

（4）申请者提供的版本、配置管理和日期信息。

（5）接收的日期。

除非申请者有另外的许可，评价者应保守全部产品组件和相关文档的秘密。

2）评价数据的管理

评价者应对执行评价产生的中间数据及解释进行管理，以便将产生的结果记入评价报告。中间数据的形式很多，如评价产生的数字、图形、图表等，其中间数据的保密应与原先对组件和文档的保密方法一样。此外，评价者应尽量防止这些数据被意外或恶意修改，保持中间评价结果与被评价产品之间的一致性。

评价者应把所有中间数据记入评价记录，以便依据这些记录进行解释。

3）评价工具的管理

如果使用工具来执行评价时，那么应对工具使用进行以下管理和控制：

（1）应在执行评价前对工具是否为正式软件且版本正确进行验证。

（2）使用工具运行一小组测试来验证工具是否正确安装。

（3）对于有指标要求的工具应对其使用范围进行检查，例如，对于允许100个用户的测试工具，在使用前应确认其是否符合要求。

（4）对于新的或进行了重大更新的工具，应检查该工具的有效性以确保评价结果可信度，检查的手段可以是使用新工具对以前已确认评价结果的样例软件进行评价，将两次结果进行比较，审查问题的复现情况，确认结果偏差。

（5）应确保工具不会将病毒或其他损坏因素引入需方的硬件和软件中，采取的措施可以是安装防病毒软件、提前做好系统备份及应急预案、工作完毕及时清理由于评价活动而产生的垃圾数据等。

（6）应在评价报告中记录对工具的引用，包括工具的标识、供方和工具的版本。对工具的引用信息也应记录在评价记录中，包括工具配置的详细信息、承诺合法使用工具的信息等。

4）现场评价的管理

在评价者预先设定的场所执行的评价，评价者应控制评价的执行过程，以保证评价结果和中间结果的客观性、公正性和保密性。

5）特定评价技术使用要求和管理

当评价计划要求通过执行被测系统程序对软件实施符合性评价时，应精确记录测试的配置和测试的环境。当评价活动要求检查文档时，建议使用检查表。

对评价所产生的全部中间和最终评价结果都要进行评审。为保证公正性和客观性，应至少有一个不直接设计评价活动的人员参加评审。

5. 结束评价

对执行评价活动输出的评价报告草案进行评审和评价数据管理。评价者应将评价报告的草案交付申请者，并与申请者一起进行联合评审。申请者可就评价报告提出意见。评价者应将意见记入评价报告的专门条款中。然后，评价者将正式的评价报告提交给申请者。

评价者对评价数据的管理，可以采用多种方法，具体如下：

（1）将评价的相关文档归还申请者，或在规定的期限内保存，或以一种安全的方式销毁。

（2）评价报告和评价记录均在一个规定的期限保存。

（3）所有其他数据应在一个规定的期限保存，或以一种安全保密的方式销毁。

（4）只要申请者表示同意评价者就可以使用中间评价结果，以供评价者进行技术研究。

第 5 章　应 用 指 导

本章向读者提供标准应用中的一些指导建议。内容包括软件产品的需方如何使用标准提出自己完整规范的需求，如何验收供方提供的产品；供方如何提供一个满足质量特性需求的RUSP，如何在软件产品设计、开发、测试活动中落实质量特性需求；独立评价方如何使用标准开展第三方的测试评价服务。

5.1 对需方的建议

需方在采购 RUSP 或委托供方提供软件产品时，可能需要给出自己关于软件产品质量的要求（尤其在后一种情况下）。本节对需方如何编制这方面的技术要求文档给出了建议，以保证相关文档规范、全面、准确，从而保护需方的权益。同时也提供了在供方向需方交付产品时，需方如何利用标准完成相关的验收或验证的建议。

5.1.1 需方技术要求文档编制的建议

需方技术要求文档是需方采购 RUSP 或委托供方提供软件产品时必不可少的技术文件，通常体现为需方需求文件。该类文件可以由需方自己编制或委托有能力的机构代为编制，不论编制者是谁，编制时均应该按照 GB/T25000.51—2016 标准中的内容及要求组织，以保证需求是完整的、规范的、准确的，一方面可以让供方明确需方的需求，进而提供满足该需求的产品；另一方面也便于最终验收供方提供的产品是否达到需方对软件产品质量的要求。

1. 编写要求

1）适用性

需方技术要求文档中应包含需方对软件产品质量的一般性要求的信息。该信息必须是对供方开发软件或对评价 RUSP 有帮助的。

2）一致性

需方技术要求文档的内容中应排除内部的不一致，包括软件质量特性表述的不一致、关键术语和术语表的不一致、量化数据的不一致、产品名称的不一致。

3）完备性

需方技术要求文档应包含需方对软件产品的一般性要求，包括所需实现的所有功能要求、非功能要求及使用质量要求。

4）可测试或可验证性

需方技术要求文档中的陈述应是可测试的或可验证的，不应出现非量化的、现有技术不能测试或验证的表述，如 "该软件功能须极其强大、处理速度须非常快"等。

2. 编写内容

1）封面及目录

当文档以手册形式提供时，须要有封面及目录信息。封面上应标明软件产品的名称、标识等信息；目录应体现出需方对软件产品质量要求的内容结构。

2）标识与标示

（1）需方技术要求文档的标识。在文档的封面、页眉/页脚或其他地方应显示其唯一的标识，且该标识是单独的，没有包含在其他内容中。标识可由文字、符号、数字等表示。

（2）软件产品的名称。软件产品的名称可以根据其实际用途来命名，在所有的需方技术要求文档中应该唯一并保持一致。

（3）须完成的工作和服务。文档应描述须要软件能够实现的功能和提供的服务。

3）映射

需方技术要求文档中所提及的全部功能，建议按照软件产品质量特性的说明进行归类。

4）功能性

这一部分包含了需方对软件所须要实现的所有功能的要求，包括对功能的限制条件、软件精度等的要求，具体可分为以下 4 个方面。需方在编制需方技术要求文档时可根据需求选择适用的条件。

（1）完备性。文档应提供需方对软件所须要实现的所有功能的概述。概述是指对功能能够完成的任务进行说明（例如，用户管理功能能够新增、删除和修改用户信息）。

（2）限制条件。文档应对功能的所有已知的限制进行说明（如输入的最大最小值、密码长度等）。

（3）正确性。当有对软件精度的正确性或运行结果的符合性要求时，文档应进行说明。

（4）依从性。文档应对软件产品须遵循的与功能性相关的标准、约定或法规进行说明。

例如，需方要求软件产品应满足相关的国家标准、行业标准、地方标准、企业标准、投标书、责任书、合同书、产品质量法、安全生产法等文件中对其功能性要求的符合程度。

5）性能效率

这一部分包含了需方对软件性能效率的要求，包括对软件运行环境的系统配置要素以及性能指标要素的阐述，以及对影响性能效率的条件、系统所需容量的要求，具体可分为以下 3 个方面。需方在编制需方技术要求文档时应首先确定核心业务，其次根据业务量和各自的需求对各功能点的性能指标进行要求。

（1）文档中对效率的陈述应包含软件需要运行环境的系统配置要素以及性能指标要素。系统配置要素通常包括软件、硬件、网络、数据环境等，性能指标要素如业务响应时间、资源占用情况、吞吐量、启动时间和地图加载时间等。在文档中陈述这些性能效率时应明确针对具体的业务或操作，避免只对软件产品给出宏观要求。

【示例】本软件产品须在 PC 服务器（2CPU、4GB 内存、100Mb 局域网、稿件表 100 万条记录）环境下，支持 50 个用户并发，稿件审核业务平均响应时间小于 5s，CPU 利用率应低于

30%，稿件审核业务吞吐量应高于 12 笔/秒。

（2）文档中应说明所有影响性能效率的条件，如系统配置、带宽、硬盘空间、随机存储器、视频卡、无线互联网卡、CPU 速度等。

（3）文档中应描述出系统所需的容量，如存储数据项数量、并发用户数、通信带宽、交易吞吐量和数据库规模。

【示例】该软件在单一系统上须能够提供多个用户使用，并且能够在硬件配置为 CPU：Pentium（R）Dual-Core CPU E5500 @2.80GHz，2GB 内存、320GB 硬盘；软件配置为 Microsoft Windows Server 2003 企业版、Microsoft SQL Server 2005 企业版、Internet Information Services 6.0、Microsoft .NET Framework 4.0；在 200Mb 局域网的环境下，实现 100 个最大并发最终用户。

6）兼容性

这一部分包含需方对软件兼容性的要求，具体可分为以下 5 个方面。需方在编制需方技术要求文档时可根据需求选择适用的条件。

（1）如果软件须要交换两个或多个系统、产品或组件的信息，那么应在文档中明确说明。

（2）文档应说明软件在具体位置所依赖的特定软件或硬件，如数据库等。

（3）文档应指出用户须调用的接口和相关的被调用软件。

（4）当须要与其他软件进行通信时，文档应明确说明软件的交换接口须实现的功能。例如，PPS 影音须能成功接收来自光盘的数据和播放光盘。

（5）特殊运行环境。当软件须要支持在特定的软/硬件下运行时，文档中应予以说明。例如，须要支持多点触摸屏、蓝牙等。

7）易用性

这一部分包含需方对软件易用程度的要求，包括对软件是否易于被用户理解使用、用户与软件交互是否简单舒适、以及软件的访问人群等方面的要求，具体可分为以下 8 个方面。需方在编制需方技术要求文档时可根据需求选择适用的条件。

（1）易理解性。文档应对软件被用户理解的难易、特定的任务和使用条件的要求进行说明。例如，软件各功能模块的设置须清晰、易理解，帮助中应有介绍信息。

（2）易学性。文档应对软件被用户学习的要求进行说明。例如，软件应提供有帮助用户学习的措施，包括帮助文档、在线咨询等。

（3）易操作性。文档应对软件被用户操作和控制的要求进行说明。例如，软件操作流程须简单，有指导用户进行操作的措施、人机界面须友好、界面设计科学合理等。

（4）用户界面舒适性。文档应对软件产品交互程度的要求进行说明。例如，软件界面颜色的搭配须合适，图标的设计须形象等。

（5）用户接口类型。文档应说明对用户接口类型的要求，如命令行、菜单、视窗、Web 类浏览器。

（6）可访问性。文档应说明须要访问的人群，特别是有残疾的用户和存在语言差异的用户。例如，软件产品设置的可访问的用户，包括懂中文和英文两门语言的人群，软件就须要有中英文两个版本。

（7）适应性修改。当该软件能由用户做适应性修改时，文档应要求对用于修改的工具、规程及其使用条件进行说明。用于修改的工具包括软件的开发平台或其他工具。

（8）依从性。文档中应对软件产品须遵循的与易用性相关的标准、约定、风格指南或法规进行说明。

8）可靠性

这一部分包含了需方对软件可靠性的要求，包括对软件可能出现的故障的程度、发生失效情况时须要采取的措施以及对用户的提示、对数据保存与恢复等方面的要求，具体可分为以下 8 个方面。需方在编制需方技术要求文档时可根据需求选择适用的条件。

（1）成熟性。文档应对软件在运行周期内因可能出现的故障而导致失效情况的要求进行说明。例如，对软件的故障密度、缺陷严重程度等要求的描述。

软件的故障密度是指在一定的试验周期内检测出多少故障。

缺陷严重程度可以从以下几方面进行陈述：

① 微小的：一些小问题如有个别错别字、文字排版不整齐等，对功能几乎没有影响，软件仍可使用。

② 一般的：不太严重的错误，如次要功能模块丧失、提示信息不够准确、用户界面差和操作时间长等。

③ 严重的：严重错误，指功能模块或特性没有实现，主要功能部分丧失，次要功能全部丧失，或致命的错误声明。

④ 致命的：致命的错误，造成系统崩溃、死机，或造成数据丢失、主要功能完全丧失等。

软件失效可能表现为以下几种情况：

① 死机。

② 运行速度不匹配：数据接收（输入）或输出的速度与系统的需求不符。

③ 计算精度不够：因数据采集量不够或算法问题导致某一或某些输出参数值的计算精度不合要求。

④ 输出项缺损：缺少某些必要的输出值。

⑤ 输出项多余：软件输出了系统不期望的数据/指令。

（2）容错性。文档应对软件在非法数据、非法操作、误操作等原因下导致的运行情况的要求进行说明。

（3）易恢复性。文档应对在软件发生失效时，如何采取措施继续提供服务或恢复受影响数据的要求进行说明。

避免软件失效的措施可以表现为以下几种。

① 重启软件。

② 恢复备份的数据。

③ 一键还原数据。

④ 错误操作提示。

⑤ 联系服务商。

（4）错误信息提示。文档应要求软件在遇有用户接口出错、应用程序自身的逻辑出错、系统或网络资源可用性引发差错的情况下有错误提示，错误提示信息中应有就软件继续运行的情况做出说明。

（5）用户差错防御性。文档应对软件产品预防用户犯错的要求进行说明。例如，软件须对错误的用户名或密码、错误的操作进行提示等。

（6）防止误操作。文档应说明对用户误操作后的提示功能的要求。例如，在删除信息前有询问信息提示等。

（7）数据保存和恢复。文档应对关于数据保存和恢复规程的信息进行要求。例如，软件应该自动保存信息，数据库可以自动备份等。

（8）依从性。文档中应对软件产品须遵循的与可靠性相关的标准、约定或法规进行说明。

9）信息安全性

这一部分包含需方对软件信息安全性能的要求，包括对软件的用户权限管理、未授权访问信息、信息真实性等方面的要求，具体可分为以下8个方面。需方在编制需方技术要求文档时可根据需求选择适用的条件。

（1）安全保密性。文档应对软件产品的用户管理、权限管理进行说明。例如，软件是否须要分角色访问系统等。

（2）未授权访问信息。当软件须要有未授权访问（不管是偶然的还是故意的）的预防措施时，文档应进行说明。

【示例】设置访问权限、网络访问控制、防火墙技术、物理隔离、网络加密技术、入侵检测等。

（3）监控信息。文档应对软件是否须要有对其自身运行情况的监控信息进行说明。

【示例】

① 监控应用程序的动态性能信息。

② 监控不希望的失效和重要条件的信息。

③ 监控运行指示器（如日志、**警告屏幕**）的信息。

④ 监控由应用程序处理本地数据的信息。

⑤ 监控信息可以通过系统或软件本身的监控日志、诊断功能、状态监控等功能来进行反应。

（4）完整性。文档应对信息的状态和真实性提出要求。

（5）抗抵赖性。文档应规定信息交换的双方不能否认其在交换过程中发送信息或接收信息的行为。

（6）可核查性。文档应规定用户在系统中的活动可追溯到用户。

（7）真实性。文档应规定软件产品可判断信息来源的真假，如证书等。

（8）依从性。文档中应对软件产品须遵循的与信息安全性相关的标准、约定、法规以及相似规定进行说明。

10）维护性

这一部分包含需方对软件维护的要求，包括对软件信息的模块化、可重用性、软件运行方面的要求以及用户对软件的修改等方面的要求，具体可分为以下 8 个方面。需方在编制需方技术要求文档时可根据需求选择适用的条件。

（1）模块化。文档应对软件产品的模块化程度进行要求。例如，该产品若由多个独立组件组成，其中一个组件的变更对其他组件基本没有或有较小影响。

（2）可重用性。文档应对信息是否须要被应用到多个系统或其他建设中进行说明。

（3）易分析性。文档应对软件产品是否具有辅助分析其运行情况的功能进行说明。例如，失效诊断、状态监听等。

（4）易修改性。文档应对软件产品是否须要使指定的修改可以被实现的要求进行说明。例如，软件产品容易进行升级。

（5）稳定性。文档应对软件产品避免由于修改而造成意外结果的要求进行说明。例如，在软件进行修改和升级后，须能稳定运行。

（6）易测试性。若软件可以被修改，则文档应对修改后的软件是否容易被测试的要求进行说明。例如，软件的测试环境须容易搭建、输入/输出均可见等。

（7）文档应说明软件产品能否被用户修改，若可以，则指明修改工具和使用条件。例如，参数的变更、计算算法的变更、接口定制、功能键指派等。

（8）依从性。文档中应对软件产品须遵循的与维护性相关的标准、约定、法规进行说明。

11）可移植性

这一部分包含了需方对软件可移植性方面的要求，包括对软件在不同环境的适应情况、在指定环境被安装的能力、使用时所需的配置以及安装规程信息等方面的要求，具体可分为以下 6 个方面。需方在编制需方技术要求文档时可根据需求选择适用的条件。

（1）适应性。文档应对软件产品对不同指定环境的适应情况要求进行说明。例如，数据结构、软/硬件环境的适应性等。

（2）易安装性。文档应对软件产品在指定环境中被安装的能力的要求进行说明。例如，软件的安装或重装的方式是自定义或快速安装等。

（3）易替换性。文档应对软件产品在同样环境下，替代另一个相同用途的指定软件产品的要求进行说明。例如，软件的新版本可替换旧版本。

（4）配置信息。文档应对软件投入使用时，所需的不同配置或所支持的配置（硬件、软件）进行规定。

配置信息描述如下。

① 硬件要求：奔腾级计算机以上配置；内存容量至少为 32MB。

② 操作系统要求：Microsoft Windows95/98/2000/XP 操作系统。

③ 数据库要求：Microsoft SQL Server 2005 企业版。

④ 其他软件要求：Internet Information Services 6.0 及以上版本。

（5）安装信息。文档应对是否说明安装（或重装）规程信息进行要求，包括软件、数据库的安装和参数的配置等。

（6）依从性。文档中应对软件产品须遵循的与可移植性相关的标准、约定、法规进行说明。

12）使用质量

需方在编制需求文件时，如果有明确的使用质量要求，如在使用周境中对产品的有效性、效率、满意度、抗风险、周境覆盖特性以及相关的依从性存在明确要求，也应在需求文件中加以陈述。具体的陈述内容参见 4.2.1 节的 13）～17）条。

5.1.2　对需方验收产品的建议

需方编制良好的需求文件有利于定制软件后续工作的开展，当需方按照上面建议的编写要求和内容完成需方需求文件后，可以将需求文件用于产品采购的招标、谈判及合同签署。建议需方在这些活动中明确要求供方在交付产品时提供有合格资质的软件产品独立评价方出具的验收测试报告。

供方生产软件的过程需方没有必要关心，但在供方向需方交付产品时，需方应当按照当初的需方需求文件验收产品。验收可以由需方组织，也可以委托第三方机构来组织。当供方提供了合格独立评价方出具的第三方验收测试报告时，可以直接采用报告结论，作为产品是否达到需方对软件产品质量要求的证据。独立评价方的第三方测试必须按照 GB/T25000.51—2016 标准的要求以需方需求文件为依据开展。

当需方没有在采购合同中要求供方提交独立评价方出具的第三方验收测试报告时，可以在验收前要求供方提供供方自己的测试报告，或者需方自主完成验收测试，以证实供方交付的产品是否满足需方需求文件的要求。但任何一方开展的测试活动都必须按照 GB/T25000.51—2016 标准的要求并以需方需求文件为依据开展，相关的测试细则及判定评价方法参见第 4 章。

5.2　对供方的建议

针对需方的软件产品质量要求，供方需要在软件产品研发的各个过程中采取相应的措施，包括需求分析、软件设计、软件编码、软件测试、产品文档等，来保证所研发软件产品能够满足需方预期的产品质量要求。

本章对供方在软件产品研发的各个过程中采取何种措施，来保证软件产品的质量提供建议。

5.2.1 需求分析阶段

在软件产品研发过程中，需求分析是第一个过程。从需求分析阶段开始，供方就需要采取针对性的措施来保证需求分析的质量，为软件产品能够达到需方的要求奠定好的基础。

软件的需求包括产品质量需求和使用质量需求。产品质量需求包括功能性需求和非功能性需求。功能性需求主要说明待开发软件产品在职能上实际应做到什么，它是用户最主要的需求，通常包括系统的输入、系统能完成的功能、系统的输出以及其他反应。软件产品的非功能性需求是指软件产品为满足用户业务需求而必须具有且除功能需求以外的特性，如系统的性能效率、信息安全性、可靠性、维护性、可移植性、兼容性等方面的需求。使用质量需求包括有效性、效率、满意度、抗风险、周境覆盖等。

本节将从软件产品的质量需求和使用质量需求出发，为满足需方的产品要求，供方在需求分析阶段须要做的相关工作提供建议。在软件产品的实际研发过程中，供方应根据需方的实际软件产品要求，进行针对性的裁剪。

1. 产品质量——功能性

针对 RUSP 的特点，为达到功能集对指定的任务和用户目标的高覆盖程度，供方需要对功能性需求进行充分调研。可以从以下几个方面进行：确定产品所期望的用户类别；获取每类用户的需求；了解用户任务和目标以及这些任务所支持的业务需求。可以通过访谈、会议、原型法、问卷调查等方法进行需求调研，目的是确保产品的功能能高程度地覆盖所期望的用户需求，并减少在软件产品后续阶段中对需求的变更。

功能性需求调研可以从功能的完备性、功能的正确性、功能的适合性和功能性的依从性几个方面来进行。

在功能的完备性方面，除了明确的功能需求，还须要特别注意隐含的功能需求。隐含的功能需求，是为完成业务需求和系统正常运行本身要求而必须具有的功能，而这些功能往往是用户没有提出的。例如，用户管理功能是某些软件产品必不可少的功能，它定义了哪些用户可以以什么样的功能使用系统，而需方一般不会提出明确的用户管理功能。

在功能的正确性方面，除了保证功能分析的正确性，若软件产品涉及计算功能，还须要关注有关计算的准确性和精度要求，如数据的精度要求、数字计算的精度要求、数据传送的误码率要求等。

在功能的适合性方面，可以根据需方的要求，明确功能特定的操作需求，或界面信息需求等，来提高软件的功能适合性。例如，若须要把纸质表格转化为电子表格，则软件中的表格信息填入窗口的对话框应与纸质表格的结构一致，无论是在元素安排、分组和输入值的单位等方面，都须要符合纸质表格的要求。类似的功能适合性需求在进行需求分析时，须要考虑充分。

在功能的依从性方面，若产品或系统须遵循与功能性相关的标准、约定或法规以及类似规定，则在需求分析时也须要进行考虑。例如，医疗卫生行业的产品或系统，须要遵循医疗卫生行业的相关标准的一些特定要求。

2. 产品质量——性能效率

关于性能效率方面的分析，首先要分析需方的要求是属于时间特性、资源利用性、容量特性，还是性能效率的依从性方面，然后，进一步分析，确定出具体的性能效率需求。

1）时间特性分析

时间特性指的是软件执行其功能时，其响应时间、处理时间及吞吐率满足需求的程度。分析需方的时间特性需求，确定是响应时间需求还是处理时间需求，或者是吞吐率的需求。

一般情况下，对于从软件用户操作的角度来描述的时间需求指的是响应时间方面的需求。例如，软件的系统登录操作的响应时间要求在 3s 以内，则属于对功能操作的响应时间方面的要求。对于从软件本身运行的角度来描述的时间需求指的是处理时间方面的需求。例如，银行核心业务系统的结息处理操作时间要求在 3h 内完成，则属于功能的处理时间方面的要求。对于从软件本身角度来描述的诸如单位时间处理的业务或用户请求的数量等，指的是吞吐率方面的要求。例如，要求软件能够在 1min 内处理 100 笔业务请求，则属于对软件吞吐率的要求。

2）资源利用性分析

资源利用指的是软件运行中对服务器端硬件资源的利用情况，包括 CPU 利用率、内存利用率、磁盘 I/O 使用率、网络带宽利用率等。例如，要求软件运行时，占用的 CPU 资源约60%等。

3）容量特性分析

容量特性包括存储容量、并发用户容量、带宽容量、业务吞吐容量等方面。分析需方的容量需求，确定是存储容量、并发用户容量、带宽容量，或者是业务吞吐容量的需求。

一般情况下，软件的文件存储容量、数据库容量等方面的需求属于存储容量方面的需求，例如，要求软件能够支持存储 1TB 的数据量等。软件支持的并发用户数量要求属于并发用户容量的需求，例如，要求软件能够支持 1 000 个用户并发登录等。软件支持的网络带宽要求，属于带宽容量方面的需求。例如，要求软件能够在 10Mb 带宽条件下正常运行。软件支持单位时间处理的最大交易数量的要求属于交易吞吐容量方面的需求，例如，要求软件能够在 1s 内最少处理 20 笔业务等。

4）性能效率依从性分析

性能效率依从性指的是软件遵循与性能效率相关的标准、约定或法规以及类似规定的程度。

诸如软件要符合行业的性能效率标准的需求，属于性能效率依从性的需求。例如，要求软件满足《WST 448—2014 基于居民健康档案的区域卫生信息平台技术规范》的性能要求，则属于性能效率依从性方面的需求。

3. 产品质量——兼容性

随着软件开发的复杂性，软件须要与不同的产品、不同的系统或组件进行信息交换。兼容性方面的分析可以从共存性、互操作性、兼容性的依从性等方面来进行。

共存性指的是在与其他产品共享通用的环境和资源的条件下，产品能够有效执行其所需的功能并且不会对其他产品造成负面影响的程度。分析时，调研与其他软件产品共享通用环境和资源的其他产品，以及共享通用的环境和资源，包括硬件环境、软件环境等。

互操作性指的是两个或多个系统、产品或组件能够交换信息并使用已交换信息的程度。分析时，调研清楚须要与其进行信息交换的其他软件、系统或组件，以及交换的数据信息，包括数据类型、长度等。

兼容性的依从性指的是软件遵循与兼容性相关的标准、约定或法规以及类似规定的程度。依据需方的兼容性的依从性要求，查阅相关标准、法规，找出对应的兼容性要求。

4. 产品质量——易用性

易用性的分析可以从可辨识性、易学性、易操作性、用户差错防御性、用户界面舒适性、易访问性以及易用性的依从性等方面来进行。

可辨识性指的是用户能够辨识软件是否适合他们要求的程度。除了软件的操作界面可辨识或产品文档的内容描述可辨识的，还可以通过设定软件产品演示、教程等功能，来满足需方在可辨识性方面的需求。

在易学性方面，可以设定在线帮助功能，增加功能操作提示信息等需求，来满足需方在易学性方面的要求。

在易操作性方面，可以设定少让用户输入信息，或者模糊匹配等，尽量采取选择模式，提高用户操作的方便性，设定简便的业务操作流程等，来满足需方在易操作性方面的要求。

在用户差错防御性方面，可以设定相应的界面提示信息防止用户错误输入或错误操作等，来满足需方在用户差错防御性方面的要求。

在用户界面舒适性方面，可以设定舒适的用户界面，大小合适的文字信息，美观的图形信息等需求，来满足需方在用户界面舒适性方面的要求。

在易访问性方面，可以设定清晰、简洁的人机交互信息等，来满足需方在易访问性方面的要求。

在易用性的依从性方面，依据需方的易用性的依从性要求，查阅相关标准、法规，找出对应的易用性方面的要求。

5. 产品质量——可靠性

可靠性的分析可以从成熟性、可用性、容错性、易恢复性、可靠性的依从性等方面来进行。

在成熟性方面，可以设定相关诊断功能的需求，如数据库连接诊断功能等，来满足需方在成熟性方面的要求。

在可用性方面，可以设定连续处理，或者重新处理等方面的需求，来保证软件的连续可用性，来满足需方在可用性方面的要求。

在容错性方面，可以设定明确的输入限制方面的需求，并给出相应的信息校验，防止用户输入错误的信息，或进行错误的操作，或者设定相应的回滚机制，来保证错误的操作可以回滚等，来满足需方在容错性方面的要求。

在易恢复性方面，可以设定数据处理或传输的中断恢复机制等方面的需求，来提高需方在易恢复性方面的要求。

在可靠性的依从性方面，依据需方的可靠性的依从性要求，查阅相关标准、法规，找出对应的可靠性方面的要求。

6. 产品质量——信息安全性

信息安全性的分析可以从保密性、完整性、抗抵赖性、可核查性、真实性、信息安全性的依从性方面来进行。

保密性指的是软件可以确保数据只有在被授权时才能被访问。根据需方的需求，可以设定数据或功能访问权限、传输或存储的数据加密等方面的需求，来提高软件的保密性。访问权限方面，可以设定安全策略和用户角色，通过安全策略和用户角色设置访问控制矩阵，控制用户对信息或数据的访问。用户权限应遵循"最小权限原则"，授予账户承担任务时所需的最小权限。例如，管理员只须拥有系统管理权限，不应具备业务操作权限，同时要求不同账号之间形成相互制约关系，系统的审计人员不应具有系统管理权限，系统管理人员也不应具有审计权限等。在数据加密方面，对敏感的数据采用加密技术进行加密处理。例如，在交易系统中，涉及银行账号、交易明细、身份证号、手机号码等敏感信息，须保证传输过程中的安全性，可采用 3DES、AES 和 IDEA 等加密技术进行加密处理。同时，对保存的敏感信息，也应采用加密技术进行加密存储。

完整性指软件可以防止未授权访问、篡改计算机程序或数据。根据需方的要求，可以设定对传输、存储的数据进行完整性校验等需求，来提高软件的完整性。可以采用增加校验位、循环冗余校验（Cyclic Redundancy Check，CRC）的方式检查数据完整性是否被破坏，或者采用各种散列运算和数字签名等方式实现通信过程中的数据完整性。对于关系型数据库，可以通过增加数据完整性约束，如唯一键、可选值、外键等；实现事务的原子性，避免因为操作中断或回滚造成数据不一致，完整性被破坏。

在抗抵赖性方面，可以设定启用安全审计功能，对活动或事件进行追踪等需求，来满足需方在抗抵赖性方面的要求。可以设定对重要的功能操作或所有的功能操作都进行操作日志记录，并对用户的功能操作日志进行严格的管理，日志不能被任何人修改或删除，形成完整的证据链。另外，可以采用使用数字签名处理事务，为数据原发者或接收者提供数据原发和接收证据，提高抗抵赖性。

可核查性指的是相关活动可以被唯一地追溯。根据需方的要求，可以设定用户操作日志的日志记录内容，如事件日期、时间、发起者信息、类型、描述和结果等，提高软件的可核查性。

真实性指的是软件访问用户的真实性。可以设定相应的用户身份鉴别机制，来满足需方在真实性方面的要求。可以设定专用的登录控制模块对登录用户进行身份标识和鉴别，验证其身份的真实性。可以设定软件中的用户名唯一且与用户一一对应，采用用户名和口令的方式对用户进行身份鉴别，用户的口令开启复杂度策略，口令长度为 8 位以上时，至少包含数字、大小写字母、特殊字符中的三种，强制定期更换口令等。另外，可以设定登录失败处理功能，采取如结束会话、限制非法登录次数和自动退出等措施，来防止用户被盗用、暴力破解等。

在信息安全性的依从性方面，依据需方的信息安全性的依从性要求，查阅相关标准、法规，找出对应的可靠性方面的要求。

7. 产品质量——维护性

维护性的分析可以从模块化、可重用性、易分析性、易修改性、易测试性、维护性的依从性等方面来进行。

模块化指的是软件由多个独立组件组成。根据需方的要求，确定相应的模块化需求，如 ESB 企业总线、WebService 架构、微服务架构、SOA 架构、消息传递等。

可重用性指的是软件的一些组件可以被其他软件重用。根据需方的要求，明确被重用的功能，确定为独立的组件开发需求，提高软件的可重用性。

易分析性指的是软件出现故障后，能够方便进行故障原因分析。根据需方的要求，对于特定的软件功能，可以设定对应的问题诊断功能需求。例如，对于数据传输功能，可以设定对应的网络诊断功能，用来诊断相关参数配置的正确性、网络的连通性等，来提高软件的易分析性。

易修改性指的是软件方便进行修改，以满足不同的业务功能需求。根据需方的要求，对于将来须要修改的数据，可以设定相应的参数设置功能，或者参数配置文件等需求，便于对相关数据进行修改，来提高软件的易修改性。

易测试性指的是软件方便进行测试验证某些功能是否有效。例如，对于数据库连接设置功能，可以确定对应的数据库连接测试功能需求，以便在数据库连接设置后，能够测试其是否可以联通等。

在维护性的依从性方面，依据需方的维护性的依从性要求，查阅相关标准、法规，找出对应的维护性方面的要求。

8. 产品质量——可移植性

可移植性可以从适合性、易安装性、易替换性、可移植性的依从性进行分析。

适合性指的是软件能够适应不同的硬件、软件。硬件部分可以根据需方的要求，确定软件将来运行所依赖的硬件环境，包括 CPU、存储设备、辅助设备（如打印机、扫描仪等）、网络设备（如路由器、交换机等）及配件等。软件部分可以根据需方的要求，确定软件将来运行所需要的其他软件环境，包括操作系统、数据库管理系统、浏览器、支撑软件等，明确各软件相关信息，包括软件类型、版本号等，如 Microsoft Internet Explorer 10.0、Firefox 52.0.0.6270、Google Chrome 57.0.2987.98 等。

易安装性：可以设定一键安装、一键卸载等方面的需求，提高软件的易安装性。

易替换性：主要指被新版本软件的易替换性。可以通过设定在线升级功能等方面的需求，来提高软件的易替换性。

在可移植性的依从性方面，依据需方的可移植性的依从性要求，查阅相关标准、法规，找出对应的可移植性方面的要求。

9. 使用质量——有效性

为在需求分析阶段提高软件产品的有效性，须要从以下几个方面进行：识别出用户针对产品或系统的有效特征需求，量化并明确特征属性，作为需求分析中重要的组成部分。

10. 使用质量——效率

效率评估的是在特定的使用周境中为达到使用有效性系统消耗的相关资源，主要是完成任务的时间、耗费的人力、花费的成本等。为在需求分析阶段提高软件产品的效率，须要准确分析目标用户的使用需求和使用周境，并在《软件需求规格说明书》中加以陈述。

11. 使用质量——满意度

为在需求分析阶段提高软件产品的可用性，须要从以下几个方面进行：系统功能必须适用目标客户，须要考虑用户的使用习惯、预期的交互方式、视觉感受等方面；识别出用户针对产品或系统的满意度特征需求，量化并明确特征属性，作为需求分析中重要的组成部分。

12. 使用质量——抗风险

需求分析阶段，输出关于软件产品的经济风险、健康和安全风险、环境风险列表，包含明确的和隐含的风险需求，确定软件产品主要面临哪些经济风险、哪些人员潜在风险、哪些环境风险，并对其风险进行评审。

（1）经济风险可从以下几个方面考虑。

① 确定软件产品在经济现状主要面临的经济风险。

② 确定软件产品在高效运行时面临的经济风险。

③ 确定软件产品在商业财产面临的经济风险。

④ 确定软件产品在信誉或其他资源方面主要面临哪些经济风险。

（2）人员风险可从以下几个方面考虑：

① 因人员健康问题而带来的风险，如劳损、疲倦、头痛、安全影响等。

② 用户特征，如专业用户与一般用户的技术水平、混合类型的用户、受限用户组或公共

用户。

③ 测试的执行与实际运作的执行。

④ 因人员对需求理解不一致而导致的风险。

⑤ 不同人群的使用风险。

⑥ 因人员的安全意识薄弱而带来的风险等。

（3）环境风险可从以下几方面考虑：

① 环境的稳定性风险，例如，运行环境不稳定，总是出现故障。

② 环境和依赖的风险：一般测试环境不可能和实际运行环境完全一致，从而造成测试结果的误差。

③ 环境配置不完善的风险，例如，由于硬件所限，测试环境未完全部署所有系统，导致系统间通信有问题。

④ 环境网络带宽等受限的风险。

⑤ 多版本程序设计的风险等。

对经济风险、人员风险、环境风险进行充分调研和分析，并挖掘、分析潜在的风险，对风险进行评审，并分析其缓解潜在风险的程度如何，确保经济风险缓解性的全面性。

13. 使用质量——周境覆盖

在需求分析阶段，须要对软件产品所有预期的使用周境进行分析，并确定在这些使用周境中软件产品的可用程度。同时对于超出最初设定需求的周境，也要分析灵活性对软件产品的重要程度，考虑现状、机会和个人喜好等非预期因素。

5.2.2　软件设计阶段

软件设计阶段是影响软件产品能否达到需方要求的重要阶段，须要供方在设计阶段，依据需求要求，采取适合的设计，来保证软件产品能够达到供方的要求。

本节将从软件产品的质量特性和使用质量特性出发，为满足需方的产品要求，供方在软件设计阶段须要做的相关工作提供建议。在软件产品的实际研发过程中，供方应根据需方的实际软件产品要求，进行针对性的裁剪。

1. 产品质量——功能性

为实现功能的完备性，须要确保软件需求中的所有功能都进行设计，没有遗漏。同时要考虑当技术变化或业务变化时，不可避免将带来系统的改变。不仅要进行设计实现的修改，甚至要进行产品定义的修改。为实现功能的完备性，软件设计应在系统构架上考虑能以尽量少的代价适应这种变化。常用的技术方法可考虑面向对象的分析与设计以及设计模式。

根据计算准确性和精度要求的需求，在设计时须要考虑设计处理方式或采用的算法。比如截取近似数时，是采用四舍五入法、去尾法还是进一法，要根据软件产品的具体情况采用不同的处理方法。

进行功能设计时，从功能适合性出发，在支持用户完成指定的任务和目标时要适合任务，也就是说功能要基于任务特征，而不是基于实现任务的技术。例如，对话所要求的步骤应该适合完成任务，包括执行必要的步骤、省略不必要的步骤；当一个任务须要源文件时，用户界面应该与源文件的特征兼容。

为进行功能和接口设计时，要根据软件产品的实际应用情况，遵循与功能和接口设计有关的标准、约定或法规以及类似规定。

2. 产品质量——性能效率

1）软件时间特性设计

软件时间特性设计主要根据需求分析内容，对产品各功能在不同使用场景下的响应时间、处理时间、吞吐率进行针对性设计。

响应时间设计主要针对软件产品的请求网络传输时间、软件产品处理时间、处理结果网络传输时间设计。请求网络传输时间、处理结果网络传输时间设计主要包括对软件产品网络传输协议、系统架构、软件界面等方面的设计。网络传输协议设计可以在软件安全性要求较低情况下，采用非安全加密网络传输协议，只对部分关键信息进行加密处理，在软件安全性要求较高情况下，尽量采用对称加密算法或协议；对于互联网软件产品可以选择 WebSocket 协议或 HTTP 2.0 协议减少传输频率和时间。系统架构设计可以考虑使用 CDN（内容分发网络）等网络加速服务、文件缓存、消息队列缓存、内存数据库缓存、非关系数据库缓存等架构。软件界面设计考虑使用富客户端设计，例如，互联网软件产品使用 AJAX 等客户端框架，采用异步页面处理方式，减少网络传输时间。

处理时间设计主要针对软件产品使用场景，对产品软件架构、数据库架构、软件处理逻辑等进行设计，软件架构设计主要包括软件分布式架构设计、软件接口设计、软件组件设计等，如对于大并发用户软件产品在软件架构设计时考虑使用分布式架构设计，采用集群方式、分布式中间件、分布式数据库提高软件产品并发处理能力并降低处理时间；软件接口设计主要考虑软件接口数据传输量最小化，接口调用复用等方面；软件组件设计考虑对软件组件比对选型，选取最适合软件架构组件。数据库架构设计主要包括对数据库表结构、数据库索引、数据分区等方面的设计，如降低单表数据量、对数据更改频繁、数据表减少索引使用、对数据量较大的数据表进行数据分区设计等。软件处理逻辑设计主要包括对软件异步处理、高并发处理等方面的设计，如对高并发业务逻辑处理，采用异步持久化等方式。

吞吐率设计主要针对软件产品使用场景，对产品软件架构、数据库架构、软件处理逻辑等进行设计，软件架构设计主要包括软件分布式架构设计、软件接口设计、软件组件设计等，如对于大并发用户软件产品在软件架构设计时使用分布式架构设计，采用集群方式、分布式中间件、分布式数据库提高软件产品整体吞吐量、吞吐率；软件接口设计主要考虑软件接口数据传输量最小化，接口调用复用等方面；软件组件设计考虑选择轻量级组件提升网络吞吐率等方面。数据库架构设计考虑对数据库表结构、数据库索引、数据分区等方面的设计，如提升数据库缓存命中率、降低磁盘输入/输出等方式提升内存吞吐率、网络吞吐率。软件处理逻辑设计主要包括对软件异步处理、高并发处理等方面的设计。例如，对高并发业务逻辑处理，采用异步持久化等方式。

2）软件资源利用性设计

软件资源利用性设计主要包括对完成软件产品设计阶段任务所需的时间资源、人力资源、设备资源、工具资源、财务成本等方面进行规划设计。

软件产品的任务时间资源设计主要包括产品需求分析任务的时间资源分解，即对每项任务的完成时间、起止时间的规划等。完成软件产品设计阶段的任务所需人力资源分析主要包括产品需求分析任务所需人力资源的分解，即每项任务的责任人、任务执行人、任务内外部协作人的设计等。软件产品设备资源分析主要包括产品需求分析所需的办公设备、网络设备、服务器设备、存储设备等设备资源规划设计。工具资源分析主要包括软件设计工具、程序开发工具、配置管理工具等工具选型、使用规划。软件产品财务成本设计主要包括对软件设计阶段的人力资源成本、设备资源成本、工具资源成本等进行规划、分配设计等。

3）软件容量特性设计

软件容量设计主要依据对存储容量、并发用户容量、带宽容量、业务吞吐容量、数据库容量等方面的分析结果，对系统架构、软件架构、数据库架构、软件处理逻辑等进行设计。

软件产品系统架构容量设计可以考虑使用 CDN（内容分发网络）等网络加速服务、文件缓存、消息队列缓存、内存数据库缓存、非关系数据库缓存、数据库集群、中间件集群等架构增加系统存储容量、并发用户容量、带宽容量、业务吞吐容量、数据库容量；软件架构设计须要考虑提升软件并发性，例如，对于大并发用户软件产品，在软件架构设计时考虑使用分布式架构设计，采用集群方式、分布式中间件、分布式数据库，提高软件产品并发处理能力。数据库架构设计主要包括对数据库表结构、数据库索引、数据分区等方面的设计。例如，降低单表数据量、对数据更改频繁数据表减少索引使用，对数据量较大数据表进行数据分区设计等。处理逻辑设计时，可以考虑对软件异步处理、高并发处理等方面的设计。例如，采用异步持久化等方式提高并发用户容量和业务吞吐容量。

3. 产品质量——兼容性

在设计阶段，供方应根据需求分析结果中的兼容性需求，来设计软件系统的架构、功能、接口以及模块间调用关系等。通常可以遵循相关国际标准、国家标准、行业标准，制定出适合的开发规范。例如，与其他软件产品的接口规范包括数据类型、接口类型、传输协议等，从而确保软件系统能够与预期的其他产品、系统或组件进行数据或信息交换。

4. 产品质量——易用性

在设计阶段，为提高产品易用性，可以从以下几个方面进行：

（1）在进行产品设计时从用户的需求和感受出发，围绕用户为中心设计产品，包括产品的使用流程、产品的信息架构等。

（2）按专业领域划分模块，不能在同一模块中实现两个不同专业领域的内容。

（3）产品提供演示帮助功能，目标用户通过简单提示或者帮助，能理解产品界面并进行使用。

（4）系统架构适用，例如，产品提供的每一个 API 方法签名都易于用户理解。

（5）产品设计统一，做到视觉、交互、结果统一。

（6）界面设计美观，如操作按钮、快捷键等遵循一致的规范、标准；界面颜色搭配和谐，体现出产品的功能；界面信息阅读流畅，符合人们阅读习惯；图标设计自然，代表意义一目了然。

（7）人机界面友好，使用中操作一致性，界面设计科学合理以及操作简单等。例如，操作失败时，应能及时反馈信息，并提供纠正措施；提供合理的默认值和可选项的预先设定，避免过多的手工操作；清晰、统一的导航要贯穿系统；产品设计了合理提示，用户可以根据提示操作，无须过多地参考使用说明或参加培训；产品提供的图形、背景等输入、输出、消息都是易于理解的。

（8）适用时，用户应能够定制软件的操作流程。

（9）设计系统中的每个组件，尽可能"保护"自己，预见在什么地方可能出现问题，指定损害控制动作。例如，系统提供错误提示信息，并提供纠正措施或要报告差错时应与谁联系；预见具有严重后果功能，提供可撤销功能，并提供明显警告及命令执行前确认信息。

（10）设计多通道用户界面，如触摸界面、听觉界面等。

（11）产品设计遵循相关国际标准、国家标准、行业标准和企业内部规范。

5. 产品质量——可靠性

在设计阶段，为提高可靠性，可以从以下几个方面进行：

（1）选择可靠性框架，包括建模语言、模型理解、问题模型、问题论域 4 个方面，以及联系这4个方面的语法质量、语义质量和语用质量 3 个关系。

（2）采用避错设计，控制程序的复杂度。例如，各个模块有最大的独立性，程序有合理的层次结构，模块间联系尽量简单。

（3）采用查错设计，如被动式错误检测、主动式错误检测等。

（4）采用容错设计，慎重使用容易引入缺陷的结构和技术，如浮点数、指针、动态内存分配等。

（5）采用软件改错设计，赋予程序自我改正错误、减少错误危害程度，例如，良好的日志设计方便用户在诊断问题时，快速定位、查明原因等；具有自我状态监测功能。

（6）产品设计遵循相关国际标准、国家标准、行业标准和企业内部规范。

6. 产品质量——信息安全性

在设计阶段，根据安全性需求分析评审的结果，对软件系统的安全架构、安全模型进行模块划分，确定每个模块或系统的访问权限，确定数据的原发者和接收者，确定需要核查的数据以及核查方法，确定需要真实性的数据，对数据结构进行设计，并选取安全技术和策略保障数据的保密性、完整性、抗抵赖性、可核查性、真实性（如对输入的数据进行过滤或转义等方法）、安全依从性。为防止信息泄露、丢失、非法访问和非法操作，软件须对系统的访问进行控制，如设计分权限登录系统等。为实现安全性，须要确保软件需求中的所有功能或系统的安全性都进行设计，没有遗漏。

为实现安全性，可采用 STRIDE 方法对安全需求进行安全性威胁建模，设计、选用安全模型，并评审安全设计。

7. 产品质量——维护性

在设计阶段，为满足兼容性需求，供方可以采用以下方法：

（1）遵循高聚合、低耦合及信息隐藏的原则，采用组件化设计思想。如将软件划分成一些 COM 组件，并确定每个组件的功能、调用关系及模块间传递的数据，这些组件可以单独编译，甚至单独调试和测试。

（2）通过设计可重用性的框架来实现。例如，采用面向服务架构（SOA），将相对独立的功能或"服务"组装成一个内聚的应用。

（3）通常采用结构化程序设计技术。例如，采用备用件的方法，当要修改某一个模块时，用一个新的结构良好的模块替换掉整个模块。它有利于减少新的错误，并提供了一个用结构化模块逐步取代非结构化模块的机会。

（4）提供必要的后期维护手段和接口支持，如内置的诊断工具、设计调试模块等。

（5）提供必要的测试手段和接口支持，如内置的测试功能、出于测试目的的接口、模拟程序等。

8. 产品质量——可移植性

在设计阶段，为满足可移植性需求，供方可以采用以下方法：

（1）选择可移植的程序设计语言，同时考虑系统架构对不同硬件环境、操作系统/平台等的兼容，设计规范应参考相关硬件及操作系统的开发规范，如符合 Microsoft Windows 开发规范，以确保软件对 32 位或 64 位 Windows 操作系统的支持。

（2）为适应多种环境及用户人群的使用要求，软件安装程序应能够自动识别安装环境并进行相应的配置，同时提供一些选择和设置供用户选择，如安装路径、安装类型等，方便用户安装卸载。

（3）基于产品的适应性、易安装性等方面，应考虑同类软件的替换性。

9. 使用质量——有效性

在设计阶段，为提高有效性，可以从以下几个方面进行：针对有效性特征需求，在技术架构、业务逻辑、工作流程、用户交互等方面进行细分，达到产品或系统使用质量有效性的需求。

10. 使用质量——效率

参考 5.2.2 节步骤 2）中的软件资源利用性设计。

11. 使用质量——满意度

在设计阶段，为提高有用性，可以从以下几个方面进行：

（1）在进行产品设计时从用户的需求出发，围绕用户为中心设计产品；针对满意度特征需求，在技术架构、业务逻辑、工作流程等方面进行细分，达到产品或系统使用质量有用性需求。

（2）制定设计模型的缺陷度量方法，在模型中确保可信属性的覆盖率足够高，缺陷度量和需求中的内容描述一致，模型度量方法在设计阶段要得到有效运行。

12. 使用质量——抗风险

在设计阶段，根据经济风险、健康和安全风险、环境风险分析评审的结果，确定的安全架构、安全模型等，对权限进行详尽设计，对相关人员培训安全等相关知识，这些设计能最大限度地减小或规避经济、人员、环境风险，采用降低系统复杂度、增加检错设计、故障恢复等措施。对所有存在风险的功能，软件应设计特定的确认过程和管理权限，并有审计追踪功能，确保对软件需求中涉及的所有人员风险都进行设计、考量，没有遗漏。为实现经济风险、健康和安全风险、环境风险缓解性，须要确保对软件的所有功能或系统的经济风险都进行了设计、考量，没有遗漏。

13. 使用质量——周境覆盖

在设计阶段，针对需求阶段分析出的软件产品的所有使用周境，并为达到设定的在这些使用周境中的可用程度，对软件架构、数据库架构、软件处理逻辑进行设计时，都要考虑周境覆盖。例如，如果使软件产品适应各种大小不同的屏幕，同时考虑软件产品的灵活性，须要从软件产品的设计上进行充分考虑，如提高产品的可配置能力。

5.2.3 软件编码阶段

编码是一个很容易引入软件 Bug 的环节，须要供方在编码阶段，依据软件设计要求，采取适合的编码算法，来保证软件产品能够达到供方的要求。

本节将从软件产品的质量特性和使用质量特性出发，为满足需方的产品要求，供方在软件编码阶段对须要做的相关工作提供建议。在软件产品的实际研发过程中，供方应根据需方的实际软件产品要求，进行针对性的裁剪。

1. 产品质量——功能性

要使软件正确地满足用户的需求，则须要保证软件质量，若因编码缺陷影响软件功能的实现，则会影响功能完备性。除了保证软件的质量，还须考虑通过技术实现功能的适合性。例如，须要填入的信息包括城市和区号的两个输入框，软件产品会根据输入的区号自动显示城市；在旅行者想要预订特定日期的旅馆房间时，软件产品应只显示当天有房的旅馆。对于精度要求，则须采用对应的处理方法。例如，采用 Java 语言时对计算精度的处理，Float 型和 Double 型数据可以用来做科学计算或工程计算；在商业计算中要求的数字精度比较高，可以用 java.math.BigDecimal 类，它支持任何精度的定点数，可以用它来精确计算货币值。

2. 产品质量——性能效率

1）软件时间特性编码

软件编码阶段主要根据软件设计内容，对产品各功能进行程序编码。

响应时间编码主要对软件产品程序数据结构、程序算法进行编码优化。例如，Java 语言中根据不同业务逻辑设计选择 Hashmap、Treemap 等 Map 集合数据结构，根据业务逻辑设计选择 MD5、DES、RSA 等加密算法。

处理时间编码主要是对软件产品数据结构、程序算法、SQL 语句等进行编码优化。例如，Java 语言中根据不同业务逻辑设计选择 ArrayList Vector、LinkedList 等 List 集合数据结构，根据业务逻辑设计选择 GZip、Deflate 等压缩算法，Oracle PL SQL 语句使用绑定变量减少 SQL 语句解析处理的时间。

吞吐率编码主要对软件产品程序算法、SQL 语句等进行编码优化。例如，在编码中使用多线程并行算法提高业务处理并行度，在 SQL 语句中合理使用数据表索引提高 SQL 语句处理速度及缓存吞吐率。

2）软件资源利用性编码

软件资源利用性编码主要包括对完成软件产品编码任务所需时间资源、人力资源、设备资源、工具资源、财务成本等方面进行分析、规划设计。

软件产品编码阶段任务时间资源设计主要包括对完成软件产品编码任务所需时间资源的分解，即对每项任务的完成时间、起止时间的规划等。软件产品编码阶段任务人力资源分析主要包括产品需求分析任务人力资源分解，即对每项任务的责任人、任务执行人、任务内外部协作人进行规划设计等。软件产品编码设备资源规划主要包括对产品编码所需的办公设备、网络设备、服务器设备、存储设备等设备资源进行规划设计。软件产品编码工具资源规划主要包括对产品程序开发工具、配置管理工具等进行选型、使用规划。软件产品编码财务成本分析主要包括对软件编码阶段所需的人力资源成本、设备资源成本、工具资源成本等进行规划、分配设计等。

3）软件容量特性编码

软件容量特性编码主要依据软件产品系统架构、软件架构、数据库架构、软件处理逻辑等设计结果，进行软件程序编码。

软件产品系统架构设计可以考虑使用 CDN（内容分发网络）等网络加速服务、文件缓存、消息队列缓存、内存数据库缓存、非关系数据库缓存、数据库集群、中间件集群等架构增加系统存储容量、并发用户容量、带宽容量、业务吞吐容量、数据库容量；软件架构设计须要考虑提升软件并发性。例如，对于大并发用户软件产品，在设计软件架构时可考虑使用分布式架构设计，采用集群方式、分布式中间件、分布式数据库提高软件产品并发处理能力。数据库架构设计主要包括对数据库表结构、数据库索引、数据分区等方面的设计，例如，降低单表数据量、对数据更改频繁数据表减少索引使用，对数据量较大数据表进行数据分区设计等。

存储容量、数据库并发容量编码主要对软件文件存储、数据库存储、缓存等软件产品程序进行编码优化。例如，使用软件文件存储多线程并行算法，使用数据库并行 SQL 语句进行编码优化，使用缓存产品、组件并进行相应程序编码。

并发用户容量、带宽容量编码、业务吞吐容量编码主要对软件产品程序算法、数据库操作程序等进行编码优化。例如，通过多线程异步算法、非关系数据库程序编码优化。

3. 产品质量——兼容性

软件开发是设计的延续，宜采用适用的制度及流程，确保产品或系统的设计得到有效实现；编码缺陷会影响软件功能的实现，同样会影响软件的兼容性的依从性，故在编码阶段，须制定编码规范，采取代码走查、单元测试等方式来有效降低缺陷率。

4. 产品质量——易用性

在编码阶段，宜采用适用的制度及流程，确保产品或系统的易用性设计得到有效实现，同时通过多种方式提高产品易用性：

（1）编码阶段，须考虑用户对帮助信息的需求是多方位的，帮助系统实现帮助搜索和疑难解答，当用户不能明确描述遇到的问题时，帮助搜索和疑难解答能提供必要的信息。

（2）制定界面风格规范，如标准按钮大小必须相同，界面布局应注意图标和图标之间的距离，使用的图像和标题必须与《界面风格规范》一致等。

（3）交互行为一致，不同类型的元素用户触发其对应的行为事件后，其交互行为须要一致。

（4）任何超过一定时间的操作，增加进度条显示。

（5）在编码阶段，对每个可能出现问题的地方，编写明确错误提示信息，对于"删除"等重要操作，要提供弹出框等明显的警告提示，以便用户进行确认。

（6）有关软件执行的各种问题、消息和结果提示都应该简洁、明快、切题、易懂。

（7）在编码阶段，编码时须遵循与易用性相关国际标准、国家标准、行业标准、企业内部规范等。

5. 产品质量——可靠性

编码阶段，编码缺陷会影响软件功能的实现，进而影响软件的可靠性，为提高可靠性，可以从以下几个方面进行：

（1）须制定编码规范，同时采取代码走查、单元测试等方式来有效降低缺陷率。

（2）对所有的用户输入，都应进行合法性检查。

（3）程序与环境或状态发生关系时，必须主动去处理发生的意外事件，对于明确的错误，要有明确的容错代码。

（4）所有重要操作都记录日志，如登录和数据的增加、删除、修改等。

（5）编码时须遵循与可靠性有关的相关国际标准、国家标准、行业标准、企业内部规范等。

6. 产品质量——信息安全性

根据设计阶段设计的安全架构、安全模型等，开发阶段的主要流程如下：选取安全库或安全组件、代码安全编写、数据库安全设计，业务或系统权限安全设计，为数据原发者或接收者提供数据原发或接收证据的技术；验证数据核查性技术设计、数据真实性技术设计、安全依从性数据设计，并对所使用的安全技术进行评审和单元测试，确保设计的产品、系统或组件可以有效防止未授权的访问，防止计算机程序或数据被篡改。

这个阶段为了检验实现的效果，可采用的方法如下：

（1）代码评审。

（2）代码安全测试。

（3）单元测试。

（4）对所使用的安全技术进行评审。

7. 产品质量——维护性

在代码实现阶段，为提高软件产品的维护性，宜制定相应的措施，保障编码质量，确保代码的实现结构与设计结构相对应。同时供方可以采用以下方法：

（1）针对不同的操作系统，可以采用不同的组件方式。例如，在 Windows 系统平台上，组件可以是 DLL 文件形式，也可以是 EXE 文件形式。一个组件内可以包含多个 COM 对象，并且每个 COM 对象可以实现多个接口。

（2）从提高代码的识别性与可分离性入手。对于代码的识别性，可以采用如下方式：采用直观命名、良好的注释、慎用多态等方法；对于可分离性，可以提高抽象设计、增强内聚、减少重复代码和硬编码等方法。

（3）可以采用如代码评价程序、重定格式程序、结构化工具等自动软件工具，把非结构化代码转换成良好结构代码。同时改进和补充软件文档，以提高程序的可理解性。

（4）通过低耦合的方式，减少代码之间的依赖程度，减少类之间的耦合，从而便于测试人员进行单元测试。

8. 产品质量——可移植性

在代码实现阶段,为提高软件产品的可移植性,宜制定相应的措施,保障编码质量,同时采用相关可移植性的开发规范及方法。例如,采用 config 文件、模块配置文件等方法,确保代码的实现结构与设计结构相对应,确保代码的实现结构与设计结构相对应。

9. 使用质量——有效性

软件开发是设计的延续,宜采用适用的制度及流程,确保产品或系统的设计得到有效实现,保障产品有效性。

10. 使用质量——效率

参考 5.2.3 节步骤 2)中的软件资源利用性编码。

11. 使用质量——满意度

编码阶段,缺陷率和用户个性化需求实现情况会影响软件的使用质量满意度,采取代码走查、单元测试等方式来有效降低缺陷率,同时通过适用的流程和规范,使用户个性化需求正确实现。

12. 使用质量——抗风险

根据设计阶段设计的安全架构、安全模型等,开发阶段的主要流程如下:通过编码或配置实现安全设计,编写安全的代码,实现数据库安全设计,实现业务或系统权限安全设计、对人员进行技术培训;并对所使用的安全技术进行评审和单元测试,综合考量所设计的架构、模型等能否抵御经济风险、人员风险、环境风险。

13. 使用质量——周境覆盖

在编码阶段,为应对各种使用周境,须要在编码时严谨,确保代码的健壮性,从而当遇到非专业人员操作软件产品作出非正常操作时,确保软件产品的可用程度。

同时考虑软件产品的灵活性,须要在编码时考虑扩充性。例如,在对物料进行分类编码时,考虑到将来可能会增加新编码,在编码时可以在分类号中预留一些空号,以便日后可以插入。同时,也可以加大相应分类的编码容量。例如,050~080 可以编成同一个小类。

5.2.4 软件测试阶段

软件研发过程中的内部测试是供方保证所研发软件质量的重要手段。软件测试越早介入,越容易发现软件中的缺陷。须要供方根据实际情况,结合需方的软件产品要求,采取适合的测试类型和测试内容，以保证软件产品能够达到供方的要求。

本节将从软件产品的质量特性和使用质量特性出发，为满足需方的产品要求，供方在软件设计阶段须要对所做的相关工作提供建议。在软件产品的实际研发过程中，供方应根据需方的实际软件产品要求，进行针对性的裁剪。

在测试过程中，供方还须要根据 25000.51 标准中测试文档集的要求，来编写相应的测试文档，包括测试计划、测试用例说明、测试规程、执行报告、异常情况报告、测试结果评估报告等。

1. 产品质量——功能性

1）功能完备性

在测试阶段，针对功能完备性，主要从以下方面进行测试验证：

软件安装之后，软件的功能是否能够完成是可识别的，即软件所呈现的功能应能够在支持的环境中正常运行并且完成规定的工作任务。

软件应符合产品说明所引用的任何需求文档中的全部要求，即若产品说明中有引用的需求文档，应对软件的符合性进行检查，软件应满足产品说明中所引用的需求文档的全部要求。

软件不应自相矛盾，并且不与产品说明和用户文档集矛盾。

① 软件不应出现的自相矛盾包括操作的矛盾、表述的矛盾（如文字和图形的表述矛盾）等。

操作矛盾：在输入和操作相同时，产生不同的输出。

文字矛盾：在软件界面或帮助等具有文字描述的地方，对同一功能的描述不一致。

图形矛盾：不同的功能使用相同的图形表示。

② 凡是产品说明、用户文档集中提到的特性都应与软件保持一致。

这些特性包括功能、操作、输入/输出的限制条件等。

功能和操作：软件中应具有产品说明和用户文档集中声明的功能，且其操作过程应与声明的一致。

输入/输出的限制条件：在用户文档集和产品说明中声明的输入/输出范围内，软件应能够完成规定的任务；输入/输出范围外，软件应拒绝执行相关操作。

2）功能正确性

在测试阶段，根据产品说明和用户文档集中陈述的功能项，进行测试，软件的输出结果和输出精度都应符合相关文档的要求。

3）功能适合性

在测试阶段，针对功能适合性，主要从以下方面进行测试验证：

在给定的限制范围内，使用相应的环境设施、器材和数据，用户文档集中所陈述的所有功能应是可执行的，即最终用户根据用户文档集的指导对软件进行控制与操作，应能够成功地完成规定的任务。

由遵循用户文档集的最终用户对软件操作进行的控制与软件的行为应是一致的，即最终用户根据用户文档集的指导对软件进行控制与操作，应能够成功地完成规定的任务。

4）功能性的依从性

在测试阶段，针对功能性的依从性，主要从以下方面进行测试验证：

适用时，软件应能够达到有关与功能性相关的标准、约定、法规的要求。例如，对信息安全类产品要求比较高的软件，可能包括安全数据库、安全操作系统等信息安全类标准。

适用时，软件应能够达到有关界面应遵循的标准、约定、法规的要求。

2. 产品质量——性能效率

1）软件时间特性测试

软件时间特性测试主要根据软件产品性能效率需求，对软件产品进行测试、诊断、优化。

响应时间、处理时间、吞吐率测试主要使用性能测试专用工具，模拟软件产品在不同场景下的使用过程，测试可以通过单元测试、接口测试、集成测试、系统测试等形式进行。单元测试主要对软件程序模块进行性能测试，接口测试主要对软件内外部接口进行性能测试，集成测试主要对软件不同模块间集成进行性能测试，系统测试主要对完整软件产品进行性能测试。

响应时间、处理时间、吞吐率诊断主要使用性能测试、性能监控、性能诊断专用工具，响应时间、处理时间性能诊断主要通过对各时间组成部分监控、跟踪输出等进行诊断，分析各组成部分时间指标。吞吐率诊断主要通过对软件产品各组成部分网络、内存、磁盘等吞吐率监控，分析各组成部分吞吐率指标。

2）软件资源利用性测试

软件资源利用性测试主要包括对软件产品测试任务的时间资源、人力资源、设备资源、工具资源、财务成本等方面进行分析、规划设计。

软件产品测试阶段任务时间资源设计主要包括完成软件产品测试任务所需时间资源的分解，即对每项任务的完成时间、起止时间的规则等。软件产品测试阶段任务所需人力资源分析主要包括产品需求分析任务所需人力资源的分解，即对每项任务的责任人、任务执行人、任务内外部协作人进行规划等。软件产品测试阶段设备资源规划主要包括对产品编码所需办公设备、网络设备、服务器设备、存储设备等设备资源进行规划设计。软件产品测试阶段的工具资源规划主要包括对产品程序开发工具、配置管理工具等进行选型和使用规划。软件产品测试阶段财务成本设计主要包括对软件测试阶段所需人力资源成本、设备资源成本、工具资源成本等进行规划、分配设计等。

3）软件容量测试

软件容量测试主要包括存储容量、并发用户数、通信带宽、交易吞吐量和数据库规模等方面的测试。

存储容量、并发用户数、通信带宽、交易吞吐量的测试主要使用性能测试专用工具，模拟软件产品在不同场景下使用过程，测试可以通过单元测试、接口测试、集成测试、系统测试等形式进行。

存储容量、并发用户数、通信带宽、交易吞吐量的诊断主要使用性能测试、性能监控、性能诊断专用工具，存储容量、并发用户数、通信带宽、交易吞吐量性能诊断主要通过对等相关容量指标监控结果进行诊断，检查容量指标是否满足需求，分析造成容量指标不符合需求的进程或参数配置信息。

3. 产品质量——兼容性

在测试阶段，可通过度量可行的共存性、数据的可交换性、接口的一致性来判定兼容性。

可行的共存性：对能按规定共存的产品实体进行计数，并与须要在产品环境中共存的实体总数相比较。统计出能按规定共存的产品实体数 A，以及须要在产品环境中共存的实体总数 B，则可行的共存性 $X=A/B$，$0 \leqslant X \leqslant 1$。$X$ 的值越接近 1，越好。

数据的可交换性：对按规格说明应正确实现的接口数据格式进行计数，并与规格说明中要交换的数据格式数相比较。统计出按规格说明正确实现接口数据格式数 A，以及规格说明中要交换的数据格式数 B，则数据的可交换性 $X=A/B$，$0 \leqslant X \leqslant 1$。$X$ 的值越接近 1，越正确。

接口的一致性：对按规格说明已经正确实现的接口协议进行计数，并与规格说明中要实现的接口协议数相比较。统计出在评审中已证实的按规格说明正确实现的接口协议数 A，以及规格说明中要实现的接口协议数 B，则接口的一致性 $X=A/B$，$0 \leqslant X \leqslant 1$。$X$ 的值越接近 1，越一致。

4. 产品质量——易用性

1）可辨识性

在测试阶段，可通过度量软件演示的获得性、用户在看到产品说明或者第一次使用软件后，应能确认产品或系统是否符合其需要来判定可辨性。

软件演示的获得性：产品或系统应有演示帮助信息，如提供在线视频、教程、远程协助、文档或网站主页信息等。

用户在看到产品说明或者第一次使用软件后，应能确认产品或系统是否符合其需要：产品说明或系统应清晰展现产品或系统功能，帮助用户确认是否符合其需要。

2）易学性

在测试阶段，可通过判断用户使用了用户文档或帮助机制是否正确完成任务，确认产品或系统易学性。

用户使用了用户文档和/或帮助机制应能正确地完成任务，即当借助用户接口、帮助功能或用户文档集提供的手段，最终用户应能够学习如何使用某一功能。

3）易操作性

在测试阶段，可通过判断用户使用用户文档或帮助机制是否正确完成任务，确认产品或系统易操作性。

软件中不应有与用户期望不一致的不可接受的消息或功能。例如，提示信息与操作不一致，对功能的操作不能完成预期的任务等；在操作错误时，应能够撤销原来的操作或重新执行任务；用户文档集、产品说明和软件中的默认值（除时间部分）都应是可用的；导航清晰、统一、可用，操作按钮、快捷键等一致且可用；适用时，用户自定制软件操作流程是可用的。

4）用户差错防御性

在测试阶段，可通过判断系统预防犯错的程度，确认产品或系统用户差错防御性。

软件在运行过程中发生错误时，应有指导用户如何改正差错或向谁报告的提示信息。例如，在安装了卡巴斯基软件的计算机上安装瑞星杀毒软件，则应在安装时有类似于"您已经安装了其他杀毒软件，请卸载后再进行本软件的安装。"的提示信息，而不是直接终止软件的安装；执行具有严重后果的删除、改写以及中止一个过长的处理操作时，该操作应是可逆的，或者有明显的警告和提示确认信息，例如，数据的删除在会影响数据库中数据的情况下，应该是可逆的或有提示信息的；导入新数据覆盖原有的数据时，应有相关的提示信息。

5）用户界面舒适性

在测试阶段，可通过判断用户界面提供令人感觉愉悦和满意的交互的程度，确认产品或系统用户界面舒适性。

软件界面不应出现乱码、不清晰的文字或图片等影响界面美观与用户操作的情形；软件应提供用户愉悦性和满意度，如颜色的使用和图形化设计的自然性。

6）易访问性

在测试阶段，可通过判断产品或系统被具有最广泛特征和能力的个体所使用的程度，确认产品或系统易访问性。

软件应恰当地选择术语、图形表示，提供背景信息、帮助功能等帮助用户对软件的理解；软件支持辅助性软件，帮助有能力障碍的人对软件的访问；消息应为易于阅读的和无歧义的，消息包括确认、查询警告、出错信息等；软件的输入、输出和消息都应是清晰且易于理解的，且输入、输出的格式、符号和内容应为可理解的。

7）易用性的依从性

在测试阶段，可通过判断产品或系统遵循易用性相关的标准、约定或法规以及类似规定的程度，确认产品或系统易用性的依从性。

适用时，软件应能够达到有关易用性的标准、约定、法规的要求。

5. 产品质量——可靠性

1）成熟性

在测试阶段，可通过度量测试覆盖率、故障密度、缺陷的严重程度、完整性级别来判定功能的完备性。

测试覆盖率=测试期间执行的测试用例数÷获得充分测试覆盖率而要求的测试用例数，其中获得充分测试覆盖率而要求的测试用例数指每个功能点最少要有一个用例。

故障密度=检测到的故障数目÷产品规模，其中检测到的故障数目指 Bug 的数量，产品规模即功能点。

缺陷的严重程度可以从以下几方面进行测试:

(1)微小的:一些小问题如有个别错别字、文字排版不整齐等,对功能几乎没有影响,软件产品仍可使用。

(2)一般的:不太严重的错误,如次要功能模块丧失、提示信息不够准确、用户界面差和操作时间长等。

(3)严重的:严重错误指功能模块或特性没有实现,主要功能部分丧失,次要功能全部丧失或致命的错误声明。

(4)致命的:致命的错误指造成系统崩溃、死机,或者造成数据丢失、主要功能完全丧失等。

2)可用性

在测试阶段,须要根据用户需求,明确并制定系统可用性目标。可用性是成熟性、容错性和易恢复性的组合,可用性目标的制定须包含成熟性、容错性、易恢复性。

3)容错性

在测试阶段,可通过判断系统、产品或组件的运行符合预期的程度,确认产品或系统容错性。

与差错相关的功能应与产品说明和用户文档集中陈述一致;在限制范围内或试图超出限制范围,软件不应丢失数据。例如,用户操作不正确,系统应给出错误提示信息,相关数据不会丢失。

4)易恢复性

在测试阶段,可通过度量易复原性、复原的有效性来判定功能易恢复性。

易复原性:$A=$在评审中证实的已实现的复原需求数,$B=$规格需求中复原需求数,$X=A/B$,$0 \leq X \leq 1$,X 的值越接近 1,易复原性越好。

复原的有效性:$A=$已实现的满足目标修复时间的修复需求数,$B=$有规定目标时间要求的修复需求数,$X=A/B$,$0 \leq X \leq 1$,X 的值越接近 1,复原的有效性越好。

5)可靠性的依从性

在测试阶段,可通过判断产品或系统遵循可靠性相关的标准、约定或法规以及类似规定的程度,确认产品或系统可靠性的依从性。

适用时,软件应能够达到有关可靠性的标准、约定、法规的要求。

6. 产品质量——信息安全性

在测试阶段,主要检测指标如下:

(1)针对安全保密性,可通过检测用户权限来测试。检测用户文档集中所陈述的有授权的用户访问是否正确,用户权限是否合理,用户的每种角色访问是否正确等。

(2)对用户文档集中所陈述的授权,使用非授权用户进行访问,查看是否不能访问;利用安全工具，试图篡改计算机程序或数据，查看是否不能篡改成功。

（3）查看系统是否提供在请求的情况下为数据原发者和接收者提供数据原发证据的功能；是否提供在请求的情况下为数据原发者和接收者提供数据接收证据的功能。

（4）按照规格说明中说明的要求记录的功能操作，查看是否被正确记录，且记录信息完整；查看规格说明中规定的所有要求记录审计的是否全部记录，且符合要求。

（5）检测应用系统，查看应用系统是否对人机接口输入或通信接口输入的数据进行有效性检验；检测应用系统，可通过对人机接口输入的不同长度或格式的数据，查看系统的反应，验证系统人机接口有效性检验功能是否正确，校验是否全面。

（6）检测应用系统，与规格说明中已要求的安全依从性标准、法规、约定是否一致。

7. 产品质量——维护性

1）易分析性

适用时，软件产品应按产品说明中的要求对软件的各项失效操作进行追踪，可以通过日志记录、运行状态情况报告、失效操作提示信息，以及导致软件失效的操作列表等信息知道引起软件失效的具体操作。

2）易改变性

软件变更控制的能力：对于维护后的版本及修订内容是否能够按照产品说明中的描述进行查阅，如通过帮助文档、ReadMe 文件等方式进行查阅。

参数变更的可修改性：适用时，用户应能够按照产品说明的描述，通过参数的变更来解决问题。

3）稳定性

按照产品说明的描述，若对软件进行了变更，则变更后软件不应出现失效的情况。

4）易测试性

按照产品说明中的描述，应能够对修改后的软件进行测试，包括但不仅限于以下几点：

（1）测试是否须要附加的测试措施。

（2）是否容易选择检测点进行测试。

5）维护性的依从性

软件应能够达到有关维护性的标准、约定、法规的要求。

8. 产品质量——可移植性

1）适应性

数据结构的适应性：对于产品说明中指定的每一种数据类型软件应能够成功安装和正确运行。对每一种数据结构均应执行一次"读"测试和一次"写"测试（仅有一项功能的除外）。

硬件环境的适应性：对于产品说明中指定的每一种硬件环境，软件均能成功安装和正确运行；对于环境组合至少满足基本选择组合（一次仅变化一个硬件设备），若另有定义，则根据定义（如两两组合或更高组合）进行检测。

系统软件的适应性：对于产品说明指定的每一种软件环境，软件均能成功安装和正确运行。对于软件环境组合至少满足基本选择组合（一次仅变化一个软件要素），若另有定义，则根据定义（如两两组合或者更高组合）进行检测。

2）易安装性

在安装文档中指定的每一种安装选项要素均应被覆盖，包括软件的安装方式（自定义安装、快速安装等）、路径、用户名、数据库等，每种情况均能成功地安装软件。

重新安装：安装文档中规定的每一种重新安装均应被覆盖，包括覆盖安装、升级安装、卸载后重新安装等，在所描述的情况下，应能够成功地重新安装软件。

3）易替换性

软件升级应有详细说明，并且在相同的环境中，按照软件升级说明执行后，能够成功升级。

4）可移植性的依从性

软件应能够达到有关维护性的标准、约定、法规的要求。

9. 使用质量——有效性

在测试阶段，可通过度量任务有效性、任务完成量、出错频率来判定有效性。

任务有效性：A_i=任务输出中遗漏或不正确的组件比例值，$M_i = |1 - \sum A_i|$，$0.0 \leqslant M_i \leqslant 1.0$，越接近 1.0 越好。

任务完成量：A=已完成的任务数，B=试图完成的总任务数，$X = A/B$，$0 \leqslant X \leqslant 1$，$X$ 的值越接近 1 越好。

出错频率：A=用户导致的错误数，T=任务时间或任务数，$X = A/T$，$X \geqslant 0$，X 的值越接近 0 越好。

10. 使用质量——效率

参考 5.2.4 节步骤 2）中的软件资源利用性测试。

11. 使用质量——满意度

1）有用性

在测试阶段，可通过度量满意度标度、满意度问卷来判定可用性。

度量满意度标度：A=通过调查问卷得到的心理测试标度，B=人口总体平均数，$X = A/B$，$X > 0$，X 的值越大越好；

满意度问卷：A_i=对问题的响应，n=响应数，$X = \sum (A_i) / n$，与前面数据比较或总体平均数比较。

2）可信性

在测试阶段，可通过度量选用度来判定可信性。

选用度：A=使用特定软件功能/软件应用/软件系统的次数，B=打算使用它们的次数，$X=A/B$，$0.0 \leqslant X \leqslant 1.0$，$X$的值越接近 1.0 越好。

3）愉悦性

在测试阶段，可通过度量满意度标度、满意度问卷来判定可用性。

度量满意度标度：A=通过调查问卷得到的心理测试标度，B=人口总体平均数，$X=A/B$，$X>0$，X的值越大越好。

满意度问卷：A_i=对问题的响应，n=响应数，$X = \sum (A_i) / n$，与前面数据比较或总体平均数比较。

4）舒适性

在测试阶段，可通过度量满意度标度、满意度问卷、选用度来判定舒适性。

度量满意度标度：A=通过调查问卷得到的心理测试标度，B=人口总体平均数，$X=A/B$，$X>0$，X的值越大越好。

满意度问卷：A_i=对问题的响应，n=响应数，$X = \sum (A_i) / n$，与前面数据比较或总体平均数比较。

选用度：A=使用特定软件功能/软件应用/软件系统的次数，B=打算使用它们的次数，$X=A/B$，$0.0 \leqslant X \leqslant 1.0$，$X$的值越接近 1.0 越好。

12. 使用质量——抗风险

在测试阶段，主要检测以下几项：

（1）对发生经济风险的各种可能（可根据需求阶段整理的经济风险列表），检测是否有对应的规避或降低风险的有效措施。

（2）对发生健康和安全风险的各种可能（可根据需求阶段整理的健康和安全风险列表），检测是否有对应的规避或降低风险的有效措施。

（3）对发生环境风险的各种可能（可根据需求阶段整理的环境风险列表），检测是否有对应的规避或降低风险的有效措施。

13. 使用质量——周境覆盖

在测试阶段，可通过在所预期的各种使用周境中对软件产品进行测试，测试软件产品在这些使用周境中的可用程度。

5.2.5 产品文档编写

在软件开发、测试完成后，供方须要编制相应的产品文档，产品文档包括软件产品说明和用户文档集。

产品说明是陈述软件各种性质的文档，其主要目的是帮助需方了解 RUSP 各方面的特性。

GB/T 25000.51 的产品说明要求从可用性、内容、标识和标示、映射、产品质量的八大特性以及使用质量的五大特性进行规定。供方可根据实际情况，编制对应的产品说明。

用户文档集是指能够指导、帮助用户使用软件的所有文档的集合。它的作用是能够让用户有效地理解软件的目标、功能和特性，指导用户如何安装、卸载和使用软件等。

GB/T 25000.51 定义的用户文档集要求从可用性、内容、标识和标示、完备性、正确性、一致性、易理解性、产品质量的八大特性以及使用质量的五大特性作了规定。供方可根据实际情况，编制对应的用户文档集。

5.3 对独立评价方的建议

5.3.1 标准的使用时机

本标准针对的是 RUSP（打包出售给对其特征和其他质量没有任何影响的需方的软件产品），独立评价方可以在以下情况下使用本标准：

（1）与请求者约定按照本标准要求对 RUSP 进行测试。

（2）当请求者（如供方、需方）所提交的 RUSP 声称其产品符合本标准要求时，独立评价方可根据本标准对 RUSP 进行符合性评价。

5.3.2 确定测试需求

独立评价方可根据测试合同要求及所收集的产品说明、用户文档集等文档（如需求规格说明书、设计文档、用户操作手册、用户使用说明书等）内容来确定测试范围，即确定须要进行测试的质量特性（功能性、性能效率、兼容性、易用性、可靠性、信息安全性、维护性、可移植性）范围。建议从以下几个方面确定测试范围。

1. 功能性测试

（1）测试范围可根据测试合同要求来确定；

（2）对于文档（如需求规格说明书、设计文档、用户操作手册、用户使用说明书等）中存在须要满足规定准确度的要求（如时间、长度限制、数字精度、邮件格式等）时，考虑进行功能正确性测试。

（3）如果产品说明中引用了需求文档，就要考虑验证实际软件功能是否符合所引用的需求文档中的全部需求。

2. 性能效率测试

（1）测试范围可根据测试合同要求及所收集的各类文档（如需求规格说明书、设计文档、用户操作手册、用户使用说明书等）内容来确定。

（2）对于文档（如需求规格说明书、设计文档、用户操作手册、用户使用说明书等）中涉及的响应时间要求考虑根据测试合同要求及用户需求纳入测试范围。

（3）对于文档（如需求规格说明书、设计文档、用户操作手册、用户使用说明书等）中涉及的业务的吞吐率（如请求数/秒、页面数/秒、人数/天、业务数/小时、字节数/天等）要求考虑根据测试合同要求及用户需求纳入测试范围。

（4）对于响应时间和吞吐率的采样功能点应根据合同约定执行，若合同、用户或供方未明确定义采样功能点，则可把以下原则作为确定采样功能点的依据：

① 关键业务：关键业务是用户最为关注的那些业务，须要保证其性能和质量。

② 吞吐量大：某些业务流程可能不是关键业务，但有很高的吞吐量，占用大量服务器资源，如网站首页。

③ 故障频度高：根据用户提供的系统故障记录，分析故障集中的业务点，建议测试应覆盖此类业务点。

④ 动态数据处理的业务流程：涉及被测系统的不同组件（如 Web 服务器、应用服务器和数据库）的功能须要进行全面的测试。

（5）对于响应时间和吞吐率的并发用户数应根据合同约定执行，若合同、用户或供方未明确定义并发用户数，则可根据以下原则确定：

① 若系统相关文档中已经定义并发用户数，则根据定义执行测试。

② 对于一般业务功能，根据系统设计容量（或活动用户）的10%确定并发用户数。

③ 如果已知最大在线人数，那么对于最大并发用户数，可选取系统最大在线人数的20%。

④ 对于性能有特殊需求的业务功能，根据业务实际情况（高峰值、平均值）估算并发用户数。

⑤ 若有业务的历史数据，则可根据历史业务数据量倒推计算出并发用户数。

（6）对于文档（如需求规格说明书、设计文档、用户操作手册、用户使用说明书等）中涉及的资源利用性要求应根据测试合同要求及用户需求纳入测试范围。如果合同、用户或供方没明确定义资源利用率，应在测试中根据测试需求以及测试环境选取有意义的指标。例如，服务器监控资源包括 CPU 利用率（%）等。

3. 兼容性测试

（1）测试范围可根据测试合同要求及所收集的各类文档（如需求规格说明书、设计文档、用户操作手册、用户使用说明书等）内容来确定。

（2）对于文档（如需求规格说明书、设计文档、用户操作手册、用户使用说明书等）中列出的与被测系统兼容和不兼容的软件，根据测试合同要求及用户需求被纳入测试范围。

（3）如果被测系统需要提前配置参数才能正确安装或执行，可将检查用户文档相关说明正确性纳入测试范围。

（4）与其他用户使用环境中常用软件（如杀毒软件、WPS、Office 办公软件等）的兼容性测试，根据测试合同要求及用户需求纳入测试范围。

（5）将文档（如需求规格说明书、设计文档、用户操作手册、用户使用说明书等）中列出的应支持的数据格式（如数据导入/导出格式）、传输协议、与其他系统的数据传输接口等根据测试合同要求及用户需求被纳入测试范围。

（6）如果文档（如需求规格说明书、设计文档、用户操作手册、用户使用说明书等）中存在软件组件有对软件、硬件、特定操作系统等存在共存性的约束描述，根据测试合同要求及用户需求将共存性测试纳入测试范围。

4. 易用性测试

（1）测试范围可根据测试合同要求及所收集的各类文档（如需求规格说明书、设计文档、用户操作手册、用户使用说明书等）内容来确定。

（2）将文档（如需求规格说明书、设计文档、用户操作手册、用户使用说明书等）中提供的演示、教程、帮助文档、错误提示等信息、支持语言、对特殊群体（如认知障碍、视觉障碍、听觉障碍、生理缺陷的群体）支持的措施、用户界面的界面布局设计等，根据测试合同要求及用户需求纳入测试范围。

5. 可靠性测试

（1）测试范围可根据测试合同要求及所收集的各类文档（如需求规格说明书、设计文档、用户操作手册、用户使用说明书等）内容来确定。

（2）将功能性测试中的测试结果作为可靠性测试的依据：把在功能性测试中检测到的 Bug 数量作为计算故障密度的输入数据；在功能性测试中发现的缺陷严重程度可以表明缺陷对软件造成的影响程度。

（3）考虑根据软件完整性级别描述，检查软件的安全防护机制。

（4）查阅被测系统运行情况的相关记录（如运行维护记录、系统执行记录、系统日志等），获取故障的修复情况（包括已修复的故障数量、发现的故障总数）、宕机记录（包括每次从宕机到恢复正常所经历的时长、出现宕机的总数）。

（5）若在文档（如需求规格说明书、设计文档、用户操作手册、用户使用说明书等）中出现类似"系统支持××小时的服务"的描述，则在可靠性测试中考虑对该描述进行验证。

（6）关注在测试过程中是否发生死机现象。

（7）关注文档（如需求规格说明书、设计文档、用户操作手册、用户使用说明书等）中有关发生异常情况或系统自身出现失效时恢复能力的描述，包括数据备份恢复策略、文档自动保存能力、对异常退出时的当前数据的处理、出现类似网络中断等外界异常情况时对当前任务的处理等方面的描述，可考虑在测试中验证这些描述的正确性。

6. 信息安全性

（1）测试范围可根据测试合同要求及所收集的各类文档（如需求规格说明书、设计文档、用户操作手册、用户使用说明书等）内容来确定。

（2）如果被测系统中存在涉及敏感类信息（如银行账号、交易明细、用户个人隐私信息等），就要考虑根据测试合同要求及用户需求将信息安全性测试纳入测试范围。

（3）考虑将通信过程中的信息加密以及存储过程中的信息加密、访问控制（例如安全策略、用户角色）相关功能纳入测试范围。

（4）考虑将验证数据完整性（如数据库完整性）措施和手段的有效性纳入测试范围。

（5）关注被测系统的系统日志记录，考虑将其可追溯程度以及管理机制纳入测试范围。

（6）考虑将防止用户身份被冒用的措施（如在登录时对于用户身份的识别）纳入测试范围。

7. 维护性测试

（1）测试范围可根据测试合同要求及所收集的各类文档（如需求规格说明书、设计文档、用户操作手册、用户使用说明书等）内容来确定。

（2）关注文档中与软件名称和版本号信息显示相关的功能、软件组件管理、更新维护的相关描述。

8. 可移植性

（1）测试范围可根据测试合同要求及所收集的各类文档（如需求规格说明书、设计文档、用户操作手册、用户使用说明书等）内容来确定。

（2）考虑将文档（如需求规格说明书、设计文档、用户操作手册、用户使用说明书等）中列出的所有支持平台和系统，根据合同和用户约定通过测试加以证实，测试范围包括：硬件环境（如CPU、存储、网络交换机、路由器等设备）、软件运行的最低配置和推荐配置要求、软件环境（例如操作系统、数据库系统、浏览器、支撑软件等）。

（3）对于有专门安装程序的软件，考虑将安装测试纳入测试范围。

（4）对于有专门卸载程序的软件，考虑将卸载测试纳入测试范围。

测试需求可由独立评价方和请求者共同评审后确定，对于测试需求的相关记录包含在测试过程记录中。

5.3.3　制订测试计划

独立评价方根据测试需求确定通过-失败准则、测试环境、测试进度、测试风险、人员要求、工具要求等内容，形成测试计划文档。独立评价方在使用标准进行标准符合性评价时，测试计划文档应符合 GB/T 25000.51—2016 标准的第 6 章测试计划的要求。

通过-失败准则用于判定测试结果是否满足预期结果，可按照本书第 4 章中的相关准则来确定。

测试环境应符合软件测试需求，通常是软件实际运行环境或不影响测试结果的实验室环境。对于一些质量特性（如性能效率、可靠性、兼容性）进行测试时，须关注环境的差异性，对于硬件系统（包括计算机硬件配置、外部设备的型号规格、网络配置等）、软件系统（包括操作系统、数据库系统、网络软件支持软件的配置、版本）应尽可能与产品描述一致。如果无法与产品描述一致，须关注高于、相当或低于规定的环境差异，建议采用相当的环境或略低的环境。

建议在进行一些质量特性（如性能效率、信息安全性）测试时，使用测试工具软件。测试工具通常为经过确认能够满足测试要求的工具，包括得到验证、通过批准的货架软件和经同行权威专家技术鉴定的非货架软件。在测试工具软件投入使用之前还应对其使用范围进行检查。

独立评价方如果须要出具面向公众的第三方测试报告时，对于测试人员、工具的要求还应满足国家有关要求，例如，满足 CNAS-CL45《检测和校准实验室能力认可准则在软件检测领域的应用说明》中的要求。

5.3.4 进行测试设计

独立评价方根据本书第 4 章的内容设计和执行功能性、性能效率、兼容性、易用性、可靠性、信息安全性、维护性、可移植性测试。独立评价方在使用标准进行标准符合性评价时，测试设计的相关文档应符合标准 GB/T 25000.51—2016 的第 6 章测试说明的要求。可考虑从以下方面进行测试设计。

1. 功能性测试

查看文档（如需求规格说明书、设计文档、用户操作手册、用户使用说明书等）中的功能列表，与软件实际实现的功能点进行对比，可形成功能对应表与测试中实际执行的功能进行对应，以验证功能列表中的功能点是否均被覆盖了。

针对测试范围内的每一个功能编制对应的测试用例，每个测试用例不仅是一个正向的测试用例，也至少需要包括一个反向的测试用例，验证测试结果与用户文档集中预期结果的差异，确定存在自相矛盾、与文档相矛盾以及其他不符合需求的功能数。

查看需求文档、设计文档、操作手册等用户文档集中是否陈述了软件的使用限制条件（如时间、长度限制、数字精度、邮件格式等），对文档中规定准确度的功能点进行测试，采用边界值分析方法编写正向测试用例和反向测试用例，验证功能的测试结果是否与用户文档集相一致。

2. 性能效率测试

选择用户关注或吞吐量大、并发用户数大或性能故障集中的业务作为采样点（被测试的功能点）。

须确定被测系统使用了预期的协议，以确定能够支持该协议规定的性能效率测试工具。确定被测系统所使用的协议可直接询问开发人员，或者使用工具截取数据包进行分析来确认被测系统所使用的协议类型。

并发用户数按照合同或用户需求确定。若用户未定义并发用户数，则可根据历史业务数据量或服务器访问日志等历史数据倒推出并发用户数。如果没有任何历史数据可分析，就根据经验设定，一般可设定并发用户数为系统容量的10%或者最大在线人数的20%。

如果已确定最大并发用户数，那么进行场景设计时应至少设计单用户（或少量用户）场景，把它作为基线测试、并发用户数量等于最小用户数与最大用户数的中位数的场景、最大并发用户场景。例如，若最大并发用户数为200，则设计场景时应至少包含1个并发用户场景、100个并发用户场景、200个并发用户场景。

场景设置的重点是负载模型的选择、思考时间设置、集合点的设置：

（1）负载模型的选择主要根据需求和测试的目标进行，对于须要验证明确性能的目标（如系统能支持的虚拟用户数目标、某事务的事务响应时间目标、每秒完成的事务数等）的测试，可选择目标场景模式来设置性能目标后，由系统自动加载用户。如果须要定位系统性能瓶颈或进行复杂的负载场景模拟，则须要使用手动场景模式，手动设置用户的负载方式。在设置负载方式时，建议设置为每隔一段时间增加一定的用户的周期性负载增长模式，这样能更加有效地获得系统在各个负载下的性能指标，使系统逐渐暴露出资源瓶颈。同时可避免一次负载太大而造成系统无法承受。

（2）思考时间的设置不能设置太短或太长，如果设置时间太短，那么得出的数据会比较悲观；反之，结果会过于乐观。建议以一个熟练用户和一个新用户的思考时间的平均值来设置合理的思考时间值。如果无法获取熟练用户和新用户的思考时间，那么根据经验一般把录制脚本时的思考时间作为熟练用户的思考时间，可上浮20%作为思考时间。

（3）对于集合点的设置，一般应在关键操作（如信息提交、登录）前设置集合点。集合点的位置应该在事务之外，否则，虚拟用户在集合点等待的时间也会被计入事务时间，从而导致最终统计的响应时间有误。

在测试过程中还应对针对测试环境选择特定资源进行监控及性能数据的采集，监控及数据采集的方法同通常有以下3类：

（1）使用性能效率测试工具中的资源监控窗口对服务器资源进行监控。

（2）使用被测服务器自带的性能监控工具进行监控，如Windows操作系统的性能监控器和数据收集器、AIX操作系统的Nmon工具等。

（3）使用专门性能监控工具，例如，MySQL资源监控可通过常用性能监控语句解析和Cloud Insight数据库监控工具进行资源监控。

3. 兼容性测试

对测试范围内的被测系统兼容和不兼容的软件等进行测试，设计测试用例时应确保两种软件在同一个操作环境下同时运行，对软件进行操作，同时监控 CPU、进程等系统资源的使用情况。然后，再分别单独运行各软件，查看 CPU、进程等系统资源的使用情况。最后，比较两种情况下的资源使用情况是否存在异常情况；两个软件同时运行时，是否发生系统直接报错、软件报错或软件用户界面显示不友好的情况。

如果在软件安装或执行前须要提前配置参数才能完成操作，应检查用户文档中是否存在相应的描述，并且须要设计测试用例，以验证按照所描述的方法进行配置后软件可以安装或运行。例如，被测系统须要配置与数据库的连接参数、设定管理员用户账号后才能完成安装和用户访问，则在用户文档中应对其配置的过程进行详细描述，应设计测试用例来验证按照所描述的方法能够完成软件安装，使用管理员账号能够登录系统。

设计测试用例以测试被测系统与其他工作环境中的常用软件（如杀毒软件、WPS、Office办公软件、浏览器等）一起使用时，是否会造成其他软件运行错误或自身不能正确地实现功能。例如，两种杀毒软件之间不能共存，会出现系统运行慢、无法开机等情况。

对于测试需求列出的应支持的数据格式（如数据导入/导出格式、传输协议、与其他系统的数据传输接口等)，应设计测试用例加以验证。例如，若被测系统支持将查询结果导出为 PDF、DOC、txt、Excel 格式文件，则应设计测试用例加以验证该项描述；若被测系统能够支持导出为其他系统能识别的文件，则应设计测试用例验证导出的文件是否能够在指定的系统中被识别。

如果被测系统对共存软件、硬件、特定操作系统存在约束条件，应设计测试用例以验证被测系统是否在安装前给用户提示。例如，若被测系统只能运行于 32 位操作系统中，则当设计测试用例使被测系统在 64 位操作系统下进行安装，应验证被测系统是否在执行安装前就给用户提示。

4. 易用性测试

设计测试用例以检查被测系统是否对核心功能、重要操作有演示功能，演示的形式如在线演示、离线演示等，并且验证在演示之后观者是否能够正确使用所演示的功能或正确执行所演示的重要操作。

设计测试用例以检查在被测系统中或用户文档中是否提供了帮助信息，并且用户在查阅帮助信息后，能够正确操作相应的功能。

设计测试用例以检查被测系统运行过程中出现错误时，若提供错误提示信息，则验证给出的错误提示信息是否便于用户理解出错原因，能够帮助用户尝试自己解决问题。

设计测试用例以检查被测系统的用户界面是否包含操作教程或使用的 Tips 等信息，并且这些信息是否易理解。

设计测试用例以验证被测系统对具有严重后果的操作（如删除、改写、覆盖等）是否具有撤销或确认的功能选项。在执行测试用例时，一般应将该项测试放在整个测试的后面执行，以避免出现意外而影响其他项的测试，从而影响测试进度。

设计测试用例以检查用户界面的舒适程度，主要检查用户是否能够快速阅读文本或识别图像（例如，用户可以对界面格式进行个性化定制以适应自身的习惯，是否可以调整图片显示的分辨率等），检查界面是否出现乱码、不清晰的文字或图片等影响界面美观的现象。

设计测试用例以验证当执行一个须要长时间响应的操作时，被测系统能将执行进度显示给最终用户。

5. 可靠性测试

在执行完测试范围内的所有功能性测试用例之后，在可靠性测试中须根据功能测试结果检查被测系统的故障发生情况，主要从故障密度、失效发生频率及缺陷严重程度来检查。

设计测试用例来确定软件的完整性级别，以检查软件的安全防护机制是否存在。完整性级别分为 4 个等级（A、B、C、D 级），被测系统至少满足 C、B、A 级的某一级要求才能证明其存在安全防护机制。

须检查被测系统运行情况的相关记录（如运行维护记录、系统执行记录、系统日志等），统计关注故障的修复情况（包括已修复的故障数量、发现的故障总数）、宕机记录（包括每次从宕机到恢复正常所经历的时长、出现宕机的总数），计算故障修复率和平均宕机时间。计算公式为故障修复率=已修复的故障数/发现的故障总数，平均宕机时间=从宕机到软件可正常使用所花费的总时间÷宕机的总次数。

对于文档（如需求规格说明书、设计文档、用户操作手册、用户使用说明书等）中出现的类似"系统支持××小时的服务"的描述，设计测试用例以检查是否出现系统不支持××小时服务的情况，检查方法可以为查阅被测系统运行情况记录（如运行维护记录、系统执行记录、系统日志等）；检查是否存在××小时内服务器宕机、服务终止等无法提供服务的记录。如果功能性测试持续时长超过××小时，可检查功能性测试结果中是否出现致命级或严重级缺陷。

针对文档（如需求规格说明书、设计文档、用户操作手册、用户使用说明书等）中有关限制或不允许条件（如时间、长度限制、数字精度、邮件格式等）的内容编写测试用例，采用边界值分析方法编写正向测试用例和反向测试用例，验证系统是否执行限制范围之内的操作，而不执行限制范围之外的操作。

设计测试用例以测试被测系统从错误中恢复的能力，具体方法如下：

（1）验证文档（如需求规格说明书、设计文档、用户操作手册、用户使用说明书等）中描述的数据备份功能。

（2）验证文档（如需求规格说明书、设计文档、用户操作手册、用户使用说明书等）中描述的数据恢复功能。

（3）当退出系统时存在未保存的工作任务，验证被测系统是否能够自动保存，或提示用户处理当前未保存的任务后才退出系统。例如，当退出系统时，如果存在未保存的文档，那么被测系统是否会自动保存文档或者提示用户对未保存的文件进行处理，之后才退出系统。

（4）在操作软件的过程中，异常退出被测系统，验证被测系统是否能恢复退出之前的临时数据。

（5）在执行须要网络功能的过程中，先断开网络连接，验证重新连接网络后，之前被中断的功能是否能够恢复且继续执行。例如，上传文件时，发生网络中断情况，在网络恢复后文件能否进行续传。

6. 信息安全性测试

针对被测系统中存在的敏感信息（如银行账号、交易明细、用户个人隐私信息等），设计测试用例以验证通信过程中对信息是否采用加密技术进行加密处理；验证这些信息是否被加密存储。

设计测试用例检查被测系统是否启用访问控制功能，验证被测系统是否能根据安全策略和用户角色控制用户对信息或数据的访问，验证被测系统的用户权限分配是否遵循最小化原则（用户权限为其完成职责所需权限的最小集合。例如，管理员只能被分配系统管理的权限，不应被分配业务操作相关的权限），验证不同类用户权限之间是否按要求形成互斥的关系（如系统管理人员和系统审计人员存在相关制约关系，即系统的审计人员不应具有系统管理权限，系统管理人员也不应具有审计权限）。

设计测试用例以测试权限等级低的人员是否能够执行权限等级高的人员专有的操作。例如，用户是否可以不登录就能查看只有登录用户才能看到的信息；普通用户是否能执行管理员才有的用户管理操作。

设计测试用例以检查被测系统保护数据完整性的能力，具体内容如下：

（1）检查被测系统的核心数据库是否启用第三方工具（如数据库审计系统）来验证重要数据在存储过程中的完整性是否被破坏。

（2）检查被测系统的关系数据库中是否存在数据完整性约束，如唯一值、非空、外键。

设计测试用例验证系统日志的抗抵赖能力，具体内容如下：

（1）检查被测系统的系统日志是否不能被修改和删除或被非授权人员修改或删除。

（2）检查被测系统的系统日志是否覆盖每个用户及其活动、每个重要事件。日志记录至少包括事件日期、时间、发起者信息、描述等属性。当存储空间即将被用尽时，被测系统应对日志信息采取保护措施。例如，报警并提示用户导出相关信息。

设计测试用例验证被测系统防止用户身份被冒用的措施，具体内容如下：

（1）有关门的登录功能对用户身份进行标识和鉴别。

（2）系统中用户名与用户一一对应且不允许重复。

（3）对用户密码有复杂度和长度要求。例如，密码长度在 8 位以上时，应包含数据、大小写字母、特殊字符，定期更换密码。

（4）提供登录失败处理，例如，规定登录失败次数。

7. 维护性测试

设计测试用例以检查被测系统是否由多个基本组件组成，并且用户可以决定基本组件的添加、删除和修改。例如，在安装 Office 软件时，用户可自行决定是否安装组件 Word 和 Excel；安装后，用户是否还可以继续添加其他组件或删除已安装的组件。

设计测试用例以检查被测系统中是否存在能够被多个基本组件或功能共同使用的通用功能。例如，显示列表中数据的详细信息功能是多个功能模块中的通用功能。

设计测试用例以检查被测系统中是否存在显示系统基本信息（包括系统名称、版本号、如果包括多个基本组件还应显示每个基本组件的名称、版本号等）的功能或界面，并且显示的基本信息与用户文档集中的描述一致。

设计测试用例以验证被测系统的基本信息是可显示的。例如，被测系统的基本信息可以在使用系统功能的时候被随时查看。

设计执行测试用例来验证当用户更新、删除基本组件时，被测系统应向用户提示变更所造成的影响。

8. 可移植性测试

设计测试用例以验证被测系统在测试需求中指明的每一种硬件环境（如 CPU、存储设备等）均能正确安装和运行，进行环境组合时应一次只变化一个硬件设备；应至少包含被测系统运行的最低硬件配置要求和推荐配置要求。

设计测试用例以验证被测系统在测试需求中指明的操作系统类型和版本均能正确安装和运行。若未明确操作系统，则应针对当前主流的操作系统版本验证被测系统是否能够正确安装并运行。

设计测试用例以验证被测系统能够在指定的数据库系统下成功安装和正确运行。

设计测试用例以验证被测系统能够在指定的浏览器上正确运行主要功能。在未指明浏览器的情况下，可在当前主流的浏览器下进行验证。

设计测试用例验证被测系统能够在指定的支持软件环境（如 JDK，.NET Framework，IIS，Tomcat，Weblogic 等）中成功安装和正确运行。

如果被测系统存在专门的安装程序，应设计测试用例以验证每一种安装选项（如自定义安装、默认安装、默认安装路径、自定义安装路径等）均能成功安装。

如果被测系统存在专门的卸载程序，应设计测试用例以检查文档中是否指明卸载方法，按照卸载说明验证卸载是否完全；如果卸载不完全，那么须要提示用户。测试方法可以如下：在卸载测试之前，使用第三方卸载工具进行扫描以确定被测系统已安装了哪些文件并记录扫描结果，然后再使用被测系统的卸载程序进行卸载操作；最后，检查之前已安装的文件是否被清除，如果清除不完全，是否给用户提示信息。

5.3.5 总结测试结果

测试结果主要包括两个部分：测试执行结果报告和异常情况报告。独立评价方在使用标准进行标准符合性评价时，测试执行结果报告和异常情况报告文档应符合 GB/T 25000.51—2016 标准的第 6 章关于执行报告的要求和异常情况报告的要求。

测试执行结果报告汇总所有测试用例执行结果，记录测试执行过程（包括测试用例的标识符、测试执行日期、实施测试的人员、 测试用例执行的结果、发现的异常情况等），可借助软件工具（如测试用例管理软件）来自动记录测试执行过程。

异常情况报告记录并汇总了测试中发现的所有异常情况信息（包括标识符，异常描述、发生异常的功能、异常的严重程度等），可借助软件工具（如缺陷管理软件）来记录、管理和统计发现的异常情况。

应对照测试需求和测试计划检查测试用例执行是否完整，避免出现遗漏。还应检查测试用例的执行结果与异常情况报告的映射是否正确。

为保证测试结果的质量：可组织其他测试人员对发现的严重程度较高的异常情况进行复现；审核测试过程中测试需求、测试计划、测试设计、测试执行结果报告、测试异常情况报告的一致性。

5.3.6 得出测试结论

依据测试计划中规定的通过-失败准则，得出测试结论，出具测试报告。

测试报告内容包括产品基本信息、测试结果汇总、发现的异常情况描述、测试环境描述（如用于测试的计算机硬件、软件及其配置信息）、所使用的测试工具等内容。

如果独立评价方使用标准进行标准符合性评价，结论中还须包括测试文档与 GB/T 25000.51—2016 标准第 6 章要求的符合性评价结果，文档应符合标准中第 7 章符合性评价报告的要求。

第6章 应用案例

本章为了指导读者如何使用 GB 25000.51 国家标准，从需方和第三方的角度给出实际应用案例。需方案例从招标要求、软件质量要求和测评要求进行描述；第三方测试案例主要针对不同的软件质量特性，按照标准条款对 RUSP 软件产品的质量特性要求给出案例。

6.1 需方案例：灾害监测预警系统招标需求

6.1.1 招标说明

1. 目的

为了保障"灾害监测预警系统"应用软件的质量，按照主管部门的要求，由信息中心负责组织开展"灾害监测预警系统"的招标工作。

2. 方式

本次招标要求投标人须按 6.1.2 节软件质量要求开发"灾害监测预警系统"原型软件，编制用户文档，并在规定的时间内提交原型软件和相应的文档，由信息中心委托独立评价方（第三方测试机构）进行原型测试，为判断原型软件是否满足规定的功能和性能等方面的要求提供客观依据。测试报告的结果作为投标评分中技术部分的重要依据（满分 60 分），对未提供原型软件参加测试的投标人，此项分数为零分。

6.1.2 软件质量要求

1. 用户文档要求

投标人提供的用户手册或操作手册等文档应内容完备，信息正确，易于理解，描述与实际原型软件一致。

2. 软件系统要求

1）功能性要求

"灾害监测预警系统"应具有基础信息管理、水雨情监测查询、预警发布服务、应急响应服务、系统管理等功能，具体要求如下。

（1）基础信息管理。

基础信息应具有检索、查询、添加、修改、删除、数据导入/导出等功能，具体包括以下几方面。

① 县、乡、村基本情况。

县简介及各乡镇、行政村的基本情况包括以下信息：县、乡、村名称，土地面积、耕地面积、总人口、家庭户数、房屋数、历史洪水位线下现况（人口、家庭户数、耕地面积、房屋数）、可能受山体滑坡及泥石流影响的情况（人口、家庭户数、房屋数），乡镇负责人及联系电话、乡镇防汛负责人及联系电话、村负责人及联系电话。

② 小流域基本情况。

小流域基本情况包括小流域名称、上级河流、流域面积、河长、河道比降、河源位置、河口位置、涉及乡数、村数、村组数、户数、人口数、房屋、历史洪水位线下现况、可能受山体滑坡及泥石流影响的情况、关联监测站等。

③ 监测站基本情况。

监测站分为雨量站和水位站，雨量站信息包括站号、站名、站址（所在乡镇、村）、经纬度、高程、设立日期、类别所属小流域、关联乡村、雨量预警指标、最大雨量及出现时间、监测人员及联系方式；水位站信息包括站号、站名、站址、经纬度、高程、设立日期、类别、所属小流域、关联乡村、水位预警指标、历史调查最高水位及时间、实测最高水位及时间、监测人员及联系方式等。

④ 县、乡、村预案，即县、乡、村应急预案。

⑤ 历史灾害情况。

历史上山洪灾害发生总体情况及各典型年的灾害情况，内容包括灾害发生时间、灾害描述等。

（2）水雨情监测查询。

水雨情监测查询主要用于实时监视水雨情状况，查询统计水雨情信息。系统分为水雨情报警、雨情监测、河道水情监测、水库水情监测四大部分。系统表现方式以 WebGIS 及表格方式为主。具体要求如下：

① 水雨情报警。

预先设定时段雨量报警值、河道水库水位报警值，系统可自动根据设定的条件判断是否产生报警。若满足条件，则在地图上闪烁、显示动态文字、发出声音等方式提示预警，并能显示预警相关信息。

② 雨情监测。

- 在地图上实时显示各雨量监测站 8h 以来（可自定义）降雨量。
- 可按区域、时间、时段长查询显示该区域任意时段内的雨量、平均雨量、最大雨量、各站降雨过程柱状图及数据表，并显示所查询区域的雨量站总数、雨量强度统计等；区域可按县、乡、小流域、单站进行划分，在选择时间时，除应有开始时间和结束时间外，还须要时段长（1/3/6 小时、日、旬、月）的快捷选择（或自定）。
- 可查询并显示全县降雨等值线图和等值面图。
- 能接收气象、水文部门雨量信息，加入本系统。

③ 河道水情监测。

- 在地图上实时显示各站当前水位、流量、水位变化趋势、超警戒、保证情况等，并提供当前水位示意图。
- 以列表形式显示选定区域内任意时段的各站水位、水势、流量，超警戒、保证情况、历史最高水位及发生时间、最大流量及发生时间，以图形式显示水位、流量过程线（显示特征值：警戒水位、历史最高水位、警戒流量、历史最大流量等）。

④ 水库水情监测。

- 在地图上实时显示各水库当前水位、水位变化趋势、预报水位、超汛限情况等，并提供当前水位示意图。
- 以列表形式显示选定区域内任意时段的各水库水位、水势、超汛限情况、坝高等，以图形式显示水位、流量过程线（显示特征值：汛限水位、历史最高水位、坝顶高程等）。

（3）预警发布服务。

在预警发布服务中应具有预警信息和状态显示、内部预警、外部预警、预警反馈、预警记录查询、预警指标查询及修改等功能。具体要求如下：

① 预警信息和状态显示。预警信息和状态以预警地图和预警列表形式显示。

预警地图：根据预警分析结果，在地图上以不同颜色闪烁的方式展示各乡镇或小流域的预警级别等信息；已开始处理的预警取消闪烁，显示目前所处的状态，包括已内部预警、已外部预警、已启动响应三种状态，响应结束后的预警能够自动或人工从地图上删除（关闭预警）。在预警地图上应提供进行当前预警状态的下一步操作。

预警列表：以列表方式显示预警信息，包括"发生乡镇或小流域、预警级别、预警时间、预警内容、预警状态"等信息，并提供影响范围分析结果。

② 内部报警。根据预警级别的不同，将符合预警条件的信息自动指向相关负责人，人工发布短信；须能够提供发送短消息的时间、发送的范围（详细列表）。

③ 外部预警。经过县防汛指挥部门确认后的预警信息，可发送短信到各级相关防汛责任人，并且可发布突发预警信息。发送对象通过预先定义好的规则自动获取。

④ 预警反馈。显示未关闭预警的所有短信记录，包括"姓名、单位、电话、预警级别、发送时间、信息内容、回复情况"等信息。若收信人未回复，则在短信回复时间一栏显示"未回复"；否则，给出反馈时间。如条件许可，可设置自动反馈功能。

⑤ 预警记录查询。显示最新的预警信息发布情况，包括反馈信息。

⑥ 预警指标查询修改。提供预警指标的查询功能，并能分别设置县、乡、测站等多种级别的水位、雨量临界指标。其中，雨量指标的时段长也可以由用户自定义。

（4）应急响应服务。

根据预警结果及信息发布情况，各相关部门要启动相应的响应预案。系统跟踪县、乡镇的响应执行情况，直到响应结束。具体要求如下：

① 响应工作流程。以图形方式显示工作流程，供使用人员参考。

② 响应地图。在地图上显示响应启动图示，并提供响应相关操作用户接口。

③ 响应列表。显示各乡镇所有关联内部预警和外部预警的应急响应状态信息列表，包括"预警级别、预警时间、预警发布级别、预警发布时间、响应级别、响应启动时间、响应结束时间"等信息，并可以根据预警启动、修改和结束响应，提供历史响应的查询功能。

④ 响应措施。以图表的方式显示响应措施的种类，可查看各个级别的响应措施。

⑤ 响应反馈。在列表中显示各个乡镇响应反馈信息，包括"预警时间、下派工作组、投入人员、须转移的群众、已转移的群众、受围困的群众、死亡人数、失踪人数、倒塌房屋"等信息，并提供实时录入功能，以便实时跟踪情况。

（5）系统管理。

提供系统管理功能，具体要求如下：

① 权限和用户管理。用户不直接与菜单权限发生联系，而是通过用户组实现授权管理，管理用户组对所有的菜单项具备哪些操作权限，操作权限包括增加、删除、修改、查询等。同时，对所有操作用户进行增加、删除、修改、查询管理。用户管理主要包括用户 ID、用户登录名、用户名称、用户密码、用户所属组等。

② 预警指标维护。应能够对预警的指标进行添加、修改、删除、查询等维护操作。

③ 预警响应部门和人员设置。能够对预警响应部门、人员及预警的对象关系进行维护。

④ 日志管理。在该系统中，对所有发生的实际操作，须要记录操作日志，即调用该日志管理模块相关接口，记录何人何时于何处进行了何操作并写入数据库中，供管理员查询和事件追溯。针对整个系统所有角色产生的所有操作日志，以多种查询方式供管理员查询。查询方式包括按操作用户、操作时间段、操作功能、操作方式、操作 IP 地址及按以上方式组合查询。

2）性能效率要求

检测机构按照招标方的设备配置要求，统一准备测试环境，提供一个季度的业务数据作为基础数据。系统的性能效率应满足以下要求。

① 时间特性。对软件系统的各类人机交互操作、信息查询、图形操作等应实时响应，具体要求如下：

- WebGIS 操作：放大操作，放大到某个乡镇或小流域，响应时间小于 5s。
- 复杂报表：水雨情监测查询→雨情监测→区域降雨列表和统计，针对一个监测站点，查询的时间范围为 7 天，响应时间小于 5s。
- 一般查询：预警发布服务→预警指标查询，响应时间小于 3s。

② 资源特性。对软件系统的各类操作，服务器的资源利用合理，CPU 和内存占用率均不高于 70%。

3）可靠性要求

① 成熟性。系统应能够不间断地稳定运行。

② 易恢复性。软件系统应具备自动或手动恢复措施，以便在发生错误时能够快速地恢复

正常运行。

4）易用性要求

应具有友好的简体中文操作界面、界面布局符合 Windows 操作系统风格，以及详细的帮助信息，系统参数的维护与管理通过操作界面完成。

6.1.3 测评要求

1. 测评依据

GB/T 25000.51—2016 系统与软件工程系统与软件质量要求和评价（SQuaRE）第 51 部分：就绪可用软件产品（RUSP）的质量要求和测试细则。

2. 测评方式

1）软件测试

委托具有中国合格评定国家认可委员会（CNAS）资质的国家级软件检测机构，根据 6.1.2 节软件质量要求对投标方开发的原型软件进行测试。

2）综合评分

根据软件测试结果，按照评分标准对原型软件进行综合评分。

3. 测试环境

检测机构根据招标方的要求，为比对测试准备配置相同的硬件环境、软件环境和网络环境。投标方须按照规定的时间，在测试环境上安装部署原型软件并对检测人员进行相应培训。

4. 测试内容及评分标准

测评内容为用户文档、功能性、性能效率、可靠性和易用性。

1）用户文档

用户文档应符合 GB/T 25000.51—2016 中 5.2 节的要求，用户文档评分说明见表 6-1。

表 6-1　用户文档评分说明

编号	测评内容	技术要求	评分标准
1	完备性（0.5 分）	包括软件使用所需信息、产品描述中说明的所有功能、程序中用户可调用的所有功能	符合要求，得 0.5 分；不符合要求，得 0 分
2	正确性（0.5 分）	所有信息都是恰当、没歧义的	符合要求，得 0.5 分；不符合要求，得 0 分

编号	测评内容	技术要求	评分标准
3	一致性（0.5分）	用户文档内部陈述一致、描述与实际原型软件一致	符合要求，得0.5分；不符合要求，得0分
4	易理解性（0.5分）	文档对于最终用户是容易理解的	符合要求，得0.5分；不符合要求，得0分

2）软件系统

① 功能性。功能性应符合 GB/T 25000.51—2016 中 5.3.1 小节的要求，业务功能能够正确实现，数据处理准确。功能性评分说明见表6-2。

表6-2　功能性评分说明

编号		测试内容	技术要求
1	基础信息管理（5分）	县乡村基本情况（1分）	字段信息完整率不低于80%，具体要求见本书6.1.2小节第2条
		小流域基本情况（1分）	字段信息完整率不低于80%，具体要求见本书6.1.2小节第2条
		监测站基本情况（1分）	字段信息完整率不低于80%，具体要求见本书6.1.2小节第2条
		县乡村预案（1分）	字段信息完整率不低于80%，具体要求见本书6.1.2小节第2条
		历史灾害情况（1分）	字段信息完整率不低于80%，具体要求见本书6.1.2小节第2条
2	水雨情监测查询（18分）	水雨情报警（3分）	具体要求见本书6.1.2小节第2条
		雨情监测（10分）　实时雨量数据在地图上的显示（2分）	具体要求见本书6.1.2小节第2条
		雨情监测（10分）　区域降雨列表和统计（3分）	可按区域、时间、时段长查询显示该区域任意时段内各站的累计雨量、平均雨量、降雨最大的测站、降雨测站总数、雨量强度统计等，具体要求见本书6.1.2小节第2条
		雨情监测（10分）　各站降雨过程查询（3分）	各站降雨过程柱状图及数据表
		雨情监测（10分）　全县降雨等值线/面图（2分）	能够根据降雨模拟数据生成全县的降雨等值线/面图，暴雨中心基本合理，不出现交叉等明显错误
		河道、水库水情监测（5分）　实时水情数据在地图上的显示（2分）	具体要求见本书6.1.2小节第2条
		河道、水库水情监测（5分）　区域各站水情列表及超警戒（汛限）水位情况统计（1分）	具体要求见本书6.1.2小节第2条
		河道、水库水情监测（5分）　各站水位、流量过程查询（2分）	各站水位/流量过程线及数据表。具体要求见本书6.1.2小节第2条

编号	测试内容		技术要求
3	预警发布 服务 (20分)	预警分析（4分）	系统须能够对所有监测站实时雨量、实时水位进行分析，根据预警模型指标决定预警等级。由参测单位配合人员向测试人员提供相关文档，说明预警分析的方法，测试人员根据降雨模拟数据，利用该方法进行预警的人工判断，并检查与参测产品的一致性
		预警地图（2分）	具体要求见本书6.1.2小节第2条
		预警列表（2分）	具体要求见本书6.1.2小节第2条
		内部报警（4分）	具体要求见本书6.1.2小节第2条
		外部预警（4分）	具体要求见本书6.1.2小节第2条
		预警反馈（1分）	具体要求见本书6.1.2小节第2条
		预警记录查询（2分）	具体要求见本书6.1.2小节第2条
		预警指标查询（1分）	具体要求见本书6.1.2小节第2条
4	应急响应 服务（5分）	响应工作流程（1分）	具体要求见本书6.1.2小节第2条
		响应地图（1分）	具体要求见本书6.1.2小节第2条
		响应列表（1分）	具体要求见本书6.1.2小节第2条
		响应措施（1分）	具体要求见本书6.1.2小节第2条
		响应反馈（1分）	具体要求见本书6.1.2小节第2条
5	系统管理 (12分)	权限和用户管理（4分）	能实现对用户及其功能权限的管理
		预警指标维护（3分）	能够对预警的指标进行添加、修改、删除等维护操作
		预警响应部门和人员设置 （3分）	能够对部门、人员及预警的对象的关系进行维护
		日志管理（2分）	具体要求见本书6.1.2小节第2条
评分 标准	功能性评价是依据测试结果进行判定，以"县乡村基本情况"为例，在满分为3分时，具体评价方法如下： A. 所实现功能满足6.1.2小节第2条的，测试结果为"通过"（3分）。 B. 所实现功能基本满足6.1.2小节第2条的，存在一般性问题，测试结果为"基本通过"（1～2分）。 C. 功能存在严重问题，或者缺少该项功能，测试结果为"不通过"或"功能缺失"（0分）		

② 性能效率。性能效率应符合 GB/T 25000.51—2016 中 5.3.2 小节的要求，其评分说明见表 6-3。

表 6-3　性能效率评分说明

编号	评测内容	技术要求	评分标准
1	时间特性 （5分）	对软件系统的各类人机交互操作、信息查询、图形操作等应实时响应	A. 在测试过程中，响应时间在合理范围之内（5分）。 B. 在测试过程中，响应时间超出合理范围，但是可接受（1～4分）。 C. 在测试过程中，响应时间超出合理范围，不可接受（0分）

编号	评测内容	技术要求	评分标准
2	资源特性（5分）	对软件系统的各类操作，服务器的资源利用合理	A. 在测试过程中，资源利用合理（CPU、内存等）（5分）。 B. 在测试过程中，资源利用基本合理（CPU、内存等）（1～4分）。 C. 在测试过程中，资源利用明显不合理（CPU、内存等），如有内存数据泄露等现象（0分）
测试说明	测试点 （1）WebGIS操作：放大操作，放大到某个乡镇或小流域；平移操作，响应时间小于5s。 （2）复杂报表：水雨情监测查询→雨情监测→区域降雨列表和统计，针对一个监测站点，查询的时间范围为7天。响应时间小于5s。 （3）一般查询：预警发布服务→预警指标查询。响应时间小于3s。		

③ 可靠性。可靠性应符合GB/T 25000.51—2016中5.3.5小节的要求，其评分说明见表6-4。

表6-4 可靠性评分说明

编号	评测内容	技术要求	评分标准
1	成熟性（3分）	系统应能够不间断地稳定运行	A. 在测试过程中，系统运行情况良好，可以很好地完成所述功能，基本没有出错（3分）。 B. 在测试过程中，系统运行情况基本正常，可以完成所述功能，发生一般性错误（1～2分）。 C. 在测试过程中，系统发生致命性错误，无法继续运行（0分）
2	易恢复性（2分）	软件系统应具备自动或手动恢复措施，以便在发生错误时能够快速地恢复正常运行	A. 运行中出错后无须人工干预即可恢复（2分）。 B. 运行中出错后须人工干预才可恢复（1分）。 C. 运行中出错后只能关闭计算机才可恢复正常（0分）

④ 易用性。易用性应符合GB/T 25000.51—2016中5.3.4小节的要求，其评分说明见表6-5。

表6-5 易用性评分说明

编号	测评内容	技术要求	评分标准
1	易操作性（3分）	应具有友好的简体中文操作界面、界面布局符合Windows操作系统风格，提供详细的帮助信息，系统参数的维护与管理通过操作界面完成	A. 操作简单，容易理解，完全符合软件信息表所述内容，很好地反映了其所在领域的特性（3分）。 B. 比较容易操作，须花费一定的时间理解，基本符合软件信息表所述内容，基本反映了其所在领域的特性（1～2分）。 C. 操作复杂，难以理解，没有很好地反映了其所在领域的特性（0分）

5. 综合评分

用户文档及软件系统功能性、性能效率、可靠性、易用性等方面测试内容的综合评分说明见表 6-6。

表 6-6　综合评分说明

序　号	测试内容	评　分
1	用户文档	2 分
2	功能性	40 分
3	性能效率	10 分
4	可靠性	5 分
5	易用性	3 分
合计		60 分

原型系统的综合质量评价依据测试结果进行打分，满分为 60 分，作为投标评分中技术部分的得分。

6.2　COP 通用软件测试

6.2.1　软件基本情况介绍

本项目测试的软件为"COP 通用软件"，包括两个软件配置项：一个是 CANopen 主站软件（代号 TYRCOPMWIN-1.10（S）），运行平台为安装有通用 x86 微处理器的计算机、Windows 2000 操作系统；另一个是 CANopen 从站软件（代号 TYRCOPSMCU-2.10（S）），运行平台为通用 XC164 控制器，无操作系统支持。依据的协议：CANOpen Application Layer and Communication Profile　CiA Draft Standard 301 V4.02（以下简称 CANOpen ALCP DS301），13 February 2002。

CANOpen 主站软件 COPMWIN110 实现了 CANOpen 协议规范规定的主要数据对象，包括 NMT、PDO、SDO、EMCY、HEART 和 OBD。

CANOpen 从站软件 COPSMCU210 依据 CANopen 协议规范定义通信对象及其传输模式，实现服务数据对象（SDO）传输、过程数据对象（PDO）传输、同步对象（SYNC）传输、网络管理对象（NMT）传输和特殊对象（包括心跳 Heart 和紧急对象 EMCY）传输。

6.2.2　软件组成

COP 通用软件产品说明中描述了软件的功能、性能和接口。

功能为 CANOpen 主站软件 COPMWIN110 实现了 CANOpen 协议规范规定的主要数据对象，包括 NMT、PDO、SDO、EMCY、HEART 和 OBD。CANOpen 从站软件 COPSMCU210 依据 CANopen 协议规范定义通信对象及其传输模式，实现服务数据对象（SDO）传输、过程数据对象（PDO）传输、同步对象（SYNC）传输、网络管理对象（NMT）传输和特殊对象（包括心跳 Heart 和紧急对象 EMCY）传输。

性能规定了丢帧率、传输时间间隔等几类时间特性、资源利用性等性能指标。

接口描述了接口类型、接口函数等内容。

本项目用户提供的文档集包括 CANOpen 主站软件需求规格说明、CANOpen 主站软件用户手册、CANOpen 主站软件详细设计说明、CANOpen 从站软件需求规格说明、CANOpen 从站软件用户手册、CANOpen 从站软件详细设计说明。

软件的形态：嵌入式。

6.2.3　软件测试环境

软件测试环境配置见表 6-7。

表 6-7　软件测试环境配置

序号	设备名称	硬件配置	软件配置	用途及备注
1	测试 PC:Dev157	Core i5 3.3GHz 内存：4G 硬盘：500GB	操作系统：Windows 7	监视 CAN 总线上信息、统计总线负载情况等
2	主站	X86 微处理器 PC 机＋SJA1000 控制器	Windows OS VC++ 6.00 开发环境	运行 COPMWIN110（集成相应 CSP）
3	从站	XC16x 系列微处理器专用平台集成双 CAN 控制器	Windows OS VC++ 6.00 开发环境	运行 COPSMCU210（集成相应 CSP）

测试环境是基于 CAN 总线网络环境的。网络中要求有一定的总线分支节点，用于挂接相关测试节点和仪器，形成综合测试环境，满足全部的测试阶段和项目使用。

CAN 总线要求双冗余。总线上挂接主站节点一台套、XC164 从站节点两台套以上。另外，挂接 CANoe 测试节点一台套。各设备的连线情况如图 6-1 所示。

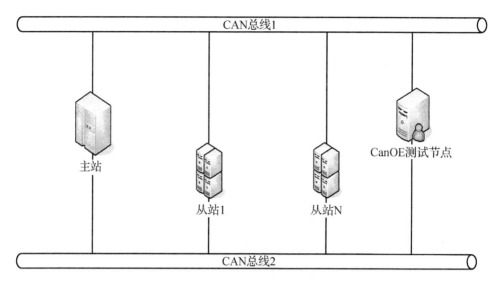

图 6-1　设备连接示意

6.2.4　测试方法和测试内容

1. 测试方法

测试方法主要采用黑盒测试方法，从功能完备性、功能正确性、功能适合性、时间特性、资源利用性和易操作性进行测试。验证被测软件与需求规格说明等文档的符合情况。

2. 测试内容

1）功能完备性

功能完备性指软件功能对指定的任务和用户目标的覆盖程度。测试主站 NMT 通信对象功能、从站 NMT 通信对象功能。开发测试驱动，通过 CANoe 查看和验证主站、从站 NMT 发送功能。覆盖被测软件功能的测试需求。

2）功能正确性

功能正确性指查看功能实现的正确性，即能否正确实现 NMT 报文传送功能。只有 NMT-Master 节点能够传送 NMT Module Control 报文，并且对命令字的异常值进行测试，查看当输入异常命令字时，系统不会进行误操作。

3）功能适合性

设计测试用例，用于测试主站和从站的 NMT 发送功能是否能够完全实现。通过 NMT 对象来对网络中的其他节点（从站）进行网络管理，控制其他节点进行状态的转换。在总线网络中，一个节点可以处于离线、预运行、运行、停止 4 种状态中的一种。

4）时间特性

时间特性指产品或系统执行其功能时，其响应时间、处理时间及吞吐率满足需求的程度。测试内容如下：心跳对象的周期时间测试，即在心跳生产者的心跳周期分别被设置为 500ms、250ms 和 1s 的情况下，逐步变换心跳消费者的监护周期，测试刚好产生心跳事件的心跳消费者的监护周期；程序运行时间不超过 1ms；响应时间（中断接收到缓冲区的时间）不超过 1ms；消息事件的生存时间（中断接收到处理完成的时间）不超过 2ms。

5）资源利用性

资源利用性指产品或系统执行其功能时，所使用资源数量和类型满足需求的程度。测试内容如下：运行时内存控制良好，严禁内存数据泄露；在总线负载率达到 30%、波特率为 250kb/s 的情况下，发送数据丢失率不大于 0.01%；在负载率增大到 60%、波特率为 250kb/s 情况下，发送数据的丢帧率是多少。软件须在一定的 CAN 支持下才能进行编译，两者的可执行代码不超过 30kB 字节，软件占用的数据存储器空间与用户定义的通信参数配置数量以及 CAN 支持软件的队列长度有关，最多不超过 3.5kB 字节。

6）易操作性

易操作性指产品或系统具有易于操作和控制的属性的程度。须要对程序提供的接口函数进行测试,主要针对各个接口函数的参数进行测试用例设计,要求覆盖正常和异常情况的参数。

6.2.5 测试计划

测试进度计划见表 6-8。

表 6-8 测试进度计划

序号	工作内容说明	预计开始时间	预计完成时间	主要完成人	备注
1	需求与策划阶段	2016-01-10	2016-01-12		—
2	设计阶段	2016-01-13	2016-01-15		—
3	执行阶段	2016-01-16	2016-01-30	×××	—
4	回归阶段	—	—		—
5	总结阶段	2016-02-20	2016-02-28		—

6.2.6 测试用例

1. 功能性测试用例

功能性测试用例见表 6-9～表 6-18。

表 6-9　检测从站自动进入 Pre-Operational 状态测试

序号	测试标识	测试用例输入及说明（含初始化要求、前提和约束）	预期结果及评估准则	初测记录	回归记录
1	COP_COPMWIN110_FN_WNMTT_01	主站开始运行，完成从站加电和驱动COPSMCU210_ TEST_heart 程序下载，主站接收 bootup 消息不进行任何处理	主站不断接收到 bootup 消息：cob_id=70b,length=1,data=0x00	主站只接收到一帧 bootup 消息cob_id=70b,length=1,data=0x00	
	测试时间		测试地点		
	测试人员		监督人员		

表 6-10　控制从站从 Pre-Operational 状态进入 Operational 状态

序号	测试标识	测试用例输入及说明（含初始化要求、前提和约束）	预期结果及评估准则	初测记录	回归记录
1	COP_COPMWIN110_FN_WNMTT_02	运行主站 COPSWIN110_TEST 驱动程序，向从站第 13 号节点发送"Start Remote Node"命令，检测从站第 13 号节点接收到命令后反馈的当前状态消息。向从节点发送消息命令,cob_id=00,data=0x010D,length=2	主站发送成功。CANoe 检查到COB_ID=00,data=0x010D,length=2	CANoe 显示COB_ID=00,data=0x0100,length=2	
	测试时间		测试地点		
	测试人员		监督人员		

表 6-11　发送异常命令字

序号	测试标识	测试用例输入及说明（含初始化要求、前提和约束）	预期结果及评估准则	初测记录	回归记录
1	COP_COPMWIN110_FN_WNMTT_14	CANoe 向从站第 13 号节点发送异常命令字 0x13，观察网络的现象。CANoe 发送异常的控制命令：cob-id=00，length=2,data=0x130d	主站发送成功。从站运行正常，CANoe 显示从站状态不发生变化	CANoe 显示：从站的状态没有发生变化	
	测试时间		测试地点		
	测试人员		监督人员		

表 6-12 控制 3 个从节点进入 Operational 状态测试

序号	测试标识	测试用例输入及说明（含初始化要求、前提和约束）	预期结果及评估准则	初测记录	回归记录
1	COP_COPMWIN110_FN_WNMTT_15	运行主站 COPSWIN110_TEST 驱动程序，并使 3 个从站节点进入 Operational。主站发送向 3 各节点分别发送控制命令：cob-id=00，length=2,data=0x820d, 和 cob-id=00,length=2,data=0x8211,cob-id=00，length=2,data=0x8212	从站的 3 个节点都切换到 operation 状态。CANoe 显示：从站第 13、17 和 18 号节点状态为 5（操作状态）	从站的 3 个节点都切换到 operation 状态，与期望结果一致	
测试时间			测试地点		
测试人员			监督人员		

表 6-13 CANoe 控制主站从 Pre-Operational 状态进入 Operational 状态

序号	测试标识	测试用例输入及说明（含初始化要求、前提和约束）	预期结果及评估准则	初测记录	回归记录
1	COP_COPMWIN110_FN_WNMTT_16	CANoe 向从站主站节点发送"start remote node"命令后，检测主站接收到命令后反馈的当前状态消息，运行主站 COPSWIN110_TEST 驱动程序。CANoe 向 PC 节点发送消息命令，cob_id=00,data=0x0101,length=2	PC 节点接收到消息后，以心跳方式反馈进入 Operation 状态。CANoe 显示：主站节点状态为 5（操作状态）	PC 节点接收到消息后，以心跳方式反馈进入 Operation 状态，通过 CANoe 显示查看，主站成功进入 Operation 状态	
测试时间			测试地点		
测试人员			监督人员		

表 6-14 CANoe 控制主站从 Pre-Operational 状态通信复位

序号	测试标识	测试用例输入及说明（含初始化要求、前提和约束）	预期结果及评估准则	初测记录	回归记录
1	COP_COPMWIN110_FN_WNMTT_27	CANoe 向从站主站节点发送"Reset Communication"命令后，检测主站接收到命令后反馈的当前状态消息，运行主站 COPSWIN110_TEST 驱动程序。CANoe 向 PC 节点发送消息命令 COB_ID=0x00,data=8201,length=2	PC 节点接收到消息后，以心跳方式反馈进入初始化状态，CANoe 显示：主站进入初始化状态	PC 节点接收到消息后，以心跳方式反馈进入初始化状态，通过 CANoe 显示查看，主站成功完成通信复位	
测试时间			测试地点		
测试人员			监督人员		

表 6-15　CANoe 发送异常命令字

序号	测试标识	测试用例输入及说明（含初始化要求、前提和约束）	预期结果及评估准则	初测记录	回归记录
1	COP_COPMWIN110_FN_WNMTT_28	CANoe 向主站发送异常命令字 0x13，观察网络的现象。运行主站 COPSWIN110_TEST 驱动程序。CANoe 发送异常的控制命令：cob-id=00，length=2,data=0x1301	主站运行正常，CANoe 显示主站状态不发生变化	主站运行正常，不发生状态转移	
	测试时间		测试地点		
	测试人员		监督人员		

表 6-16　从站自动进入 pre_operational 状态测试

序号	测试标识	测试用例输入及说明（含初始化要求、前提和约束）	预期结果及评估准则	初测记录	回归记录
1	COP_COPSMCU210_FN_MNMT_01	运行从站 COPSMCU210_TEST 驱动程序，上电运行后，从站第 11 号节点不断发送 BOOTUP 消息。从站第 11 号节点不断发送 BOOTUP 消息	从站 18 不断发送 BOOTUP 消息：cob_id=70b,length=1,data=0x00	CANoe 显示消息 cob_id=70b,length=1,data=0x00 只有一帧，从站 11 号节点发送心跳 cob_id=70b,length=1, data=0x7f 表示已自动进入 pre_operation 状态	
	测试时间		测试地点		
	测试人员		监督人员		

表 6-17　从站响应主站控制从 Pre-Operational 状态进入 Operation

序号	测试标识	测试用例输入及说明（含初始化要求、前提和约束）	预期结果及评估准则	初测记录	回归记录
1	COP_COPSMCU210_FN_MNMT_02	运行从站 COPSMCU210_TEST 驱动程序，接收主站 PC 发送的"Start Remote Node"命令后，发送从站第 18 号节点当前的状态给主站 PC。从站接收启动远程节点命令,cob_id=00,data=0x0100,length=2 并向主站反馈心跳,进入 Operation 状态	从站进入 Operation 状态	从站仍处于 pre_operational 状态，没有进入 Operation 状态	
	测试时间		测试地点		
	测试人员		监督人员		

表 6-18 从站响应主站控制从 Pre-Operational 状态通信复位

序号	测试标识	测试用例输入及说明 (含初始化要求、前提和约束)	预期结果及 评估准则	初测记录	回归记录
1	COP_COPSMC U210_FN_MN MT_13	运行从站 COPSMCU210_TEST 驱动程序,接收主站 PC 发送的"Reset Communication"命令后,发送从站第 13 号节点当前的状态给主站 PC。 从站接收消息命令,cob_id=0x00,data= 820d,length=2 并向主站反馈心跳,完成通信复位操作	从站完成通信复位操作	从站完成通信复位操作	
	测试时间		测试地点		
	测试人员		监督人员		

2. 性能效率测试用例

性能效率测试用例见表 6-19～表 6-23。

表 6-19 主站心跳监护周期测试(从站心跳发送周期为 250ms)

序号	测试标识	测试用例输入及说明 (含初始化要求、前提和约束)	预期结果及 评估准则	初测记录	回归记录
1	COP_COPMWI N110_PF_WCO PPT_02	从站以 250ms 周期发送心跳,主站以一定的时间接收心跳。 主站接收心跳的时间为 250ms,启动驱动程序	产生心跳事件。CANoe 显示心跳事件,紧急码为 8130	CANoe 显示心跳事件,紧急码为 8130	
2		主站接收心跳的时间为 255ms,启动驱动程序	产生心跳事件。CANoe 显示心跳事件,紧急码为 8130	CANoe 显示心跳事件,紧急码为 8130	
3		主站接收心跳的时间为 256ms,启动驱动程序	不产生心跳事件。CANoe 未显示心跳事件	CANoe 显示心跳事件,紧急码为 8130	
4		主站接收心跳的时间为 257ms,启动驱动程序	不产生心跳事件。CANoe 未显示心跳事件	CANoe 显示心跳事件,紧急码为 8130	
5		主站接收心跳的时间为 258ms 启动驱动程序	不产生心跳事件。CANoe 未显示心跳事件	CANoe 显示心跳事件,紧急码为 8130	
6		主站接收心跳的时间为 259ms,启动驱动程序	不产生心跳事件。CANoe 未显示心跳事件	CANoe 显示心跳事件,紧急码为 8130	

续表

序号	测试标识	测试用例输入及说明（含初始化要求、前提和约束）	预期结果及评估准则	初测记录	回归记录
7	COP_COPMWIN110_PF_WCOPPT_02	主站接收心跳的时间为 260ms，启动驱动程序	不产生心跳事件。CANoe 未显示心跳事件	CANoe 显示心跳事件，紧急码为 8130	
8		主站接收心跳的时间为 261ms，启动驱动程序	不产生心跳事件。CANoe 未显示心跳事件	CANoe 未显示心跳事件	
测试时间			测试地点		
测试人员			监督人员		

表 6-20 主站心跳监护周期测试（站心跳发送周期为 1s）

序号	测试标识	测试用例输入及说明（含初始化要求、前提和约束）	预期结果及评估准则	初测记录	回归记录
1	COP_COPMWIN110_PF_WCOPPT_03	从站以 1s 周期发送心跳，主站以一定的时间接收心跳。主站接收心跳的时间为 1010ms，启动驱动程序	产生心跳事件。CANoe 显示心跳事件，紧急码为 8130	CANoe 显示心跳事件，紧急码为 8130	
2		主站接收心跳的时间为 1020ms，启动驱动程序	不产生心跳事件。CANoe 未显示心跳事件	CANoe 未显示心跳事件	
3		主站接收心跳的时间为 1015ms，启动驱动程序	不产生心跳事件。CANoe 未显示心跳事件	CANoe 未显示心跳事件	
4		主站接收心跳的时间为 1013ms，启动驱动程序	不产生心跳事件。CANoe 未显示心跳事件	CANoe 未显示心跳事件	
5		主站接收心跳的时间为 1012ms，启动驱动程序	产生心跳事件。CANoe 显示心跳事件，紧急码为 8130	CANoe 显示心跳事件，紧急码为 8130	
测试时间			测试地点		
测试人员			监督人员		

表 6-21 运行时间测试

序号	测试标识	测试用例输入及说明 （含初始化要求、前提和约束）	预期结果及 评估准则	初测记录	回归记录
1	COP_COPSMC U210_PF_MCO PPT_04	计数器的单位时间为 0.25μs， 只有一个发送 PDO，负载率达到 50%， canoe 发送一个 PDO，从站发送一个 PDO	记录运行时间， 运行时间不超过 1ms	运行时间2f7（189.75μs） 2f7（189.75μs）2fa （190.5μs）	
2		20 个 SDO 下载，负载率达到 99%， canoe 发送一个 PDO，从站发送一个 PDO，心跳生产者，心跳时间是 250ms	记录运行时间， 运行时间不超过 1ms	运行时间 3dc（247μs） 3da（246.5μs）3e0（248μs）	
3		发送 4 不同模式的 PD0（fe,ff,fe,f0）	记录运行时间， 运行时间不超过 1ms	运行时间7fe（511.5μs） 7fe（511.5μs）7fb（510.75μs）	
4		发送 4 不同模式的 PD0（fe,ff,fe,f0） 并接收 4 个 pdo	记录运行时间， 运行时间不超过 1ms	运行时间8fe（575.5μs） 8fa（574.5μs）8fe（575.5μs）	
5		发送 4 不同模式的 PD0（fe,ff,fe,f0） 并接收 4 个 pdo，同步，sdo 上传	记录运行时间， 运行时间不超过 1ms	运行时间ac1（688.25μs） ac0（688μs）ac1（688.25μs）	
测试时间			测试地点		
测试人员			监督人员		

表 6-22 响应时间测试

序号	测试标识	测试用例输入及说明 （含初始化要求、前提和约束）	预期结果及 评估准则	初测记录	回归记录
1	COP_COPSMC U210_PF_MCO PPT_05	计数器的单位时间为 0.25μs， 接收命令时启动计数器，到该命令进 入缓冲区后停止计数，并将计数值通过 TPDO 发送到总线上	记录响应时间， 不超过 1ms	响应时间 0x256 （149.5μs），0x297 （165.75μs）	
2		接收到 CANOE 发送的 PDO（0x386） 后开始计数，当 TPDO 进入缓冲区后停 止计数	记录响应时间， 不超过 1ms	响应时间 0x292 （164.5μs）	
3		接收到 CANOE 发送的 PDO（0x386） 后开始计数，当 TPDO 进入缓冲区后停 止计数	记录响应时间， 不超过 1ms	响应时间 0x2a1 （168.25μs）	
4		接收到 CANOE 发送的 PDO（0x386） 后开始计数，当 TPDO 进入缓冲区后停 止计数	记录响应时间， 不超过 1ms	响应时间 0x2b0 （172μs）	
5		接收到 CANOE 发送的 PDO（0x386） 后开始计数，当 TPDO 进入缓冲区后停止 计数，发送 4 个 PDO	记录响应时间， 不超过 1ms	响应时间 7c8（498μs）	

序号	测试标识	测试用例输入及说明 （含初始化要求、前提和约束）	预期结果及 评估准则	初测记录	回归记录
6	COP_COPSMC U210_PF_MCO PPT_05	接收到 CANOE 发送的 PDO（0x386） 后开始计数，当 TPDO 进入缓冲区后停 止计数，发送 4 个 PDO 和 SDO 上传（20 个字节）	记录响应时间， 不超过 1ms	响应时间 87d（543.25）	
	测试时间		测试地点		
	测试人员		监督人员		

表 6-23　程序存储空间容量测试

序号	测试标识	测试用例输入及说明 （含初始化要求、前提和约束）	预期结果及 评估准则	初测记录	回归记录
1	COP_COPSMC U210_PF_MCO PPT_07	测试 COP 从站软件（包括 csp）的存 储空间容量	可执行代码不 超过 30kB 字节	可执行代码 26186 字节	
	测试时间		测试地点		
	测试人员		监督人员		

3. 易用性测试用例

易用性测试用例见表 6-24～表 6-26。

表 6-24　写 SDO 对象

序号	测试标识	测试用例输入及说明 （含初始化要求、前提和约束）	预期结果及 评估准则	初测记录	回归记录
1	COP_COPMWI N110_IF_WCO PIT_02	测试写 SDO 对象函数 gIfcWriteSdo （ BYTE bNodeId,WORD wIndex,BYTE bSubIndex,DWORD dwLength,BYTE FAR * pData,BYTE bUseBlock），函数参 数分别取正常值和异常值，通过用例 完成测试。 配置 bNodeId=0（本地节点） 　wIndex=0x2001 　bSubIndex=0 　dwLength=2 　pData=&sdodata 　bUseBlock=0 参数均为正常值，调用 函数 gIfcWriteSdo 进行测试	写入成功，返 回 2	返回 2	

续表

序号	测试标识	测试用例输入及说明 （含初始化要求、前提和约束）	预期结果及 评估准则	初测记录	回归记录
2	COP_COPMWI N110_IF_WCO PIT_02	设置参数 bNodeId=13（远程节点） wIndex=0x2016 bSubIndex=0 dwLength=8 pData=&sdodata bUseBlock=0 参数均为正常值调用函数 gIfcWriteSdo 进行测试	写入成功，返回 8	返回 8	
3		设置参数 bNodeId=13（远程节点） wIndex=0x2055（索引不存在） bSubIndex=0 dwLength=8 pData=&sdodata bUseBlock=0 参数均为异常值，调用函数 gIfcWriteSdo 进行测试	写入失败 CANoe 显示索引不存在的中止码	CANoe 显示：sdo 中止码 0602 0000h	
测试时间			测试地点		
测试人员			监督人员		

表 6-25　读 SDO 对象

序号	测试标识	测试用例输入及说明 （含初始化要求、前提和约束）	预期结果及 评估准则	初测记录	回归记录
1	COP_COPMWI N110_IF_WCO PIT_04	准备参数节点号和索引（子索引，长度可划为一类）的正常值和异常值，节点号包括本地节点号远程节点；索引包括对象字典存在的索引和不存在的索引。 配置 bNodeId=0（本地节点） wIndex=0x2001 bSubIndex=0 dwLength=2 bUseBlock=0 调用 gIfcReadSdo 进行测试	返回 1，指令写入成功	返回 1，指令写入成功	
2		设置参数 bNodeId=13（远程节点） wIndex=0x2016 bSubIndex=0 dwLength=8 bUseBlock=0 调用 gIfcReadSdo 进行测试	返回 1，指令写入成功	返回 1，指令写入成功	

续表

序号	测试标识	测试用例输入及说明（含初始化要求、前提和约束）	预期结果及评估准则	初测记录	回归记录
3	COP_COPMWIN110_IF_WCOPIT_04	设置参数 bNodeId=13（远程节点） wIndex=0x2016 bSubIndex=4（子索引不存在） dwLength=8 pData=&sdodata 调用 gIfcWriteSdoBuffer 进行测试	写入失败，CANoe 显示子索引不存在的中止码	CANoe 显示子索引不存在的中止码 0609 0011	
测试时间			测试地点		
测试人员			监督人员		

表 6-26　紧急对象接口测试 gSetEmcy（）

序号	测试标识	测试用例输入及说明（含初始化要求、前提和约束）	预期结果及评估准则	初测记录	回归记录
1	COP_COPSMCU210_IF_MCOPIT_27	设置参数紧急码：0xff,bState=on,pbManSpec=0x39 45 34 44 43,调用接口函数	紧急码发送成功	CANoe 显示：发送的紧急消息 COB_ID=0X8D,数据：0x39 45 34 44 43	
2		设置参数紧急码：0x0,bState=on（发生错误）,pbManSpec=0x39 45 34 44 43,调用接口函数	紧急码发送成功	CANoe 显示：发送的紧急消息 COB_ID=0X8D,制造商专用错误代码：0x39 45 34 44 43	
3		设置参数紧急码：0x0,bState=off（错误消失）,pbManSpec=0x39 45 34 44 43,调用接口函数	发送的紧急数据全部为 0	CANoe 显示：发送的紧急消息 COB_ID=0X8D,数据全为 0	
测试时间			测试地点		
测试人员			监督人员		

6.2.7　评分准则

按照国家标准 GB/T 25000.51—2016 的要求，研究产品质量的所有特性时，结合本案例软件特点，选取了功能性、性能效率和易用性这 3 大特性中的 6 个子特性进行度量。子特性分别为功能完备性、功能正确性、功能适合性、时间特性、资源利用性和易操作性。

根据测试用例的执行结果，来进行产品质量度量，具体过程见表 6-27。

最终计算得知，案例"COP 通用软件"最终质量得分为 85 分（满分为 100 分），如图 6-2和图 6-3 所示。

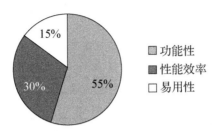

图 6-2　各质量特性权重分配表

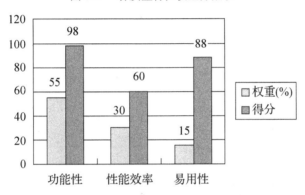

图 6-3　各质量特性得分

表 6-27　产品质量度量

特性	特性权值	子特性	子特性权值	度量项目	度量项目权值	度量公式	统计项	统计值	度量项目评估值	子特性评估值	特性评估值	综合评价值
功能性	0.55	完备性	0.4	功能的充分性	0.44	$X=1-A/B$	A=在评价中测试出有问题的功能数	2	0.92	0.95	0.98	0.85
							B=被评价的功能数	25				
				功能实现的完整性	0.33	$X=1-A/B$	A=在评价中检测出缺少的功能数	0	1			
							B=需求规格说明中描述的功能数	25				
				功能实现的覆盖率	0.23	$X=1-A/B$	A=在评价中检测出的不能正确实现或缺少的功能数	2	0.92			
							B=需求规格说明中描述的功能数	25				

特性	特性权值	子特性	子特性权值	度量项目	度量项目权值	度量公式	统计项	统计值	度量项目评估值	子特性评估值	特性评估值	综合评价值
功能性	0.55	正确性	0.4	预期的正确性	0.5	$X=1-A/B$	A=按照合理的结果，用户得到的结果超出可允许范围的差别的用例数	2	1	1	1	
							B=执行的测试用例数	2				
				计算的正确性	0.5	$X=1-A/B$	A=用户得到不准确的计算次数	2	1			
							B=设计的有精度要求的用例数	2				
		适合性	0.2	功能适合性	1	$X=1-A/B$	A=测试中不存在于需求规格说明中的功能数	0	1	1		
							B=需求规格说明中描述的功能数	25				
性能效率	0.3	时间响应性	0.7	响应时间	0.25	$X=T/T_o$	T=获得结果的时间-完成命令	0.46	0.46	0.79	0.6	
							T_o=需求中要求的响应时间	1				
				平均响应时间	0.25	$X=T_{mean}/TX_{mean}$ $T_{mean}=\sum(T_i)/N$ （$i=1\sim N$）	TX_{mean}=需要的平均响应时间	1	0.71			
							$\sum(T_i)=i$ 个评价的响应时间之和	6				
							N=评价的总数	6				
				吞吐量	0.25	$X_o=A/T$	A=完成的任务个数	6	1			
							T=观察的时间段	6				
							X_o=需求中要求的吞吐量	1				
				平均吞吐量	0.25	$X=X_{mean}/R_{mean}$ $X_{mean}=\sum(X_i)/N$ （$i=1\sim N$） $X_i=A_i/T_i$	R_{mean}=所要求的平均吞吐量	1	1			
							$\sum(X_i)=\sum(A_i/T_i)$	1				
							A_i=在第 i 次评价中在设定的时间内观察到的并发任务个数	1				
							T_i=第 i 个评价中设定的时间段	1				
							N=评价的次数	6				

238

特性	特性权值	子特性	子特性权值	度量项目	度量项目权值	度量公式	统计项	统计值	度量项目评估值	子特性评估值	特性评估值	综合评价值
性能效率	0.3	资源利用性	0.3	程序最大存储空间利用数	0.5	$X=1-A/B$	A=程序存储空间的最大使用数	26.186	0.13	0.14		
							B=程序总存储空间数	30				
				数据最大存储空间利用数	0.5	$X=1-A/B$	A=数据存储空间的最大使用数	2.978	0.15			
							B=数据总存储空间数	3.5				
易用性	0.15	易操作性	1	在使用中功能操作的一致性	0.15	$X=1-A/B$	A=用户发现与他们的期望不一致的不可接受的交互信息类型数	4	0.86	0.88	0.88	
							B=交互信息类型总数	28				
				在使用中消息的一致性	0.15	$X=1-A/B$	A=用户发现与他们的期望不一致的不可接受的消息数目	11	0.61			
							B=消息总数	28				
				使用中错误的纠正	0.1	$X=A/B$	A=用户成功撤销其错误操作的功能数	4	1			
							B=用户试图撤销错误操作的功能总数	4				
				使用中默认值的可用性	0.15	$X=1-A/B$	A=在短时间内用户未能建立或选择参数值的次数(因为用户不能使用软件提供的默认值)	2	0.87			
							B=用户试图建立或选择参数值的总次数	15				
				使用中消息的可理解性	0.15	$X=1-A/B$	A=由于消息比较费解而导致用户长时间停顿或对同一操作反复失败的功能数	0	1			
							B=使用中有消息提示的功能总数	28				
				在使用中操作错误的易恢复性	0.15	$X=1-A/B$	A=(在用户出错或变更后)系统没有通知用户有关的风险,未能成功从困境中恢复的功能数	1	0.89			
							B=用户出错或变更的功能总数	9				

特性	特性权值	子特性	子特性权值	度量项目	度量项目权值	度量公式	统计项	统计值	度量项目评估值	子特性评估值	特性评估值	综合评价值
易用性	0.15	易操作性	1	（用户错误纠正的）可还原性	0.15	$X=A/B$	A=用户成功纠正输入错误的次数	28	1			
							B=试图纠正输入错误的总次数	28				

6.2.8　问题和结果分析

软件测试问题报告见表 6-28～表 6-33。

表 6-28　问题报告 1

问题标识		发现日期	报告日期	报告人
COPTEST_COPMWIN110_002				
问题性质	类别	程序错误 √	文档错误	设计错误	其他错误
	级别	致命错误	严重错误	一般错误 √	轻微错误
测试用例名称及标识	检测从站自动进入 Pre-Operational 状态测试（COP_COPMWIN110_FN_WNMTT_01）
问题描述
从站接通电源后只发送一帧 bootup 消息，而不是多帧 bootup 消息，与主站需求描述不一致。代码与协议一致。

表 6-29　问题报告 2

问题标识		发现日期	报告日期	报告人
COPTEST_COPMWIN110_006				
问题性质	类别	程序错误	文档错误	设计错误	其他错误 √
	级别	致命错误	严重错误	一般错误	轻微错误 √
测试用例名称及标识	配置节点号（COP_COPMWIN110_IF_WCOPIT_19）
问题描述
主站的配置节点号接口函数没有实现

表 6-30 问题报告 3

问题标识			发现日期	报告日期	报告人
COPTEST_COPMWIN110_007					
问题性质	类别	程序错误	文档错误	设计错误	其他错误 √
	级别	致命错误	严重错误	一般错误	轻微错误 √
测试用例名称及标识		配置波特率（COP_COPMWIN110_IF_WCOPIT_24）			
问题描述					
主站的配置波特率接口函数没有实现					

表 6-31 问题报告 4

问题标识			发现日期	报告日期	报告人
COPTEST_COPMWIN110_008					
问题性质	类别	程序错误	文档错误	设计错误 √	其他错误
	级别	致命错误	严重错误	一般错误 √	轻微错误
测试用例名称及标识		查询 PDO 事件（COP_COPMWIN110_IF_WCOPIT_15）			
问题描述					
查询 PD0 事件函数 gIfcRPdoEvent（）实现错误					

表 6-32 问题报告 5

问题标识			发现日期	报告日期	报告人
COPTEST_COPMWIN110_009					
问题性质	类别	程序错误 √	文档错误	设计错误	其他错误
	级别	致命错误	严重错误	一般错误 √	轻微错误
测试用例名称及标识		强制发送 PDO（COP_COPMWIN110_IF_WCOPIT_16）			
问题描述					
主站接口函数 gIfcForceTxPDOSync（）要求发送 128 个，实际可发送 64 个					

表6-33   问题报告6

问题标识		发现日期		报告日期	报告人
COPTEST_COPMWIN110_010					
问题 性质	类别	程序错误√	文档错误	设计错误	其他错误
	级别	致命错误	严重错误	一般错误√	轻微错误
测试用例 名称及标识		数据更新事件（COP_COPMWIN110_IF_WCOPIT_17）			
问题描述					
主站接口函数数据更新事件 gIfcPDataChangeEvent（）的实现发生错误					

6.2.9   测试体会

1. 供方对功能和接口最为重视

经测试，案例"COP 通用软件"的最终质量得分为 85 分（满分为 100 分）。在不考虑权重的情况下，功能性得分 98 分，易用性得分 88 分，性能效率得分 60 分。功能性和易用性得分最高，性能效率得分最低。可见，RUSP 供方对功能和接口较为重视，投入较大精力来完成功能和接口设计，因为用户对这些功能和接口的使用率最高。但性能完成得不理想，尤其是程序和数据的空间利用数，基本都达到了要求的最大数，空间利用率较大，余量较小。

2. 产品说明与标准符合性较差

本案例的产品说明还是按照传统的软件质量要求编写的，未按照 GB/T 25000.51—2016 标准中规定的产品质量八大特性来定义软件质量要求。本书编者单位大量的测试案例和兄弟单位调研情况表明，很多软件供方对于标准的理解还不够深入，更谈不上执行。今后还须投入更多的资源对标准进行宣贯，给出示例。只有软件供方真正落实产品质量特性，评估方才能更有效地对软件产品质量进行测试。

3. 产品说明变更分析欠缺

本项目通过对测试中存在问题的分析，可以发现，软件缺陷大概分为两类：一是代码中函数的实现发生错误；二是软件功能的实现与 CANOpen 通信协议不一致。可以看出，设计师编写的代码未与产品说明文档一致，产品说明修改了而代码未修改，或者产品说明的编写没有早于软件开发过程，导致出现了上述问题。具体情况如下：说明不完全，没有覆盖软件的全部要求；设计不合理，不能满足说明要求；所设计功能的实现有问题，没有合理地体现设计说明。

产品说明的变更通常贯穿整个开发过程，这就要求产品设计开发各方及用户要保持顺畅的沟通，确保设计开发各方全面、准确地获取软件需求，尤其是潜在需求；确保需求的变更及时准确地传达到各个环节并体现在相关文档中，严格把控产品说明变更和实现的过程；确保这一过程及相关文档的一致性和连贯性。

6.3 关键技术项目信息采集系统

6.3.1 软件基本情况介绍

关键技术项目信息采集系统用于对关键技术项目进行分类，并对其信息进行有效的监督与管理，以及对所管理的项目进行查询、统计与汇总。主要具有如下功能。

（1）将全部技术项目以树形结构进行分类并逐一管理。

（2）每一个项目的信息通过联机页面，使用人工输入的方式进行采集。

（3）对已采集的项目信息进行查看、修改、查询和统计汇总。

（4）对使用系统的人员按照角色进行管理，以控制使用人员的访问权限。

（5）记录系统用户对系统进行的操作。

6.3.2 软件组成

关键技术项目信息采集系统包含 3 个子系统：安全管理子系统、审计管理子系统和数据管理子系统。安全管理子系统承担系统管理的维护人员，通过人机界面对使用该系统的人员、人员权限等进行统一的维护、查询和管理，同时还提供系统用户的身份认证和口令修改的功能；审计管理子系统对引起数据信息变化的操作进行记录，并且承担审计管理的维护人员，可以通过人机界面对审计信息等进行统一的维护、查询和管理。数据管理子系统由承担数据管理的维护人员，通过人机界面对技术项目信息、技术项目采集表信息进行管理，并可以方便地进行维护、查询和统计汇总。

1. 产品说明样例

（1）可用性：本软件产品具有对于潜在的需方和用户可用的纸质文档和电子文档。

（2）内容：产品说明中明确描述了软件的质量特性，其中对于质量特性、量化数据、产品名称和版本等信息的描述一致；描述的特性均具有可测试性和可验证性，没有非量化的、现有技术不能测试或验证的表述，包含需方所需的信息，具有可适用性。

（3）标识和标示：产品说明中具有唯一的标识。

（4）映射：产品说明中按照功能性、性能效率、兼容性、可靠性、维护性和可移植性等方面进行归类描述。

（5）功能性：产品说明中明确描述该软件能够为指定的用户提供适用的功能，产品依据 GB/T 25000.10—2016 进行陈述。在产品说明中针对 3 个子系统各自的功能进行了描述，其中的用户登录功能、密码修改功能、查询页数跳转功能 3 个功能描述不准确，详见本指南 6.3.8 节"问题和结果分析"。

（6）性能效率：无。

（7）易用性：产品依据 GB/T 25000.10—2016 进行易用性的陈述，方便用户的使用。

（8）可靠性：产品依据 GB/T 25000.10—2016 进行可靠性的陈述，针对成熟性、可用性、容错性以及易恢复性进行了分类描述。

（9）信息安全性：无。

2. 用户文档集的组成和概述

（1）可用性：本软件产品提供的文档适用与该软件产品。

（2）内容：文档中描述的功能均可测试。

（3）标识和标示：每份文档及应用系统具有唯一的标识，明确了供方的名称，且包含的功能任务具有唯一的标识。

（4）完备性：软件文档明确描述了软件的安装信息，陈述的功能满足用户可调用功能的要求，且包含具体的操作步骤，明确可导致软件系统失效的差错和缺陷，但缺少必要数据的备份和恢复的描述。

（5）正确性：文档中各功能的描述正确且无歧义。

（6）一致性：与文档中描述的内容相一致。

（7）易理解性：文档中对于特定的术语进行了解释说明，利于用户的理解。

（8）产品质量——功能性：文档中明确陈述产品中所有的功能性的限制。

（9）产品质量——易用性/易学性：文档中有明确的软件使用手册，方便用户学习。

（10）产品质量——易用性/易操作性：文档明确提供可以打印的纸质文档，并对文中出现的所有术语和缩略语进行了定义。

（11）产品质量——可靠性：对软件可靠性的特征进行了描述，并明确规定如何进行操作。

（12）产品质量——信息安全性：无该方面的要求。

（13）使用质量——有效性：明确规定了有效性目标。

（14）使用质量——效率：明确规定了质量效率目标。

（15）使用质量——满意度：明确规定了用户使用满意度目标，并提供供方的联系方式，用于接收用户满意度反馈。

（16）使用质量——抗风险：缺少该部分内容的描述。

（17）使用质量——周境覆盖：缺少该部分内容的描述。

3. 软件的形态是在线还是离线的

本软件为离线运行。

6.3.3 测试环境

测试环境配置见表 6-34。

表 6-34 软件测试环境配置

序号	设备名称	硬件配置	软件配置	用途及备注
1	测试用计算机	处理器：i3-380M @ 2.530GHz 2.53GHz 内存：4GB 硬盘：320GB	操作系统：Windows 7 浏览器：IE 8.0	运行被测应用软件系统
2	交换机	型号：华为 S3026	—	提供局域网环境

6.3.4 测试方法和测试内容

1. 测试方法

测试方法主要采用黑盒测试方法，对功能性、可靠性及易用性进行测试，以及考核用户文档集描述的完备性；验证产品工作模式的完整性、系统登录的可靠性以及应用系统的易操作性。

2. 测试内容

1）功能性

测试安全管理子系统人员权限的管理和维护、查询功能，以及用户的身份认证和口令修改功能；同时测试审计管理子系统对相应操作记录的功能，以及系统的维护、查询和管理功能。另外，还测试数据管理子系统对技术项目信息、技术项目采集表信息进行管理的功能，以及相应的维护、查询和统计汇总功能。

2）可靠性

考核产品是否对存在的风险采取了可靠有效的防范措施，以及是否对功能存在的异常情况设计了对应的处理措施；是否采用了可靠的加密措施，对用户的登录权限以及使用权限进行了限制。

3）易用性

测试应用系统用户界面的友好性以及信息查询、管理的方便性。

4）用户文档集

考核用户文档集描述的完整性和一致性。

6.3.5　测试计划

1. 通过-失败准则

测试用例的执行结果应满足产品说明和用户文档集的准则要求，否则，测试用例失败。

2. 测试进度

本次测试周期为2017-03-14—2017-03-28，测试进度详见表6-35 WBS分解。

表6-35　WBS分解

序号	任务名称	内容与过程	完成形式	起止时间	参加人	工作量（人·天）
1.	测试策划	确定测试策略、测试方法、测试活动进度等，并进行测试计划评审	测试计划	2017-03-14	×××	2
2.	测试需求分析	根据软件需求规格说明进行测试需求分析并编写测试需求规格说明	测试需求规格说明	2017-03-15—2017-03-16		2
3.	测试设计和实现	设计测试用例，编写测试说明并进行测试说明评审	测试说明	2017-03-17—2017-03-22		10
4.	测试执行	根据测试计划和测试说明执行测试，实施测试用例，并记录测试结果	软件问题报告单、测试记录	2017-03-23—2017-03-27		6
5.	测试总结	对测试工作和被测软件进行分析和评价，编制测试报告，并进行测试总结评审	测试报告	2017-03-28		2

3. 风险

在软件测试过程中有很多因素影响着软件测试质量，如进度风险等。为规避风险，提高软件测试质量，对本项目进行了风险分析，具体见项目风险分析表6-36。

表6-36 项目风险分析

序号	风险名称	风险描述及风险分析	风险概率	风险后果	风险处理对策
1	进度风险	开发人员或者测试人员的任务交叉,可能影响测试进度	中	一般	如果由于任务需要而导致的人员变动,那么须要及时向调度室和上级领导反映情况

4. 人力资源

软件测试组成员分工见表6-37。

表6-37 软件测试组成员分工

序号	角色	人员	职责
1	项目主管	×××	组织测评人员按照技术要求完成测评任务; 负责领取、保管、分配、使用与交回被测件; 选择测评技术和方法,解决测评中的技术和质量问题; 组织整理测评数据,撰写测评报告和处理有关问题; 测评项目的跟踪与控制(包括风险管理)
2	测试人员	×××	按要求填写各种测评现场记录和设备使用记录; 负责整理和汇总测评数据; 负责对被测件进行评价并编制测评文档; 负责用于测评专用设备的维护和保养,搭建测试环境,并在测试前对设备进行核查和/或校准; 对软件测评项目的过程进行现场监督
3	质量保证员	×××	客观地验证工作产品及其活动遵循标准、规程和需求的情况;将测评项目质量保证结果通知相关人员
4	配置管理员	×××	测评配置项的配置管理; 配置项的出/入库控制; 基线的状态和内容通知各相关人员

5. 沟通

软件研制单位和用户在相互协调征得软件测试方同意后,可共享和使用测试文档和测试项。

6.3.6 测试用例

1. 功能性测试用例

用户登录功能测试用例见表6-38。

表6-38　用户登录功能测试用例

序号	测试标识	测试用例输入及说明 （含初始化要求、前提和约束）	预期结果及 评估准则	初测记录	回归记录
1	T001-GN001-001	步骤一：使用系统管理员账号登录系统； 步骤二：创建登录名为"admin8"、授予期限为2天的用户； 步骤三：使用"admin7"的账号登录系统，查看是否能够登录系统； 步骤四：1天后再次登录系统并查看系统是否给出提示信息	登录名为"admin8"、授权期限为2天的用户可以正常登录系统，1天后登录系统给出提示信息	失败。 使用账号为"admin8"的用户在1天后登录，系统未给出提示信息	—
测试时间		2017-03-23	测试地点	××软件评测中心	
测试人员		×××	监督人员	×××	

2. 可靠性测试用例

安全管理角色权限功能测试用例见表6-39，登录密码修改功能测试用例见表6-40。

表6-39　安全管理角色权限功能测试用例

序号	测试标识	测试用例输入及说明 （含初始化要求、前提和约束）	预期结果及 评估准则	初测记录	回归记录
1	T001-GN002-001	步骤一：使用安全管理角色登录关键技术项目信息采集系统； 步骤二：查看安全管理子系统下项目信息是否提供新建用户、删除用户、编辑用户信息及为用户指定角色的功能，是否能够自定义用户的授权期限和用户的状态	安全管理子系统下项目信息提供新建用户、删除用户、编辑用户信息及为用户指定角色的功能，能够自定义用户的授权期限和用户的状态	通过。 安全管理子系统下项目信息提供新建用户、删除用户、编辑用户信息及为用户指定角色的功能，能够自定义用户的授权期限和用户的状态	—
2	T001-GN002-002	步骤一：使用系统管理员账号登录系统； 步骤二：创建登录名为"admin6"、状态为"禁用"的用户； 步骤三：使用"admin6"账号登录系统	若不能登录安全管理子系统，则给出提示信息	通过。 使用此账号密码不能登录安全管理子系统，并提示"用户被禁用"	—
测试时间		2017-03-23	测试地点	××软件评测中心	
测试人员		×××	监督人员	×××	

表 6-40　登录密码修改功能测试用例

序号	测试标识	测试用例输入及说明 （含初始化要求、前提和约束）	预期结果及 评估准则	初测记录	回归记录
1	T002-GN001-001	步骤一：使用系统管理员账号（账号：admin、密码：000000）登录系统； 步骤二：单击"修改密码"按钮，输入旧口令 000001，输入新口令 123456 和新口令确认 123456，单击"确定"按钮； 步骤三：查看是否能够正确修改口令	若不能够修改口令，则系统给出提示信息	通过。 用户不能够修改口令，系统提示"输入的旧口令不正确"	—
2	T002-GN001-002	步骤一：使用系统管理员账号（账号：admin、密码：000000）登录系统； 步骤二：单击"修改密码"按钮，分别输入旧口令 000000、新口令 000000 和新口令确认 000000，单击"确定"按钮； 步骤三：查看是否能够正确修改口令	若不能修改口令，则系统给出提示信息	失败。 用户能够修改口令，系统提示"密码修改成功"	—
测试时间		2017-03-23	测试地点	××软件评测中心	
测试人员		×××	监督人员	×××	

3. 易用性测试用例

查询页数跳转功能测试用例见表 6-41。

表 6-41　查询页数跳转功能测试用例

序号	测试标识	测试用例输入及说明 （含初始化要求、前提和约束）	预期结果及 评估准则	初测记录	回归记录
1	T002-GN003-001	步骤一：使用系统管理员账户登录系统； 步骤二：进入人员管理页面，登录名与姓名均设置为空，单击"查询"按钮； 步骤三：设置每一页显示为两行； 步骤四：查看总页数，输入大于总页数的跳转页数，单击"确定"按钮，查看能否跳转，系统是否给出提示信息	若不能跳转，则系统会给出提示信息	失败。 会跳转至最后一页，系统未给出提示	—
测试时间		2017-03-23	测试地点	××软件评测中心	
测试人员		×××	监督人员	×××	

6.3.7 评分准则

评分说明见表 6-42。

表 6-42 评分说明

编 号	验收内容	质量要求	评分标准
1	用户文档集（1.5 分）	内容完整适用，前后一致、可验证	符合要求，得 1.5 分；不符合要求，得 0 分
2	功能完整性（1.5 分）	功能实现正确、完整	符合要求，得 1.5 分；部分符合要求，得 0.5 分，不符合得 0 分
3	可靠性（1 分）	采取了可靠有效的防范措施	符合要求，得 1 分；部分符合要求，得 0.5 分，不符合得 0 分
4	易用性（1 分）	保密措施有效、加密有效	符合要求，得 1 分；不符合要求，得 0 分

6.3.8 问题和结果分析

测试用例问题报告见表 6-43～表 6-46。

表 6-43 测试用例问题报告 1

问题标识	问题级别	报告人	处理结果
DT-00-001	3 级	×××	修改程序
测试用例名称及标识	用户登录功能 T001-GN001-001		
问题描述	对于用户口令即将到达授权天数的用户，系统并未在授权到达前 24 小时给出提示信息		

表 6-44 测试用例问题报告 2

问题标识	问题级别	报告人	处理结果
DT-00-002	2 级	×××	修改程序
测试用例名称及标识	密码修改功能 T002-GN001-002		
问题描述	用户可对登录密码进行修改，要求修改密码时必须输入原密码，新密码与原密码不能相同；否则，软件必须给出提示信息，并对密码的数据具有约束条件。经测试，当新旧密码相同时，系统并未给出提示信息且密码可以正常修改		

表 6-45　测试用例问题报告 3

问题标识	问题级别	报告人	处理结果
DT-00-003	2 级	×××	修改程序
测试用例名称及标识	查询页数跳转功能 T002-GN003-001		
问题描述	系统可按照登录名、姓名和角色名称进行人员信息的查询，把查询结果以列表的方式呈现，并且提供自定义跳转页数和每页显示行数的功能。经测试，在查询结果界面下，当输入的跳转页数大于实际页数时，系统未给出提示信息，而直接跳转至最后一页		

表 6-46　测试用例问题报告 4

问题标识	问题级别	报告人	处理结果
WD-00-001	3 级	×××	修改程序
测试用例名称及标识	用户文档集审查		
问题描述	按照 GB/T 25000.51—2016 的要求，软件文档集应满足完备性的要求，并明确软件抗风险以及周境覆盖的目标，但实际上，该软件文档中对产品可靠性缺少必要的数据备份和关于恢复操作的指导性描述，同时缺少抗风险以及周境覆盖的目标描述		

6.3.9　测试体会

（1）供方对产品功能完整性和安全性最为关注。产品功能的完整性决定产品功能的成败，产品功能的实现不能存在缺陷。同时，在安全性方面具有可靠有效的措施保障。

（2）产品说明中的某些内容与标准不符合。应在相关领域内加强标准的宣贯与培训，以期达到对标准的深刻理解与掌握。

6.4　应用支撑平台委托测试

6.4.1　软件基本情况介绍

该软件是某省级单位业务的应用支撑平台，是其各种业务应用系统的基石，要求为其他业务提供统一的基础功能支撑和应用环境，以提高开发效率，降低开发成本。对于已有系统，该平台应提供统一的基础功能。

6.4.2 软件组成

该软件提供的主要功能包括单点登录、统一组织机构管理、统一行政区划管理、统一功能管理、菜单管理、权限管理、业务字典管理、系统日志管理。

6.4.3 测试环境

测试环境配置说明见表6-47。

表6-47 测试环境配置说明

序 号	设备名称	硬件配置	软件配置	用途及备注
1	IBMpower750	CPU：64bit RISC 架构芯片，8 核 CPU 封装 最高主频支持 3.5GHz 最大内核数量支持 32 二级（L2）缓存 每个内核 256kB 三级（L3）缓存 每个内核 10MB 实际配置：配置 CPU 核数 16，配置 CPU 总频率要求：56GHz（实配 CPU 核数*单 CPU 核心主频） 内存：128GB 硬盘：4*300G SAS 其他：RAID，DVD,2*8GB HBA，2 个 10/100/1000Mb 网卡	操作系统：AIX 6.1 数据库：Oracle 11g	数据库服务器（2 台）
2	华为 RH5885H V3	CPU： Intel E7 v2 系列 8 核 Xeon 处理器，主频 2.0GHz，高速缓存 16MB 处理器配置数目：4 颗 内存：64GB 硬盘：RAID，4 个千兆以太网口，2*8GB HBA 卡	操作系统：linux redhat 7.0 中间件：金蝶 V9	应用服务器（2 台）
3	测试机	CPU：Intel Core i7-4790 3.6GHz 内存：32GB	操作系统：Windows Server 2008 R2 Enterprise SP1 64 位 浏览器：IE 11	客户端

序　号	设备名称	硬件配置	软件配置	用途及备注
4	测试机	CPU：Intel Core i5-2520M 2.5GHz 内存：4.0GB	操作系统：Windows 7 旗舰版 SP1 32 位 浏览器：IE 9.0	客户端
5	测试机	CPU：Intel Core（TM）2 1.80GHz 内存：2.0GB	操作系统：Windows 7 专业版 32 位 浏览器：IE 8.0	客户端

6.4.4　测试方法和测试内容

1. 测试方法

根据与用户的约定，按照 GB/T 25000.51—2016 标准要求，对该软件功能完备性、功能正确性进行测试，对维护性的可重用性进行测试，对可移植性的浏览器适应性进行测试。

2. 测试内容

1）功能完备性

针对被测软件操作手册中包含的所有对用户业务至关重要的单点登录、统一组织机构管理、统一行政区划管理、统一功能管理功能进行测试，验证软件是否能完成操作手册中所描述的功能。

2）功能正确性

针对被测软件操作手册中的区划编码、区划名称、区划等级的限制进行正确性测试。

3）维护性

验证当其他上层应用系统被部署安装后，该系统的单点登录、统一组织机构管理、统一行政区划管理、菜单管理、权限管理、业务字典管理、系统日志管理功能模块能够被其他系统所使用。

4）可移植性——浏览器适应性

针对用户手册标出的所支持的 IE8、IE9、IE11 进行测试，将对用户业务至关重要的单点登录、统一组织机构管理、统一行政区划管理、统一功能管理功能分别在 IE8、IE9、IE11 浏览器下运行，检查功能的执行情况。

6.4.5　测试计划

1. 通过-失败准则

测试项通过准则：测试用例未出现不通过结果（即执行测试用例时未发现致命级、严重级缺陷）。

整体通过准则：未出现结果为不通过的测试项。

2. 测试进度

测试周期为 30 人·天，测试进度详见表 6-48。

表 6-48 测试进度

序号	工作内容说明	预计时长（人·天）	参加人员	备注
1	需求与策划阶段	3		—
2	设计阶段	18	×××	—
3	执行阶段	6		—
4	总结阶段	3		—

3. 风险

本项目进行的风险分析见表 6-49。

表 6-49 项目风险分析

序号	风险名称	风险描述及风险分析	风险概率	风险后果	风险处理对策
1	环境风险	由于测试在用户真实业务环境下进行，测试可能影响用户其他业务正常使用	中	一般	尽量避开用户正常业务高峰时期，测试之前要求用户对实际业务数据进行备份
2	进度风险	开发人员或者测试人员的任务交叉，可能影响测试进度	中	一般	对于人员变动问题在测试之前与开发单位或上级领导进行事先沟通，如果变动提前通知，同时在测试进度中考虑人员的影响

4. 人力资源

软件测试组成员分工见表 6-50。

表 6-50 软件测试组成员分工

序号	角色	人员
1	测试组长	1个
2	测试人员	3个
3	质量保证员	1个
4	配置管理员	1个

5. 沟通

测试期间开发单位及委托用户指派专人与测试人员沟通，沟通方式主要为电话、QQ、邮件联系。开发单位派专人跟随测试组提供技术支持，委托用户可随时检查测试的进展情况。

6.4.6 典型测试用例

1. 功能性（完备性）测试用例

根据用户操作手册中描述的功能，与实际测试中执行的测试用例进行对应，形成功能对照表（见表6-51）。

表6-51 用户操作手册中的功能与实测功能对照

用户文档操作手册中描述的功能		实测的功能（测试用例编号）
单点登录	用户进入系统的统一入口	2016155-112
统一组织机构管理	新增机构	2016155-20
	修改机构	2016155-21
	删除机构	2016155-22
	移动和复制机构	2016155-23
	新增岗位	2016155-55
	修改岗位	2016155-56
	删除岗位	2016155-57
	新增员工和用户	2016155-69
	修改员工和用户	2016155-70
	删除员工和用户	2016155-71
统一行政区划管理	行政区划新增	2016155-5
	行政区划修改	2016155-6
	行政区划撤销	2016155-7
	行政区划恢复撤销	2016155-8
	行政区划拆分	2016155-9
	行政区划合并	2016155-10
	行政区划移动	2016155-11
统一应功能管理	统一应用管理	2016155-139
	统一功能管理	2016155-140
菜单管理	对菜单树进行维护	2016155-133

用户文档操作手册中描述的功能		实测的功能（测试用例编号）
权限管理	用户管理	2016155-92
	系统角色授权	2016155-85
	系统角色的查询	2016155-110
	验证系统用户授权	2016155-96
业务字典管理	对业务字典类型进行维护	2016155-120
	对业务字典类型进行导入和导出	2016155-121
	对业务字典项信息进行维护	2016155-126
系统日志	统计监控	2016155-314
	日志配置 · 跟踪日志配置	2016155-303
	日志配置 · 引擎日志配置	2016155-302
	日志配置 · 系统日志配置	2016155-301
	日志配置 · 部署日志配置	2016155-300
	日志配置 · 日志下载	2016155-304

新增用户测试见表 6-52。

表 6-52 新增用户测试

序号	测试标识	测试用例输入及说明（含初始化要求、前提和约束）	预期结果及评估准则	初测记录	回归记录
1	2016155-92	目标：验证使用 IE8 能够按照用户操作手册所述的步骤新增用户。 前提：用于测试的账号具有新增用户权限。 操作步骤： 在"权限管理"中选择"用户管理"，进入用户管理页面，单击"增加"按钮，输入用户登录名"testuser1"，用户名称"测试用户 1"信息，单击"保存"按钮	预期结果： 新增的用户名称为"测试用户 1"能登录系统，页面最上方显示"欢迎您：测试用户 1"。 评估准则：符合用户文档（文档编号为 KF991403UMN001 章节号为 4.2）的描述	在 IE8 下使用新增的用户名称为"测试用户 1"的用户可以登录系统，页面最上方显示"欢迎您：测试用户 1"	
测试时间	××××年××月××日		测试地点	用户工作现场	
测试人员	×××		监督人员	××××	

2. 功能性（正确性）测试用例

区划编码测试见表 6-53。

表 6-53 区划编码测试

序号	测试标识	测试用例输入及说明（含初始化要求、前提和约束）	预期结果及评估准则	初测记录	回归记录
1	2016155-5	目标： 验证区划编码只能录最长12位的数字 前提： 测试账号具有新增行政区划的权限。 操作步骤： 选择行政区划树中"河北省"下的"河北唐山市"，单击"增加"按钮，在"新增记录"对话框中输入13位编码，填入其他必填项，单击"保存"按钮	预期结果： 系统只允许输入12位。 评估准则： 符合用户文档（文档编号为KF991403UMN001章节号为4.3.2.1）的对于区划编码的要求	当区划编码输入到第13位时，系统自动将第13位数字过滤	
测试时间		××××年××月××日	测试地点	用户工作现场	
测试人员		×××	监督人员	××××	

3. 维护性（可重用性）测试用例

已有新增机构用户功能的可重用测试见表 6-54。

表 6-54 已有新增机构用户功能的可重用测试

序号	测试标识	测试用例输入及说明（含初始化要求、前提和约束）	预期结果及评估准则	初测记录	回归记录
1	2016155-180	目标： 验证部署到平台上的办公系统可以使用平台提供的组织机构管理功能中的新增机构用户来增加其用户。 前提： 办公应用系统已经部署到应用支撑平台，测试用户具有平台的用户管理权限 操作步骤： 测试用户登录进入平台，单击"支撑平台"选项，选择"组织机构"-"xxx部门"-，右键单击"增加机构员工"，在基本信息页面，输入员工姓名"test1"，员工代码为"test1"，用户登录名输入"sjzhedui01"，用户名称为"sjzhedui01"，密码输入"000000aa"，单击"保存"按钮	预期结果： 使用新增的用户账号能够登录办公系统。 评估准则： 符合用户文档（文档编号为KF991403UMN001章节号为4.2）的描述	单击"保存"按钮后，系统提示保存成功。打开办公系统登录页面，输入test1，登录办公系统	
测试时间		××××年××月××日	测试地点	用户工作现场	
测试人员		×××	监督人员	××××	

4. 可移植性（适应性）

新增用户的适应性测试见表 6-55。

表 6-55　新增用户的适应性测试

序号	测试标识	测试用例输入及说明（含初始化要求、前提和约束）	预期结果及评估准则	初测记录	回归记录
1	2016155-233	目标： 验证在 IE9 浏览器中是否能新增用户。 前提： 已经完成 2016155-92 测试用例执行，用于测试的账号具有新增用户权限。 操作步骤： 使用 IE9 登录系统，在"权限管理"中选择"用户管理"，进入用户管理页面，单击"增加"按钮，输入用户登录名"testuser2"，对用户名称选择"测试用户 2"信息，单击"保存"按钮	预期结果： 新增的用户名称为"测试用户 1"能登录系统，页面最上方显示"欢迎您：测试用户 2"。 评估准则：符合用户文档（文档编号为 KF991403UMN001 章节号为 3.2 和 4.2）的描述	在 IE9 下使用新增的用户名称为"测试用户 2"的用户可以登录系统，页面最上方显示"欢迎您：测试用户 1"	
2	2016155-234	目标： 验证在 IE11 浏览器中是否能新增用户。 前提： 已经完成 2016198-92 测试用例执行，用于测试的账号具有新增用户权限。 操作步骤： 使用 IE11 登录系统，在"权限管理"中选择"用户管理"，进入用户管理页面，单击"增加"按钮，输入用户登录名"testuser3"，对用户名称选择"测试用户 3"信息，单击"保存"按钮	预期结果： 新增的用户名称为"测试用户 3"能登录系统，页面最上方显示"欢迎您：测试用户 3"。 评估准则：符合用户文档（文档编号为 KF991403UMN001 章节号为 3.2 和 4.2）的描述	在 IE11 下使用新增的用户名称为"测试用户 3"的用户可以登录系统，页面最上方显示"欢迎您：测试用户 3"	
测试时间	××××年××月××日		测试地点	用户工作现场	
测试人员	×××		监督人员	××××	

6.4.7　评分准则

根据委托用户的业务实际情况及与用户的约定，本次测试评分准则见表 6-56。

表 6-56 测试评分准则

序号	测试内容	评分标准
1	功能完备性	测试结果全部为"通过",得满分 35 分;测试结果为"不通过",得 0 分
2	功能正确性	测试结果全部为"通过",得满分 25 分;测试结果为"不通过",得 0 分
3	维护可重用性	测试结果全部为"通过",得满分 20 分;测试结果为"不通过",得 0 分
4	可移植性——浏览器适应性	测试结果全部为"通过",得满分 20 分;测试结果为"不通过",得 0 分
合计		100

6.4.8　问题和结果分析

问题和结果分析使用表 6-57～表 6-59 进行。

表 6-57　问题和结果报告 1

问题标识	问题级别	报告人	处理结果
268—2016155-42B1	B	×××	已修复
测试用例名称及标识	2016155-42 删除下级机构		
问题描述	删除下级机构时,选择同时删除机构下的员工,但删除后,在员工查询页面仍可查询出被删除机构的员工信息		
结果分析	系统只是删除了机构与员工的关联关系,而未对员工信息执行删除		

表 6-58　问题和结果报告 2

问题标识	问题级别	报告人	处理结果
242—2016155-93B01	B	×××	已修复
测试用例名称及标识	2016155-93 编辑用户信息		
问题描述	设置密码失效日期为当前日期之前,用户仍能登录本系统		
结果分析	设计系统时,未考虑把密码失效日期设置为当前日期之前的情况		

表 6-59　问题和结果报告 3

问题标识	问题级别	报告人	处理结果
189—2016155-234B01	C	×××	已修复
测试用例名称及标识	2016155-234 验证在 IE11 浏览器中是否能新增用户		
问题描述	使用 IE11 浏览器无法完整显示主页面功能区,造成用户无法正常使用系统功能		
结果分析	由于被测软件成型较早,在设计系统时未考虑对较新的 IE11 浏览器的支持		

6.4.9　测试体会

（1）测试时须要从用户的角度考虑问题。在本例的测试过程中，存在一些技术人员觉得很轻微的问题，如文字乱码、图片变形等界面显示问题。但是把测试报告给用户看了之后，用户认为问题的严重程度高于测试人员确定的严重程度，因为这些问题会影响他们的形象，这是用户不能容忍的。

（2）对于不同用途的软件，用户对质量特性的关注度不同。本软件为某省级单位业务的应用支撑平台，要求为其他业务提供统一的基础功能支撑和应用环境，以提高开发效率，降低开发成本。因此，用户除了对基本功能的提出要求，还对维护性的可重用性比较关注。

附录 《软件产品质量要求和测试细则——GB/T 25000.51—2016 标准实施指南》问题解答

一、不是所有的软件系统都能覆盖全部质量特性，在具体实施时该如何处理？

答：GB/T 25000.51—2016《系统与软件工程系统和软件质量要求与评价（SQuaRE）第51部分：就绪可用软件产品（RUSP）的质量要求和测试细则》依据了 GB/T 25000.10—2016《系统与软件工程系统与软件质量要求和评价（SQuaRE）第10部分：系统与软件质量模型》国家标准，确定就绪可用软件产品（RUSP）的质量要求。在 GB/T 25000.10—2016 中给出的质量特性是一个通用特性，对于不同领域特性软件，可以对 GB/T 25000.10—2016 的质量特性做个性化的裁剪，或者根据该领域的标准制定质量模型，然后开展测试。在 GB/T 25000.51—2016 标准中涉及不同质量特性时，都有一个前导语"适用时……"表示这个含义。软件符合的质量模型情况，通过产品说明及用户文档集的描述来体现。

二、该标准中的第6章和第7章应如何实施？将 GB/T 25000.51—2016 作为检测依据，是否要符合标准第6章和第7章的要求？

答：该标准第2章描述了第5、6和7章在标准的符合性评价中的作用。第2章的 a）条规定 RUSP 的质量特性的测试结果必须符合第5章规定的要求，第5章要求的对象是 RUSP。b）条规定"已按所编制的符合第6章要求的测试文档集进行测试"，第6章是测试文档集的要求，主要针对检测实验室，从一般要求、测试计划、测试说明要求、测试结果要求进行规范。c）条规定测试期间发现异常后的处理，处理结果包括三种情况：（1）已经解决。（2）异常没有解决且不违背声称的性能。（3）供方已经考虑到该异常性质和影响，该异常可以忽略不计，并且已经保存异常的文档。这里重点要指出的是，该标准并未规定所有的异常必须全部解决。第7章对如何开展符合性评价做出的规定，标准规定符合性评价是可选的。依据 GB/T 25000.51—2016 开展检测和依据 GB/T 25000.51—2016 开展符合性评价是两个不同的概念。具体可参考本书4.1总则部分。

三、请在质量特性的测试方法方面给出一些建议。

答：GB/T 25000.51—2016 规定了测试的要求，并没有对测试方法提出要求和规定。读者可适当参考 GB/T 29831～GB/T 29836 系统和软件质量系列标准。但要注意该系列标准是与 GB/T 25000.51—2010 规定的质量特性对应的。另外，ISO/IEC 25023 和 ISOIEC 25022 分别规定了不同软件质量特性的测量，在描述质量特性测量过程中，也给出了很多和测试相关的信息。

与这两个国际标准对应的国家标准也正在编制过程中。测试方法的技术内容比较多，读者可以参考相关的著作，如由蔡立志博士所著的由清华大学出版社出版的《软件测试导论》等。

四、关于可靠性、信息安全性，须要测试到什么程度？

答：信息安全性、可靠性的测试程度要视产品或系统以及应用场景的具体需求来确定。

五、如何区分兼容性和可移植性？

答：兼容性是一个新的特性，定义如下：在共享相同的硬件或软件环境的条件下，产品、系统或组件能够与其他产品、系统或组件交换信息，或执行其所需功能的程度。兼容性由共存性、互操作性和依从性3个子特性构成。其中，共存性指在与其他产品共享通用的环境和资源条件下，产品能够有效执行其所需的功能且不会对其他产品造成负面影响的程度；互操作性指两个或多个系统、产品或组件能够交换信息并使用已交换的信息的程度；可移植性指系统、产品或组件能够从一种硬件、软件或者其他运行（或使用）环境迁移到另一种环境的有效性和效率的程度，包括适应性、易安装性、易替换性、可移植性的依从性。适应性是指产品或系统能够有效地、有效率地适应不同的或演变的硬件、软件，或者其他运行（或使用）环境的程度。这个适应性和一般意义上的兼容性比较接近。

六、如何区分产品说明和用户文档集？

答：相比较而言，产品说明是一个文档，而用户文档集是一系列文档的集合。产品说明的要素在标准中有详细的定义，内容包括RUSP最核心的质量特性，类似于药品包装盒上的药品功效说明。而用户文档集可包括用户操作手册、安装手册、需求规格说明、产品设计文档等。这些文档从不同的角度反映RUSP的质量特性，也为软件测试用例的设计提供基本的资料。

七、关于标准中的使用质量，是由第三方测试机构出具报告（例如，通过用户调查问卷的方式）还是只能由用户方评价？

答：使用质量的定义：系统的使用质量描述了产品（系统或软件产品）对利益相关方造成的影响，它是由软件、硬件和运行环境的质量，以及用户、任务和社会环境的特性所决定的，所有这些因素均有利于系统的使用质量。一方面，使用质量不只是简单的技术，而是要考虑对利益相关方造成的影响。另一方面，使用质量与其使用周境相关，包括用户、任务和社会特性等。由于这两方面的因素，使用质量单独若由第三方测试机构出具报告时，则很难设计相关的场景。但是，也不是简单地使用问卷调查来代替使用质量的测试。建议使用质量的测试由甲方单位具体设计实施，第三方测试机构可以在技术方面提供支撑。

八、GB/T 25000.51—2016 中的 5.3.6.2 和 5.3.6.5 这两个条款实际上都是关于授权访问，在 GB/T 25000.10—2016 的产品质量特性描述中，把数据的授权访问归类于保密性。在这里，被分别要求，是否特指应防止对程序的未授权访问？

答：GB/T 25000.10—2016 对产品的特性和子特性进行详细的划分。GB/T 25000.51—2016

在 5.1.10 小节中指出：适用时，产品说明应根据 GB/T 25000.10—2016 包含有关信息安全性的陈述，要考虑保密性、完整性、抗抵赖性、可核查性、真实性以及信息安全性的依从性，并且以书面形式展示可验证的依从性的证据。5.3.6 节下属的各个条款与 GB/T 25000.10 中信息安全性子特性并不存在对应关系，只是对一些重要信息的强调。

九、GB/T 25000.51—2016 的 5.3.6.5 条针对保密数据保护，除了授权访问，还应该从保密数据存储控制（如加密）、传输控制角度提要求。

答：5.3.6 小节下属的各个条款并没有和 GB/T 25000.10—2016 中信息安全性子特性（保密性、完整性、抗抵赖性、可核查性、真实性以及信息安全性的依从性）存在一一对应关系，只是从用户权限访问角度对保密数据进行要求，对一些技术点做了强调。在 ISO/IEC 25023 中有这方面细节的描述。

十、该标准中还是缺少对具体项目应该怎样裁剪质量特性的描述，希望本指南中能够提供一些说明。例如，在要验收的项目中应该怎样裁剪？哪些质量特性是不能少的？

答：除了国家法律、法规、标准以及合同定义的质量特性要求，具体领域可根据自身的特点，实例化为其行业的质量模型或者质量标准。用户也可根据软件的特点自行裁剪其质量特性。例如，嵌入式软件对于性能效率要求比较高，而对于移植性要求可能略低。但是裁剪的结果必须事先在产品说明和用户文档集中相应的部分进行说明，并且作为测试的基本依据。不能根据测试结果的好坏来裁剪质量特性。

十一、该标准中基本上没有通过准则的说明，希望本指南能够给出一些建议。

答：在本指南的第四章"测试与评价"中，给出了一些条款的通过与否的准则。

十二、4.1.12 小节"产品标识"中"变体"是指什么？例如，版本 3.1.2.5 可以认为是 3.1.2.1 版本的变体吗？

答：变体（Variant）又译为变种，是指这样一些软件产品：它们彼此有一些相同之处，但又彼此有所区别，它们之间的差异是与生俱来的、本质上的。例如，某软件的 V3.1.2 for Windows 版和 V3.1.2 for Unix 版。版本一般是和软件产品的迭代发行所关联的，因此，某软件版本 3.1.2.5 不是版本 3.1.2.1 的变体。

十三、该标准 5.1.3.4 条规定产品说明应标识该软件能完成的预期工作和服务。此处"服务"的概念范围如何？是否涉及"包含人机系统的业务服务"？

答："服务"的范围描述根据软件特点而定，不是一刀切，甚至可以理解为"包含人机系统的业务服务"。如果该服务须要外部要素的支撑，那么须要在产品说明中指出；否则，可能会出现不合适的描述。

十四、该标准 5.2.4.3 条规定用户文档集应列出已处置、会引起应用系统失效或终止的差错和缺陷，特别要列出那些最终导致数据丢失的应用系统终止的情况。此处"已处置"指的是"已经解决的差错"（如已修正的 Bug）还是"可控的差错"（未修正或无法修正，但是可以通过规范化的操作来解决的 Bug）？

答：这里已处置的差错和缺陷，主要指虽然未修正或无法修正但是可以通过规范化的操作来解决的缺陷。已经修复的缺陷的描述，对于存在维护升级的情况下，在产品发布时所列出的修复缺陷清单，也属于这种情况。

十五、该标准 5.2.5.1 条的备注提到"用户文档集中所有信息的正确性都宜追溯到权威来源"。此处"权威来源"指的是什么？可能包括哪些？

答：用户文档集信息的正确性追溯包括几个方面：

（1）所有涉及的计量单位信息尽量可以追溯到国际单位，信息的测量设备需要适当地校准和检定，这个和检测实验室的溯源要求类似。

（2）专用软件（如医学领域）信息的正确性描述可追溯到相应的术语。

（3）其他信息的溯源可以包括文档的修订记录信息和不同文档之间的追踪关系。

十六、该标准 5.2.13 小节规定用户文档集应对用户管理的每一项数据所对应的软件信息安全级别给出必要的信息。此处的"信息安全级别"由谁来规定？或者有什么标准可遵循？如何释义？

答：标准并没有对软件信息安全级别的定义指责和依据做出规定。除了通用的信息安全等级保护级别规定，不同行业根据本行业的要求会制定行业安全等级，如金融、电力、卫生行业。在具体实施过程，结合行业对信息安全级别的定义开展。

十七、该标准 7.6 节 c）条规定其他所有部分至少进行抽样评价。抽样规则是否有参考资料？

答：抽样规则建议侧重于产品或系统的关键功能模块及主要业务流程，以保障产品或系统的主要业务功能未受影响。

参 考 文 献

[1]　刘振宇. 软件质量标准的发展与应用[J]. 软件产业与工程, 2014（6）: 1-5.

[2]　GB/T 25000.10—2016 系统与软件工程 系统与软件质量要求和评价 第 10 部分：系统与软件质量模型.

[3]　GB/T 25000.51—2016 系统与软件工程 系统与软件质量要求和评价 第 51 部分：就绪可用软件产品的质量要求和测试细则.

[4]　GB/T 25000.51—2010 软件工程 软件产品质量要求和评价（SQuaRE）商业现货（COTS）软件产品的质量要求和测试细则.

[5]　GB/T 20267—2006 车载导航电子地图产品规范.

[6]　GB/T 29831.1—2013 系统与软件功能性.

[7]　GB/T 29835.1—2013 系统与软件效率.

[8]　GB/T 29836.1—2013 系统与软件易用性.

[9]　GB/T 29832.1—2013 系统与软件可靠性.

[10]　GB/T 29833.1—2013 系统与软件可移植性.

[11]　ISO/IEC 25022:2016 Systems and software engineering—Systems and software quality requirements and evaluation （SQuaRE）—Measurement of quality in use.

[12]　ISO/IEC 25023:2016 Systems and software engineering—Systems and software Quality Requirements and Evaluation （SQuaRE）—Measurement of system and software product quality.

[13]　宋喆. 浅析软件工程质量标准以及管理措施. 科技经济市场. 2015（02）: 1-4 .13-20.

[14]　殷日亮. 可重用性和可移性. https://wenku.baidu.com/view/3f2e92f67c1cfad6195fa7c3.html.

[15]　Wanglh5555. 软件产品质量要求和测试国家标准 GB/T 25000.51—2016 解读. http://www.360doc.com/content/17/0106/15/30774303_620518148.shtml.

[16]　lidysazyliu. 软件质量标准. https://wenku.baidu.com/view/7b2f11fff705cc17552709fb.html.

[17]　ISO/IEC 12119:1994 Information technology Software packages Quality requirements and testing. [Withdrawn]

[18]　ISO/IEC 9126:1991 Software engineering Product quality. [Withdrawn]

[19]　ISO/IEC 25051:2006 Software engineering Software product Quality Requirements and Evaluation (SQuaRE) Requirements for quality of Commercial Off-The-Shelf (COTS) software product and instructions for testing. [Withdrawn]

[20]　ISO/IEC 9126-1:2001 Software engineering—Product quality—Part 1: Quality model. [Withdrawn]

[21]　ISO/IEC TR 9126-2:2003 Software engineering—Product quality—Part 2: External metrics. [Withdrawn]

[22]　ISO/IEC TR 9126-3:2003 Software engineering—Product quality—Part 3: Internal metrics.[Withdrawn]

[23]　ISO/IEC TR 9126-4:2004 Software engineering—Product quality—Part 4: Quality in use metrics. [Withdrawn]

[24] ISO/IEC 14598-1:1999 Information technology—Software product evaluation—Part 1: General overview. [Withdrawn]

[25] ISO/IEC 14598-2:2000 Software engineering—Product evaluation—Part 2: Planning and management. [Withdrawn]

[26] ISO/IEC 14598-3:2000 Software engineering—Product evaluation—Part 3: Process for developers. [Withdrawn]

[27] ISO/IEC 14598-4:1999 Software engineering—Product evaluation—Part 4: Process for acquirers. [Withdrawn]

[28] ISO/IEC 14598-5:1998 Information technology—Software product evaluation—Part 5: Process for evaluators.

[29] ISO/IEC 14598-6:2001 Software engineering—Product evaluation—Part 6: Documentation of evaluation modules.

[30] ISO/IEC 14756:1999 Information technology—Measurement and rating of performance of computer-based software systems.

[31] ISO/IEC 25010:2011 Systems and software engineering—Systems and software Quality Requirements and Evaluation（SQuaRE）— System and software quality models.

[32] ISO/IEC 25051:2014 Software engineering—Systems and software Quality Requirements and Evaluation（SQuaRE）— Requirements for quality of Ready to Use Software Product （RUSP）and instructions for testing.

[33] GB/T 16260—1996 信息技术 软件产品评价 质量特性及其使用指南.【废止】

[34] GB/T 16260.1—2006 软件工程 产品质量 第1部分: 质量模型.【废止】

[35] GB/T 16260.2—2006 软件工程 产品质量 第2部分: 外部度量.

[36] GB/T 16260.3—2006 软件工程 产品质量 第3部分: 内部度量.

[37] GB/T 16260.4—2006 软件工程 产品质量 第4部分: 使用质量的度量.

[38] GB/T 18905.1—2002 软件工程 产品评价 第1部分: 概述.

[39] GB/T 18905.2—2002 软件工程 产品评价 第2部分: 策划和管理.

[40] GB/T 18905.3—2002 软件工程 产品评价 第3部分: 开发者用的过程.

[41] GB/T 18905.4—2002 软件工程 产品评价 第4部分: 需方用的过程.

[42] GB/T 18905.5—2002 软件工程 产品评价 第5部分: 评价者用的过程.

[43] GB/T 18905.6—2002 软件工程 产品评价 第6部分: 评价模块的文档编制.

[44] ISO/IEC 25051:2014 Software engineering—Systems and software Quality Requirements and Evaluation (SQuaRE)—Requirements for quality of Ready to Use Software Product (RUSP) and instructions for testing.

[45] ISO 9241-110:2006 Ergonomics of human-system interaction—Part 110: Dialogue principles.

[46] ISO/IEC 25040:2011 Systems and software engineering—Systems and software Quality Requirements and Evaluation (SQuaRE)—Evaluation process.

[47] ISO/IEC 25041:2012 Systems and software engineering—Systems and software Quality Requirements

and Evaluation (SQuaRE)— Evaluation guide for developers, acquirers and independent evaluators.

[48] 杨根兴，蔡立志，陈昊鹏，等．软件质量保证、测试与评价[M]．北京：清华大学出版社，2007.

[49] CNAS-CL45 检测和校准实验室能力认可准则在软件检测领域的应用说明.

[50] 杨春晖．系统架构设计师教程[M]．北京：清华大学出版社，2009.

[51] 张友生．系统分析师教程[M]．北京：清华大学出版社，2010.

[52] （美）Jeffrey L Whitten，等．系统分析与设计方法[M]．肖刚，等译．北京：机械工业出版社，2007.

[53] （美）GB/T 9386—2009 计算机软件测试文档编制规范.

[54] （美）Glenford J Myers．软件测试的艺术[M]．张晓明，译．北京：机械工业出版社，2012.

[55] （美）Aditya P Mathur．软件测试基础教程[M]．王峰，等译．北京：机械工业出版社，2011.